"十三五"国家重点图书出版物出版规划项目
同济大学学术专著(自然科学类)出版基金项目

地下综合管廊规划与建设导论

彭芳乐　杨　超　马晨骁　编著

U0347672

内 容 提 要

本书共分为7个章节,包括"绪论""地下综合管廊的规划""地下综合管廊的设计""地下综合管廊的施工""综合管廊建设与管理模式""综合管廊项目的市场化运作与创新投融资模式"和"综合管廊发展新趋势",贯穿了综合管廊建设全周期的各个阶段和各个方面,包括了综合管廊的规划、设计、施工、投融资、运营维护和未来发展等多个角度,涵盖了作者多年来的项目实践经验和研究进展,梳理并分析了国内外最新的综合管廊建设案例和投融资管理模式。

本书适合从事城市地下空间规划与设计、市政基础设施或综合管廊相关领域的研究人员和专业技术人员阅读参考,也可作为高年级本科生、研究生的学习参考用书。

图书在版编目(CIP)数据

地下综合管廊规划与建设导论 / 彭芳乐,杨超,马晨骁编著. -- 上海:同济大学出版社,2018.3
ISBN 978-7-5608-7744-0

Ⅰ.①地… Ⅱ.①彭… ②杨… ③马… Ⅲ.①市政工程-地下管道-管道工程 Ⅳ.①TU990.3

中国版本图书馆 CIP 数据核字(2018)第 025541 号

"十三五"国家重点图书出版物出版规划项目
同济大学学术专著(自然科学类)出版基金项目

地下综合管廊规划与建设导论
彭芳乐 杨 超 马晨骁 **编著**

| 责任编辑 | 高晓辉 | 助理编辑 | 宋 立 | 责任校对 | 徐春莲 | 封面设计 | 陈益平 |

出版发行　同济大学出版社　www.tongjipress.com.cn
　　　　　(上海市四平路1239号 邮编:200092 电话:021-65985622)
经　销　全国各地新华书店
排　版　南京新翰博图文制作有限公司
印　刷　常熟市华顺印刷有限公司
开　本　787 mm×1 092 mm　1/16
印　张　17
字　数　424 000
版　次　2018年3月第1版　2018年3月第1次印刷
书　号　ISBN 978-7-5608-7744-0

定　价　68.00元

前　言

截至 2017 年底,我国城镇化率已达 58.52%,城镇人口突破 8 亿,在东部沿海和中部地区形成了多个国家级城市群和大型都市圈。城市规模的扩大与人口的聚集推动了城市经济的高速发展,同时也给城市基础设施带来巨大压力。作为现代城市的"生命线",市政管线设施安全与否直接影响着城市功能的正常运转,其防灾和抗灾能力也关乎城市安全和城市韧性。目前,我国常见的管线敷设方法仍以直埋或架空为主。虽然在建设时可以满足使用之需,但在未来管线扩容和维护保养阶段很可能对城市交通及正常的市政服务造成影响,也极易受到各类自然或人为灾害的破坏。因此,为了提高城市基础设施的服务内涵,改变城市发展"只重面子,不重里子"的现状,有必要采用更为现代且更为安全的市政管线敷设方式——地下综合管廊。

地下综合管廊是一种现代化、集约化和高效化的市政基础设施。它将两种以上的市政公用管线(如电力、通信、燃气、给排水、热力管线等)敷设于同一地下人工空间内,通过专门的投料口、通风口、人员出入口和监测报警系统保证各设施的正常运营,实现市政工程管线的统一规划、统一建设和统一管理。建设地下综合管廊有助于提高道路地下空间综合开发利用的水平,彻底解决了路面反复开挖、架空线网密集、管线事故频发、市政管线扩容困难等问题,提高了城市生命线的防灾和抗灾能力,保障城市安全与正常运转。

2013 年 9 月,国务院发布《关于加强城市基础设施建设的意见》,提出"要开展城市地下综合管廊试点工作;新建道路、城市新区和各类园区地下管网应按照综合管廊模式进行开发建设",标志着综合管廊在我国全面推广的开始。2015 年 8 月,国务院办公厅发布《关于推进城市地下综合管廊建设的指导意见》,明确提出"城市规划区范围内的各类管线原则上应敷设于地下空间。已建设地下综合管廊的区域,该区域内的所有管线必须入廊",表明国家对综合管廊发展的高度重视。随着我国城市规模的扩大和城市人口的增加,城市对于市政管线的依赖性大大增强,地下综合管廊已经成为城市现代化发展的必然选择和评判城市现代化建设水平的重要标准。截至 2016 年 12 月 20 日,全国 147 个城市 28 个县已累计开工建设城市地下综合管廊 2 005 km,建设和近期规划总长达到 13 640 km,我国已进入地下综合管廊建设的高速发展阶段。因此,如何正确理解推进地下综合管廊发展的作用和意义、如何科学可持续地建设地下综合管廊设施是现阶段我国城市现代化建设过程中的一个重要问题和研究方向。

本书内容共分为 7 章,内容涵盖综合管廊的概念、规划、设计、施工、运营管理、投融资模式和未来发展趋势。全书梳理并分析了国内外最新的综合管廊建设案例和投融资管理模式,结合作者在综合管廊规划和设计上的经验,全面介绍了综合管廊的各个组成部分和建设阶段,便于读者快速建立宏观概念,并借此"抛砖引玉",让读者在日后的学习或工作中进一步思考和研究综合管廊的有关问题。

本书由同济大学彭芳乐负责总体策划并统筹安排各项工作，由彭芳乐、杨超负责大纲编写、组织协调和定稿等工作。其中，第1章和第2章由彭芳乐、杨超编写；第3～7章由彭芳乐、马晨骁编写。在全书成稿过程中，马晨骁负责搜集和绘制书中的插图和示意图，同济大学乔永康、赵祥、张慧以及南京大学王睿参与了前期资料的收集和整理工作，在此深表感谢。

书中参考和引用了国内外大量文献资料和规划案例，所引用的文献和插图尽量做到一一标注出处，但难免存在疏漏。引用和理解的不当之处敬请谅解，在此对这些文献和插图的原作者表示衷心的感谢。

本书的部分理论研究成果和案例来自于"十二五"国家科技支撑计划课题（课题编号：2012BAJ01B04）和国家重点基础研究发展计划（973计划）课题（课题编号：2015CB057806）。此外，衷心感谢同济大学学术专著（自然科学类）出版基金对于本书出版提供的赞助。

由于笔者水平有限，书中难免存在疏漏乃至错误，敬请读者批评指正。

彭芳乐

2018年1月

目　录

1 绪 论

1.1 综合管廊发展史

1.1.1 国外综合管廊发展经验

1.1.1.1 法国

城市地下综合管廊的建设起源于 19 世纪的欧洲,法国是世界上第一个建设综合管廊的国家。19 世纪中叶,工业化带动城市人口急速增长,然而,城市基础设施的建设却严重滞后。在巴黎,由于下水道设施的不足与破败,人们习惯于将污水直接排放至塞纳河中,又直接从塞纳河取水使用,最终于 1832 年爆发了严重的霍乱疫情。为了改善居民的饮水卫生,阻止疾病的蔓延与发展,巴黎政府决定于第二年(1833 年)在市区内兴建大型地下排水系统。1851 年,由奥斯曼男爵(Baron Georges-Eugène Haussmann)主持进行"巴黎改造计划",进一步推动了巴黎庞大的地下排水系统的建设(图 1-1)。该系统除了用于排放污水

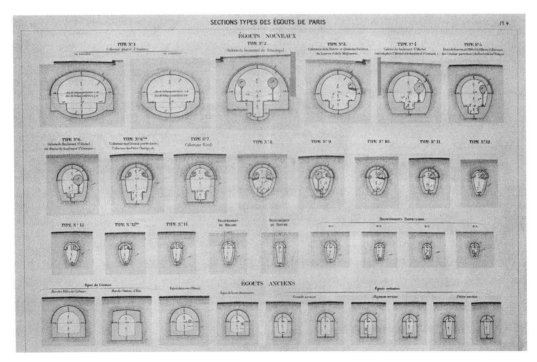

图 1-1 法国巴黎综合管廊设计图纸(19 世纪中叶)

图片来源:上海市政工程设计研究总院《国内外综合管廊工程建设背景》

外,利用下水道内的富裕空间收容包括自来水管、通信管道、压缩空气管道和交通信号电缆等管线。由于该地下给排水系统的功能复合性较强,创新性地收容了当时几乎所有的市政管线和管道,因此也被后人认为是全球最早的城市综合管廊系统,如图1-2和图1-3(a)所示。

(a) 巴黎下水道实景(1890年)　　(b) 巴黎综合管廊内部实景(现状)

图1-2　法国巴黎综合管廊内部实景

图片来源:上海市政工程设计研究总院《国内外综合管廊工程建设背景》

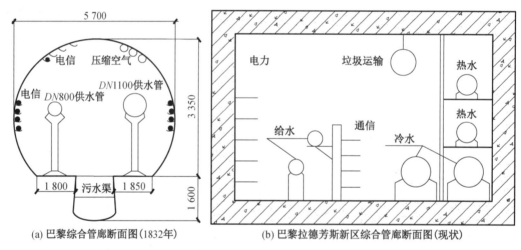

(a) 巴黎综合管廊断面图(1832年)　　(b) 巴黎拉德芳斯新区综合管廊断面图(现状)

图1-3　巴黎综合管廊断面设计图(单位:mm)

图片来源:李德强《综合管沟设计与施工》

20世纪50年代,为了推进巴黎拉德芳斯新区(La Défense)的开发,配合新区地下空间的大规模建设,兴建了约11 km的综合管廊。该管廊收容了包括电力管道、通信管道、给水管道、冷热水管道和垃圾运输管道等(图1-3(b))在内的市政设施,将巴黎综合管廊的建设推向了一个新的历史阶段。至今,巴黎市区及郊区的综合管廊总长度已达到2 100 km,为世界城市综合管廊里程之首[1]。

1.1.1.2　英国

英国于1861年在伦敦市区兴建综合管廊,采用宽4 m、高2.5 m的半圆形综合管廊(图1-4)断面,收容的管线除了煤气管、自来水管、污水管外,还设置有连接用户的供给管线,包括电力及电信电缆等(图 1-5)。迄今为止,伦敦市区已建设有 22 条综合管廊。英国伦敦的综合管廊主要具备以下几点特色:

(1) 综合管廊主体及附属设施均为市政府所有;

(2) 最初容纳有燃气管,考虑到管廊通风、安全等问题,自 1928 年起不再纳入;

(3) 综合管廊管道的空间出租给各管线单位。

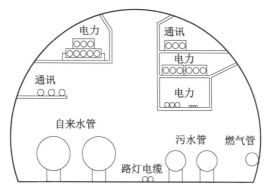

图 1-4 英国伦敦综合管廊断面图(1861 年)

图片来源:李德强《综合管沟设计与施工》

(a) 伦敦综合管廊兴建 (b) 伦敦综合管廊内部实景

图 1-5 英国伦敦综合管廊实景图

图片来源:上海市政工程设计研究总院《国内外综合管廊工程建设背景》

1.1.1.3 德国

德国汉堡于 1893 年兴建综合管廊,其长度约为 455 m,位于 Kaiser-Wilheim Straße(道路)两侧的人行道下方。管廊内容纳了自来水管道、通讯管道、电力管道、燃气管道、污水管道、热力管道等市政公用管道,并与路旁的建筑内用户直接相连,在当时获得了很高评价(图 1-6)。1959 年,德国布佩鲁达尔市(Buperudal)又建设了约 300 m 长的综合管廊,用以收容煤气管道和自来水管道。1964 年,原民主德国的苏尔市(Suhl)和萨勒河畔哈勒市(Halle an der Saale)开始建设综合管廊实验工程,至 1970 年,共建设并营运了 15 km 以上的综合管廊。20 世纪 60—80 年代,原民主德国进行了大范围的综合管廊建设(图 1-7),在此基础上制定了《综合管廊建设总则》，并在 1988 年和 1991 年进行了修订和补充。

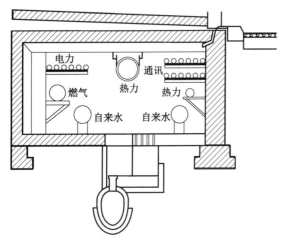

图 1-6　德国汉堡综合管廊断面图(1893 年)
图片来源：上海市政工程设计研究总院《国内外综合
管廊工程建设背景》

图 1-7　德国莱比锡综合管廊内部实景(现状)
图片来源：上海市政工程设计研究总院《国内外
综合管廊工程建设背景》

1.1.1.4　日本

综合管廊在日本又称为"共同沟"。由于日本国土狭小，城市用地紧张，因而也更加注重地下空间的综合利用。

1911 年，日本内政部开始调查研究当时在欧洲已开始流行的综合管廊，并于 1919 年正式提出"共同沟"的建设规划，计划在东京地下建设长达 509 km 的综合管廊。由于该规划成本巨大，因此并未得到落实。直到 1926 年，日本关东大地震后，日本开始实施东京都复兴计划。为了减少地震灾害对"城市生命线"的破坏，在东京开展了三处综合管廊试点项目：①九段阪综合管廊，位于人行道下净宽 3 m，高 2 m，干管长度 270 m，采用钢筋混凝土箱涵构造；②滨町金座街综合电缆沟，设于人行道下；③东京火车站至昭和街综合管廊，设于人行道下，净宽约 3.3 m，高约 2.1 m，容纳电力、电信、给水、燃气等管线。但是，当时由于各方对管廊建设费用的分摊机制缺乏共识，且政府对管线单位无适当的补助制度，又因大地震发生不久，经济萧条，城市基础设施处于修复和重建状态，没有因管线无序铺设带来的"拉链路"问题，因此没有继续推动综合管廊的建设。

1955 年后，由于汽车交通快速发展，城市路网不断扩大，道路下埋设的管线种类也越来越繁杂。为了避免经常挖掘道路影响交通，日本政府于 1959 年，再度在东京都淀桥旧净水厂及新宿西口启动综合管廊建设；1962 年，日本政府宣布禁止随意挖掘道路；1963 年 4 月制定《关于建设共同沟的特别措施法》，确定了管廊建设费用的分摊办法，拟定国家综合管廊长期发展计划。在综合管廊的专项法律公布后，日本政府首先在尼崎地区投入建设 889 m 的地下综合管廊，同时在全国各大都市拟定综合管廊五年期的连续建设计划。1991 年成立综合管廊管理部门，明确了政府在综合管廊建设中的主导地位及相应的实施和管理主体。综合管廊作为道路的一个附属工程，建设资金由政府提供，管理由交通运输省下属专职部门管理。1993—1997 年为日本综合管廊的建设高峰期，至 1997 年日本已完成干线综合管廊建设 446 km，其中比较著名的有东京银座综合管廊、青山综合管廊、麻布综合管廊、幕张副都心、横滨 MM21 新城综合管廊、多摩新市镇综合管廊(设置垃圾输送管)等。此外,东京 23 区(612 km²)规划建设 162 km 的综合管廊,截至 2015 年已完成 126 km,管廊密度达到 0.20 km/km²。截至 2016 年年底,日本全国的综合管廊建成公里数已从 1992 年的 310 km 增长到 2 057 km,如图 1-8 所示。

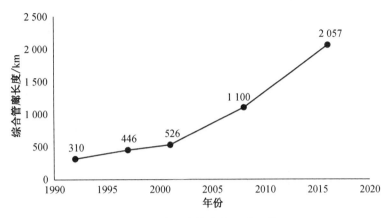

图 1-8 日本综合管廊发展建设情况

东京临海副都心综合管廊系统是日本最为典型的综合管廊项目[2]。该管廊总长度 16 km,埋深 10 m,宽 19.2 m,高 5.2 m,各管道间均留有 1～2 m 的净空,方便工作人员的巡视和维修,工程建设历时 7 年,耗资达 3 500 亿日元,是目前世界上规模最大、功能最齐全、最充分利用地下空间将各种基础设施融为一体的建设项目(图 1-9、图 1-10)。

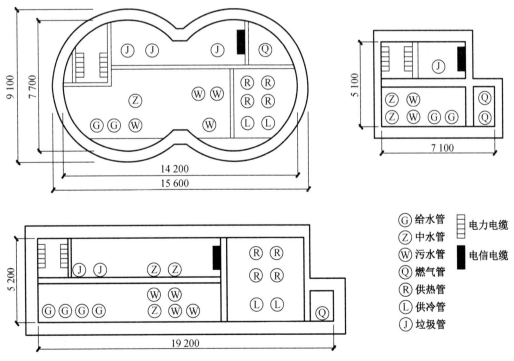

图 1-9 日本临海副都心综合管廊标准断面图[2](单位:mm)

图片来源:朱思诚《东京临海副都心的地下综合管廊》

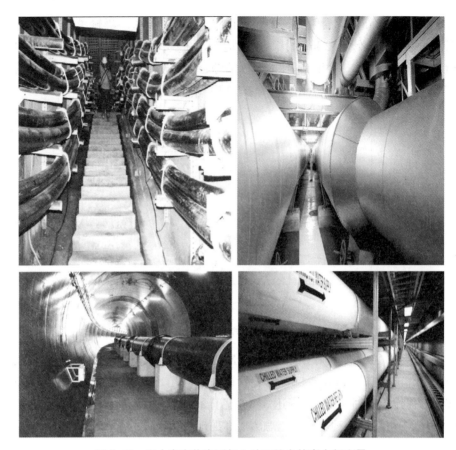

图 1-10 日本东京临海副都心地下综合管廊内部实景

图片来源：日本东京都港湾局网站 http://www.kouwan.metro.tokyo.jp/zh/waterfront/security/

对新的城市规划区域来说，该综合管廊已成为现代城市基础设施建设的理想模式，其主要有以下几个方面的特点：

（1）收纳包括上水管、中水管、下水管、煤气管、电力电缆、通信电缆、通信光缆、空调冷热管、垃圾收集管等 10 种城市基础设施管道，为了防止燃气泄漏而引发的火灾爆炸等情况，将燃气管单独敷设于一个管廊舱内，科学、合理、高效地利用了城市地下空间；

（2）该综合管廊内的中水管是将污水处理后再进行回用，有效节约了水资源；

（3）空调冷热管分别提供 7℃～15℃ 和 50℃～80℃ 的水，使制冷、制热实现了区域化；

（4）垃圾收集管采取吸尘式，以 90～100 km/h 的速度将各种垃圾通过管道送到垃圾处理厂；

（5）综合管廊采用信息化管理，设置有大量传感器，可以探测是否有异常人员侵入或者管线异常泄漏等，排水系统和通风系统会根据实际情况自动运转，并有相应的安全应急预案保证管线和工作人员的安全；

（6）为了减小地震带来的影响，各管线均采取了防震措施，采用了先进的管道变形调节技术和橡胶防震系统，管道接口均为柔性接口且在管线固定的位置都留有一定的震动余量。

在综合管廊的建造技术方面，早期（20 世纪 60 年代）的管廊施工时，其围护结构采用现场浇筑，施工周期长，影响道路交通和居民生活出行，市政管线在综合管廊的交叉口敷设时存在较多困难。经过近 30 年技术进步和发展,自 20 世纪 90 年代初,日本千叶市采用预制砌块施工,进一步推行了包括综合管廊标准段、分岔部位、引出部位等特殊段在内的构件模块标准化的施工工法,大大降低了施工难度与对道路的侵占时间,如图 1-11 所示。

图 1-11　日本综合管廊施工现场

图片来源:网络 http://www.toki-sa.co.jp/untitled9.html

1.1.1.5　俄罗斯

1933 年,苏联首先在莫斯科进行综合管廊的建设,之后在圣彼得堡和乌克兰基辅等地,借助新建或改建街道计划陆续兴建综合管廊。截至 2015 年,莫斯科地下已建成约 130 km 的综合管廊系统,管廊密度达到 0.12 km/km²,收容除煤气管外的其他各种市政管线(图 1-12)。莫斯科综合管廊的最大特点就是采用预制拼装结构,是全球最早使用预制装配工法的综合管廊。但是由于建设年代较早,管廊的内部空间较小,内部通风条件设计不足。

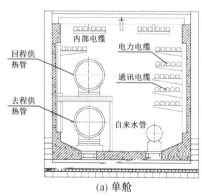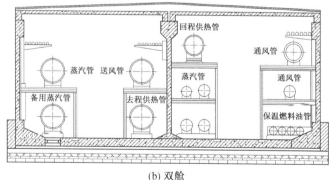

(a) 单舱　　　　　　　　　　　　　　(b) 双舱

图 1-12　莫斯科综合管廊断面图

图片来源:李德强《综合管沟设计与施工》

1.1.1.6　西班牙

西班牙的综合管廊建设计划始于 1933 年,直到 1953 年马德里首先开始进行综合管廊的建设,当时称为服务综合管廊计划(Plan for Service Galleries),而后演变成目前广泛使用的综合管廊系统。截至 2015 年,马德里已建成综合管廊约 100 km,管廊密度达到

0.16 km/km², 大大减少了市中心路面开挖的次数,消除了路面塌陷与交通阻塞的现象,与其他道路相比显著延长了道路寿命,在技术和经济上都取得了满意的效果,综合管廊逐步得以推广。1989 年,巴塞罗那市为配合 1992 年奥运会而兴建综合管廊系统,该系统容纳有电力、通信、燃气、给水、排水和集中供冷供热管道等,总长约 25 km,围绕城市外围环形道路建设,串联起 4 座奥运会主场馆[3](图 1-13、图 1-14)。

Mediterranean Sea

图 1-13　巴塞罗那综合管廊规划图[3]

图片来源:Canto-Perello J,etc,Analysing Utility Tunnels and Highway Networks Coordination Dilemma

图 1-14　综合管廊内部实景[3]

图片来源:Canto-Perello J,etc,Analysing Utility Tunnels and Highway Networks Coordination Dilemma

1.1.1.7 美国

20世纪60年代,日益增加的直埋管线和架空线缆影响着美国各大城市的交通且严重破坏城市景观。由于城市中可供架设管线的土地日益减少,而建设成本却日益增加,因此1971年美国公共工程协会(American Public Works Association)和交通部联邦高速公路管理局共同赞助进行城市综合管廊的可行性研究,并且针对美国独特的城市形态,评估其可行性。

1970年,美国白原市(White Plains,New York)在市中心率先开始综合管廊的建设。此后,美国的部分大学校园和军事机关开始兴建综合管廊,除了煤气管外,几乎将所有管线容纳在综合管廊内。不过,这些综合管廊都只服务于一个较小的地区,因此都不成系统网络。美国比较有代表性的综合管廊项目是阿拉斯加费尔班克斯市(Fairbanks,Alaska)和诺姆市(Nome,Alaska)的综合管廊,它们均由政府出资建设,兴建目的是保护自来水管和污水管免受冰冻灾害的影响。其中,诺姆市的综合管廊将整座城市的市区供水和污水系统都纳入综合管廊,总长约4 022 m。

1.1.1.8 瑞典、挪威、芬兰等北欧国家

二战期间,考虑到民防需求,瑞典斯德哥尔摩在其地下岩石地层内建设了长约30 km、直径8 m的综合管廊,城市中心区管廊密度达到0.21 km/km²。二战后,斯德哥尔摩继续扩大综合管廊系统,收容包括自来水管、雨水管、污水管、供热管、电力电缆和通信电缆等市政服务性管线,总计长约45 km,在实际运营中取得了良好的效果。

挪威奥斯陆在人行道下方兴建综合管廊,收容了家庭用自来水管和污水干管,其管廊系统在规划时充分考虑未来市政管线扩容的需求,为其他国家综合管廊系统的规划提供了宝贵的经验。

20世界90年代,芬兰政府明确了综合管廊的规划和设计标准,在部分主要城市地下20 m以下空间建设管廊设施(图1-15)。利用城市较大深度的地下空间建设综合管廊,不仅缩短了近30%的长度,降低了造价,还大大增强了隧道结构的稳定性。

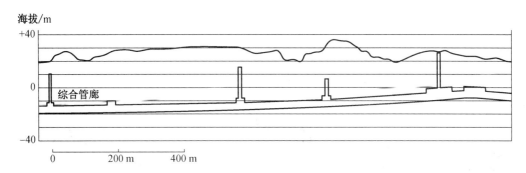

图1-15 芬兰赫尔辛基某综合管廊纵剖面设计图

图片来源:Ilkka Vähäaho, An introduction to the development for urban underground space in Helsinki

1.1.2 国内综合管廊发展经验

我国综合管廊的建设起步晚于欧美国家,最早于1958年在北京天安门广场敷设了一条1 076 m长的综合管廊,内部收容了热力、电力和电信管线,并为自来水管预留了位置。

1977年，为配合毛主席纪念堂的施工，该综合管廊又新建长度约500 m。20世纪90年代，北京、上海、台湾等城市和地区参照日本规划与建设综合管廊的经验和技术，规划建设了真正意义上的中国第一批现代化的城市地下综合管廊，如1991年台北综合管廊、1994年上海浦东张扬路市政综合管廊、2006年建成的北京中关村西区地下市政交通环廊项目等。

目前，综合管廊仅在我国一些经济发达的城市和新区有所建设，尚未得到推广和普及。但近年来随着全国掀起的新一轮城市建设热潮，越来越多的大中城市已开始着手综合管廊建设的试验和规划，如上海、北京、昆明、广州、深圳、重庆、南京、济南、沈阳、福州、郑州、青岛、威海、大连、厦门、大同、嘉兴、衢州、连云港、佳木斯等。然而，我国部分城市在市政建设中开展的地下综合管廊技术设计，基本借鉴日本20世纪80年代的早期综合管廊技术或略加改进，早期混凝土现浇工法依旧在我国各大城市广泛采用，模块化的预制拼装综合管廊技术的应用不够广泛，不符合我国现代化城市功能的可持续发展需求。

1.1.2.1 台湾地区

综合管廊在台湾地区又被称为"共同管沟"，1991年台北开始综合管廊项目的建设（1991年台北中华路综合管廊），之后台北、基隆、新竹、台中、嘉义、台南、高雄等城市纷纷完成了综合管廊项目的规划（图1-16—图1-21）。截至2015年，台湾地区已有超过400 km的综合管廊建成运营[4]，其中仅台北一地就建设有东西向快速道路综合管廊、敦化南北路综合管廊、新社区综合管廊、洲美快速道路综合管廊、关渡路综合管廊及台北捷运线配套综合管廊等项目。

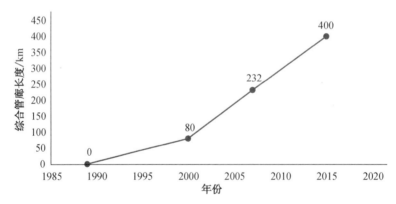

图1-16 台湾地区综合管廊发展建设情况

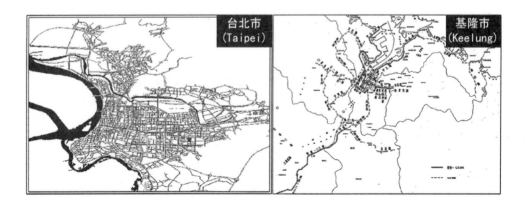

图 1-17 台湾地区各城市综合管廊规划图

图片来源:台湾地区相关部门网站 http://w3.cpami.gov.tw/pw/web/big5/cdn.html

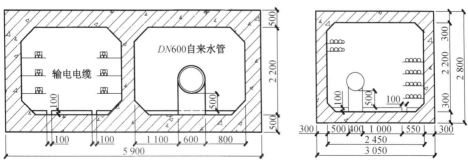

图 1-18 台北市综合管廊断面示意图(单位:mm)

图片来源:杨新乾《共同管道工程》

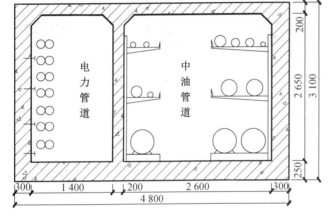 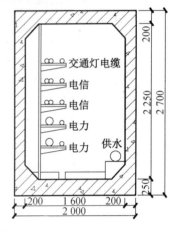

电力管道　中油管道

交通灯电缆
电信
电信
电力
电力　供水

图 1-19　高雄市综合管廊断面示意图(单位:mm)

图片来源:杨新乾《共同管道工程》

图 1-20　嘉义市民族路综合管廊施工现场　　图 1-21　台中县支线综合管廊内部实景

　　台湾地区的综合管廊项目主要利用城市新辟道路、新社区的开发、城市复兴计划、城市新区建设、大众捷运系统建设、铁路地下化工程以及其他重大工程作为其推动力。在建设时,规划者们非常重视将综合管廊与地铁、高架道路、道路拓宽等大型城市基础设施整合建设,比如台北东西快速道路综合管廊项目全长 6.3 km,其中 2.7 km 与地铁整合建设,2.5 km 与地下街、地下车库整合建设,独立施工的综合管廊仅 1.1 km。此外,结合台北捷运的规划建设的契机,台北又新建 14.58 km 的干线综合管廊,包括松山线管廊 8.07 km 和信义线管廊 6.51 km(图 1-22、图 1-23),新增综合电缆沟 15.47 km,包括松山线 9.74 km 和信义线 5.73 km。将综合管廊的建设与其他城市基础设施建设相结合,大大地降低了建设总成本,有效地推进了综合管廊的发展[5]。

图 1-22　台北信义线综合管廊规划方案[5]
图片来源:吕昆全、贾坚《台北市共同沟建设现状及若干问题分析》

图 1-23　台北信义线综合管廊施工图[5]
图片来源:吕昆全、贾坚《台北市共同沟建设现状及若干问题分析》

在台湾地区的综合管廊发展历程中,台湾地区政府起到了主要的推动作用。台湾地区自 20 世纪 80 年代即开始研究评估综合管廊建设方案,1990 年制定了《公共管线埋设拆迁问题处理方案》来积极推动综合管廊建设,2000 年制定了《共同管道法》,次年颁布《共同管道法施行细则》《共同管道建设及管理经费分摊办法》及综合管廊工程设计标准,对综合管廊的建设、管理及运营等各方面作出了系统规定,并在主要城市成立综合管廊管理署,负责综合管廊的规划、建设、资金筹措及综合管廊的执法管理。我国台湾地区也成为继日本之后亚洲具有综合管廊法律基础最完备的地区。

1.1.2.2　上海

1978 年,上海宝钢集团有限公司以综合管廊的形式敷设电缆干线与支线,在建设中引进了日本的先进技术,建造了数十公里的工业生产综合管廊,埋深达 5～13 m(图 1-24)。

1994 年,上海浦东新区张杨路修建了国内第一条规模较大、距离较长的现代化综合管廊(图 1-25)。该综合管廊全长约 11.125 km,投资达 3 亿元,资金来源为环保局财政拨款。综合管廊埋设在道路两侧的人行道下,采用钢筋混凝土结构,断面形状为矩形。该综合管廊收容了电力、电信、给水和燃气共 4 种管线,其中燃气管采用单舱模式敷设,耗资较大。管廊内还配置了较为齐全的安全配套设施,建成了中央计算机数据采集与显示系统。

图 1-24　上海宝钢综合管廊(1978 年)　　　图 1-25　上海张杨路综合管廊(1994 年)

　　图片来源:《宝钢日报》　　　　　　　　　图片来源:隧道股份城建设计总院

　　2002 年,上海安亭新镇修建了一条长为 5.78 km 的综合管廊,总投资为 1.37 亿元,资金来源为城市建设配套费(图 1-26)。该管廊的埋深为 1~1.65 m,截面形式为矩形,截面尺寸为 2.4 m×2.4 m,顶部设有单独的燃气沟槽。

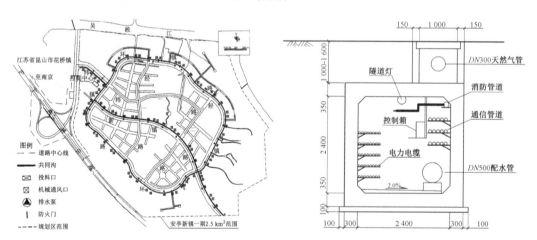

图 1-26　上海安亭新镇综合管廊[6](单位:mm)

图片来源:张红辉《上海市嘉定区安亭新镇共同沟工程设计》

　　2003 年,上海松江新城建成总长约 500 m 的综合管廊(图 1-27),投资金额 1 500 万元,资金来源为土地批租费,主要起示范性作用。该管廊采用明挖现浇方式施工,截面形式为矩形,截面尺寸为 2.4 m×2.4 m。

　　2009 年,上海世博园区综合管廊示范项目建成运营。根据最初规划,在浦东园区和浦西园区均布置综合管廊,总长度约为 20 km,容纳的管线包括电力、通信、给水、能源和垃圾管道等。但是基于经济性的考量,最终仅在浦东园区的核心区域设置综合管廊,即世博园区内的北环路、西环路、南环路和沂林路下方,管廊总长 6.4 km,总体平面布局为环形(图 1-28(a))。

世博园区综合管廊的截面形式为矩形,截面尺寸为 5.4 m×2.9 m 和 3.2 m×2.7 m,标准断面埋深为 2.2 m(图 1-29)。为了保证机动车道路的平整度与舒适度,减小管廊结构所受到的超载,所有的管廊均设置在道路旁的人行道下,容纳有电力电缆(10 kV 和 110 kV)、通信线缆和给水管线,在不同区域根据所敷设管线的数量和大小设置了单舱和双舱两种标准断面,具体布置如表 1-1 所示。

图 1-27 上海松江新城综合管廊

(a) 世博园区综合管廊规划布置图

(b) 世博园区综合管廊内部实景图

图 1-28 上海世博园综合管廊布局图(白色为实际建成线路)

图片来源:王恒栋《上海市:积极创新,不断提升综合管廊建设水平》

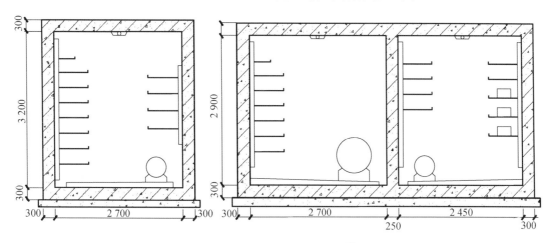

图 1-29 世博园区综合管廊断面示意图[7] (单位:mm)

图片来源:王恒栋《上海世博会园区综合管沟工程建设标准简介》

表 1-1　　　　　　　　　　世博园区综合管廊纳入管线容量[7]

路名	电力电缆	通信线缆	给水管道	断面
北环路	10 kV(21 孔)	24 孔	DN300	单舱
西环路	10 kV(21 孔)	24 孔	DN300	单舱
南环路	10 kV(21 孔)、110 kV(3 回)	24 孔	DN300、DN700	单舱、双舱
沂林路	10 kV(21 孔)	24 孔	DN300	单舱

资料来源:王恒栋《上海世博会园区综合管沟工程建设标准简介》。

综合管廊的主体结构主要采用明挖现浇工法施工,其中 200 m 作为预制预应力综合管廊示范段,采用明挖预制拼装方法进行施工。根据施工时试验段的测算,相比于明挖现浇式,预制装配式的管廊工期缩短了 45%,成本降低了 4%,由于预制构件在工厂中统一制作,因此可以保证较高的质量,有助于结构的自防水,且较小的短节长度有助于防止不均匀沉降[7]。

1.1.2.3　广州

2002 年,广东省在制订广州大学城规划时,确立了大学城(小谷围岛)综合管廊专项规划(图 1-30(a))。该综合管廊是广东省第一条综合管廊,与大学城建设紧密相关,采取统一规划、统一建设、统一布线的方式。综合管廊建在小谷围岛中环路中央隔离绿化带的地下,沿中环路呈环状结构布局,全长约 18 km,干管长约 10 km,高 2.8 m、宽 7 m、断面面积为 19.6 m^2,分隔成上水舱、电力电缆舱和通信缆舱 3 个舱,敷设了自来水、中水、热水、电力、通信共 3 大类 5 种管线,预留部分管孔以备发展所需。该项目于 2002 年下半年开工建设,2004 年上半年建成,总投资约 6.7 亿元。

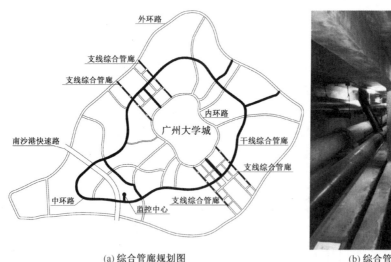

(a) 综合管廊规划图　　　　　　　　　　(b) 综合管廊内部实景

图 1-30　广州大学城综合管廊规划图

图片来源:网络 http://www.shizhengnet.org/News_text/? qx=168&id=1532

由于政府政策的保障,根据广州市物价局的审核,广州大学城综合管廊在运营时具有收费权,这也为其后期可持续的运营管理打下了良好的政策基础,在国内综合管廊的管理运营方面走在了前列。然而,从投资回报的角度看,广州大学城综合管廊的运营并未取得成功。由于目前我国对地下构筑物的产权尚没有明确的规定,导致综合管廊的产权在法律上难以明确,因此收取入廊费的情况并不十分理想。

2011年,为了配合广州亚运会的召开,亚运村规划建设了8.7 km的综合管廊。综合管廊的总体埋深为1.5~2.0 m,净高3.1 m,分为管道舱和电力舱,容纳有给水、中水、电力、通信、真空垃圾管道控制线、压缩空气管和交通信号控制线等。为了保证管廊内其他管线的安全,燃气管道单独设置于管廊顶部,由砖砌单独成舱。其中,主干二路管廊的管道舱预留小型有轨电瓶车的巡检通行空间,预留的电瓶车通道宽1.5 m,车轨宽0.6 m,车宽0.8 m(图1-31)。

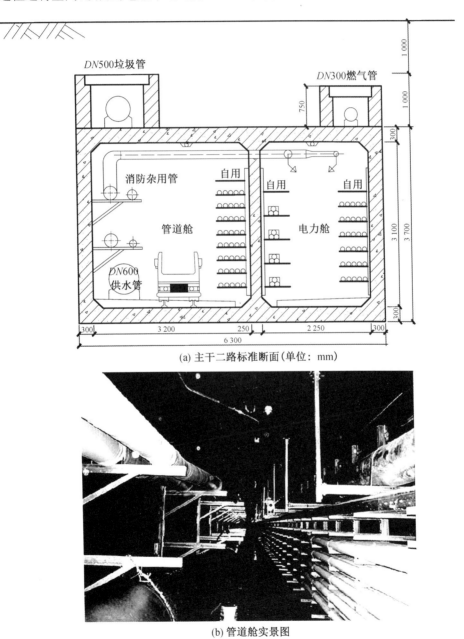

(a) 主干二路标准断面(单位: mm)

(b) 管道舱实景图

图1-31 广州亚运城综合管廊

此外,广州中新知识城、广州疾控中心、广州南沙中心灵山岛等地也纷纷修建了综合管廊。

1.1.2.4 昆明

根据《昆明市中心城区地下综合管廊专项规划(2016—2030)》(图 1-32),近期(2016—2020 年)建设综合管廊 130.63 km,远期(2021—2030 年)建设综合管廊 206.43 km(其中包

图例:
- ········· 现状综合管廊
- —— 近期建设综合管廊
- —— 远期建设综合管廊

图 1-32　昆明市中心城区地下综合管廊专项规划(2016—2030 年)

图片来源:昆明市住房和城乡建设局网站 http://www.km-jsw.com/c/2017-03-29/1744805.shtml

括综合线缆沟 80.01 km),至 2030 年,将建成全长 337.06 km 的具有网络化特点的地下智能管廊系统。昆明市综合管廊系统一般采用矩形断面,干线或支线管廊纳入给水、中水、电力(220 kV 及以下)、通讯管线和燃气管线,在地形条件适宜或者管道采用压力流的情况下,积极将雨水、污水纳入综合管廊。综合线缆沟纳入 10 kV 电力电缆和通信管线。

昆明市的综合管廊工程自 2003 年开始建设,截至 2015 年 11 月,已建成 49.4 km,包括彩云路综合管廊(23 km)、广福路综合管廊(16 km)、沣源路综合管廊(约 7 km)和飞虎大道南段综合管廊(3.4 km)等,如图 1-33—图 1-35 所示。

图 1-33 昆明市综合管廊内部实景

图片来源:网络 http://yn.news.163.com/15/1117/09/B8K5I52K03230LFM.html

昆明综合管廊项目的建设单位是昆明城市管网设施综合开发有限责任公司,建成后的综合管廊也由该公司进行运营和维护管理。公司融资完全采用市场化运作,通过银行贷款、发行企业债券等方式筹集建设资金,4 年时间完成 12 亿元建设投资。经营方式主要是引入电力、给水、弱电等管线,收取入廊费用。收费标准通过综合以下三条原则进行加权平均确定:①新建直埋管线的土建费用;②管线在综合管廊内占用的空间面积的比例;③管线

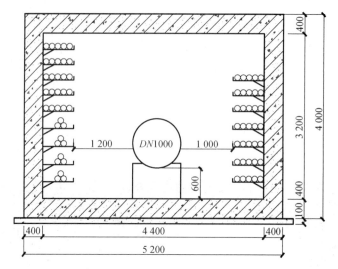

图 1-34　昆明昆洛路综合管廊断面示意图(单位:mm)

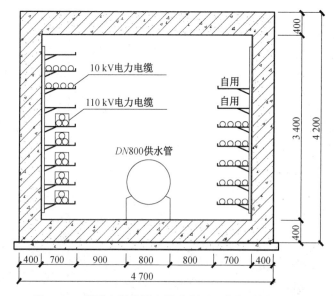

图 1-35　昆明广福路综合管廊断面示意图(单位:mm)

在管廊内安全运行所需要的配套设施设备的成本。对沿线已建成的电力或弱电线路重新改线进入综合管廊的情况不收费,对沿线新建的符合入廊条件的管线均要求进入综合管廊,按照上述收费标准进行收费。

《昆明市城市道路管理条例》规定对道路开挖的审批进行限制,新建或改建完工后使用未满5年的和道路大修竣工后未满3年的城市道路若要进行挖掘的,将按照规定标准的5倍收取城市道路挖掘修复费。同时政府部门通过规划审批限制新建管线的选址和走向,尽可能使周边地块所需管线经过综合管廊进入地块。政府行政支持和协调的方式对保证管廊的使用效率创造了良好条件。

昆明市综合管廊按照进入管廊内的管线数量和长度进行收费,目前管廊内的管线容量约为设计总容量的50%,其中大部分为电力管线。由于电力行业处于行业垄断的强势地位,电力管线入廊谈判的推动较为困难。昆明城投公司依托昆明市政府和昆明电力公司进行谈判,分析电力管线进入管廊的建设成本核算、技术可行性和可靠的安全运行保障等,论证电力线路在综合管廊内的优势,并积极争取南方电网公司乃至国家电网公司的支持才得以促成双方的合作。

1.1.2.5 厦门

2011年,福建省住房和城乡建设厅针对福建省实际情况,专门制定了《福建省城市综合管廊建设指南》(以下简称《指南》),这也是国内第一份综合管廊的省级主管部门文件。参考《指南》意见,厦门市结合自身实际,于同年制定并实施了国内第一个综合管廊管理地方性法规《厦门市城市综合管廊管理办法》。

厦门市翔安南路综合管廊全长约 9.58 km,管廊内分设管道舱和电缆舱,管道舱收纳 1 根 DN500 给水管,预留 1 根 DN300 中水管,收纳 24 孔信息管等管线;电缆舱收纳 220 kV 和 110 kV 高压电缆并设有备用空间。管廊主体采用预制拼装结构施工,管廊截面形式为双舱弧涵截面(图 1-36)。

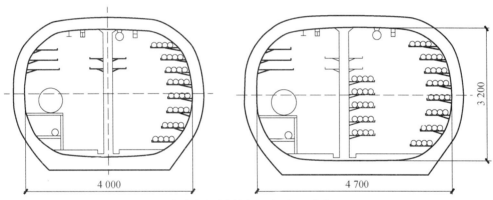

(a) 厦门翔安南路综合管廊断面示意图(单位: mm)

(b) 厦门翔安南路综合管廊施工图

图 1-36　厦门翔安南路双舱弧涵综合管廊

图片来源:厦门千秋业水泥制品有限公司 http://www.xmqqy.com/news_details.asp? id=59

厦门市湖边水库综合管廊于 2010 年修建完成,长 5.15 km,覆土深度为 2 m,主要容纳电力、电信、给水等市政管线(图 1-37)。综合管廊的结构主体主要采用明挖现浇工法施工;在穿越湖边水库溢洪道时,设计采用倒虹的方式下穿(图 1-37(c)),于枯水季节大开挖施工,完成下层结构后再恢复溢洪道;穿越吕岭路(主干道)时,采用预制 DN3400 的钢管进行顶管施工。

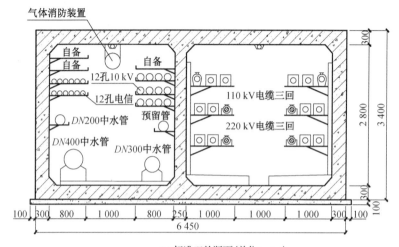

(a) 标准双舱断面(单位:mm)

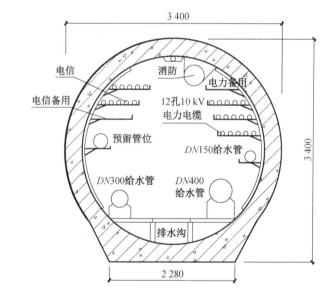

(b) 预制拼装段断面(单位:mm)

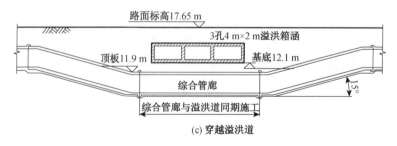

(c) 穿越溢洪道

图 1-37 厦门湖边水库综合管廊

图片来源:高政《厦门市湖边水库市政共同沟设计》

翔安南路综合管廊和湖边水库综合管廊工程的预制拼装结构均由厦门千秋业水泥制品有限公司生产,该企业生产的预制涵管也在漳州古雷综合管廊(四圆拱)等其他多项工程中得到了广泛应用(图1-38)。

(a) 管节装运　　　　　　　　　　(b) 内部空间

图1-38　漳州古雷综合管廊

图片来源:厦门千秋业水泥制品有限公司 http://www.xmqqy.com/news_details.asp? id=57

1.1.2.6 其他地区

深圳大梅沙—盐田坳综合管廊于2005年建成,采用新奥法施工,东起大梅沙外环路,西至深盐路端头,全长2.675 km,截面形式为半圆拱形,高2.85 m,宽2.4 m(图1-39)。管廊内收容电力、电信、给水、消防、污水、燃气等多种管线(其中污水管道为压力管),综合管廊底部设置有砖砌的独立燃气独舱,主舱与燃气舱分设独立通风系统。该条综合管廊的修建目的是将大梅沙片区的生活污水经泵房提升,用压力管送至盐田污水泵站,纳入盐田污水处理厂处理后排放,从而保护大梅沙海滨浴场不受污染。管廊的日常管理由区城管局负责,城管局通过公开招标,由专业的物业管理公司进行管廊总体的设备维护和管理。

武汉市中央商务区市政综合管廊于2007年建成,由干线综合管廊和支线综合管廊组成,工程总投资3.81亿元(商务区集团公司出资0.51亿元,商务区股份公司出资3.3亿元)(图1-40)。综合管廊总长度为6 079 m,干线管廊布置在102号路(云飞路)、

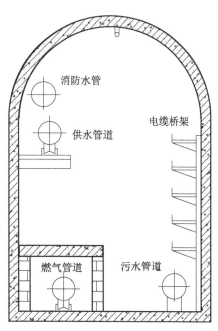

图1-39　深圳大梅沙—盐田坳综合管廊断面示意图

图片来源:黄鸽、陈卓如《深圳大梅沙—盐田坳共同沟简介》

202号路(振兴二路)道路下方,全长3 879 m。支线管廊沿306路(珠江路)从102路(云飞路)综合管廊干线引出,支线综合管廊全长2 200 m,布置在205号路(泛海路)、304号路(商务东路)、305号路(商务西路)、306号路(珠江路)道路下方,与地下交通环廊一体化设计,管廊上部为地面市政道路,下方为地下交通环廊车行通道。管廊为矩形截面,尺寸为

(1.5+1.2)m×2.1 m,采用明挖现浇方式施工,主要纳入 3 种市政管线:电力管线(10 kV、110 kV、220 kV)、给水管线(直径小于 600 mm)和信息管线(图 1-41)。

图 1-40 武汉王家墩中央商务区综合管廊规划图

图片来源:武汉中央商务区建设投资股份有限公司网站 http://www.whcbd.com/cbd_projects/zhgl.shtml

图 1-41 武汉王家墩中央商务区综合管廊内部实景图

图片来源:网络 http://www.guandian.cn/article/20160831/177954.html

沈阳浑南新城综合管廊(一期工程全长 19.8 km)于 2013 年完工,综合管廊系统总长 31.6 km,总投资 5.15 亿元。管廊为矩形单舱截面,尺寸为 2.6 m×2.4 m,采用明挖现浇结合预制工法施工。管廊主要纳入 220 kV、66 kV 电缆和通信电缆。预制段主要集中在施工过路段、地表水发生地段和管线障碍段,经过实际检验,预制法施工效果较好。该项目 2012 年被评为"沈长哈"三市优质工程银杯奖,并获"2013 年辽宁省市政金杯示范工程"称号(图 1-42)。

（a）控制中心　　　　　　　　　　（b）单舱标准断面

（c）内部实景图

图 1-42　沈阳浑南新城综合管廊

图片来源:网络 http://www.chinautia.com/XMZS/show.php? itemid=33

青岛高新区综合管廊系统于 2008 年启动规划建设,依据"轴向敷设、环状布局、网状服务"的布局原则,在 25 条道路规划地下综合管廊,总计长度达 78 km,主要位于高新区的吞东路、聚贤桥路、河东路、智力岛路、广盛路、和融路、春阳路、华东路、华贯路、部分待建规划道路等主要道路的单侧绿化带地下,总投资 15 亿元。该综合管廊采用矩形截面,尺寸为 3.35 m×2.60 m,收容电力、电信、给水、中水、热力、交通信号共 6 种市政管线(图 1-43)。截至 2012 年年底,已完成 50 km 的管廊建设工作。

深圳光明新区综合管廊于 2014 年建成,管廊总长 8.5 km,顶板埋深 2~5 m,采用明挖现浇法施工,总投资额达 2.8 亿元。该综合管廊采用矩形双舱截面,截面宽 6.5 m,高 2.8 m,内含电力、电信、给水、中水、热力等多种管线(图 1-44)。

图 1-43　青岛市高新区综合管廊

图片来源:网络 http://qd.sina.com.cn/news/sdyw/2015-08-21/detail-ifxhcvsc4243158.shtml

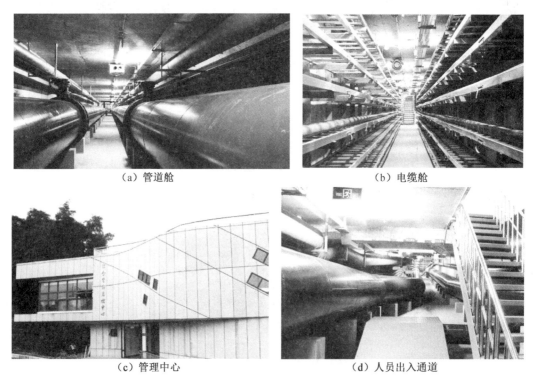

（a）管道舱　　　　　　　　　　　　（b）电缆舱

（c）管理中心　　　　　　　　　　　　（d）人员出入通道

图 1-44　深圳光明新区综合管廊

图片来源:深圳新闻网 http://big5.southcn.com/gate/big5/sz.southcn.com/s/2014-07/14/content_104198133.htm

　　海口是我国首批 10 个地下综合管廊建设试点城市之一,规划在西海岸、美安、新海港、江东、椰海等片区内结合新区建设、老城棚户区改造和道路改造等工程建设总长约43.24 km 的综合管廊,总投资 38.47 亿元。海口地下综合管廊除了纳入电力电缆、通信线缆和给水管道外,还因地制宜在部分区段纳入污水管道与燃气管道,并采用国内罕见的超大规模双层四舱断面,断面面积达 64 m² (图 1-45)。截至 2017 年上半年,海口地下综合管廊试点项目已全部开工,已建成廊体 27 km,采用 PPP(Public-Private Partnership)模式,实现电力、通信、燃气、给水、污水五大管线入廊(图 1-46)。

（a）明挖法建设综合管廊　　　　　　（b）双层四舱断面施工现场

图 1-45　海口综合管廊建设现场

图片来源：南海网新闻 http://www.hinews.cn/news/system/2016/09/24/030713673.shtml

图 1-46　海口综合管廊内部实景

图片来源：中国城市发展网 http://www.chinacity.org.cn/cspp/csal/355793.html

1.2　综合管廊的定义与分类

1.2.1　定义

综合管廊在我国大陆地区有"综合管廊、综合管沟、共同管道"等多种称呼方式，在我国台湾地区称为"共同管道"，在日本称为"共同沟"，在欧美等国家多称为"Urban Municipal Tunnel"或者"Utility Tunnel"，它是一种现代化、集约化的市政基础设施。住建部 2015 年6 月颁布的《城市综合管廊工程技术规范》（GB 50838—2015）中对综合管廊的定义如下[8]："建于城市地下用于容纳两类及以上城市工程管线的构筑物及附属设施。"其中，"城市工程管线"包括了满足人们日常生活、生产需要的给水、污水、再生水、天然气、热力、电力、通信等市政公用管线（不包括工业管线）。

综合管廊是一个复杂系统，除了其结构本体和容纳的市政管线外还包括各类附属设备设施，包括排水系统、通风系统、电气系统、消防安全系统、监控和报警系统、标识系统等。这些设备设施对于综合管廊的安全平稳运营至关重要，缺一不可。综合管廊的系统组成如

表 1-2 所示。

表 1-2 综合管廊系统组成及主要功能

系统名称		具体内容或功能	备注
结构本体	标准段	容纳各类市政管线的隧道空间	路网走向、埋深、纳入管线的种类和数量将影响断面形式和尺寸
	特殊段	管廊交叉部位、管线引出部位通风口、材料投入口、人员出入口	
市政管线		综合管廊的核心和关键	管线种类、大小、数量及是否兼容将影响管线是否纳入
排水系统		日常与紧急情况排除管廊积水	排水边沟、潜水泵、集水井等
通风系统		日常情况下通风,紧急情况下通风排烟	机械式通风、自然通风、机械式＋自然通风
电气系统		满足日常与紧急时的供电需求、照明系统、设置安全的接地保护、漏电及防雷系统	需采用防潮、防爆产品
消防安全系统		消防设备、消防报警系统	重要的附属设施
监控和报警系统		监控中心、统一管理平台、环境与设备监控系统、安全防范系统、通信系统、预警与报警系统、地理信息系统	重要的附属设施
标识系统		标示管线信息,作为综合管廊内的引导标志用于地面出入口或重点部位的警示标志	应统一设计并设置

各类市政工程管线集中敷设于综合管廊空间内,通过设置专门的投料口、通风口、人员出入口和监测报警系统保证其正常运营,实施市政工程管线的"统一规划、统一建设、统一管理"。以此做到城市道路地下空间的综合开发利用以及市政公用管线的集约化建设和管理,解决反复开挖路面、架空线网密集、管线事故频发等问题,有利于保障城市安全、完善城市功能、美化城市景观、促进城市集约高效和转型发展。建设综合管廊有利于提高城市综合承载能力和城镇化发展质量,有利于增加公共产品有效投资、拉动社会资本投入、打造经济发展新动力。

1.2.2 分类

在对综合管廊的各种类型细分之前,我们必须先要了解各类地下管线与综合管廊之间的关系。由于各类管线或管道所采用的输送介质有不同的物理和化学性能,这使得管线或管道的特性、兼容性和相互影响也不尽相同。当不可兼容的管线或管道置于同一舱室时,可能影响管线服务水平,甚至发生火灾、爆炸等灾害性的后果,反而无法发挥综合管廊的优势并影响到城市的公共安全。

1.2.2.1 市政工程管线的类别及特性

城市工程管线是指用于服务人民生产生活的市政常规管线,包括给水、雨水、污水、再生水、燃气、热力、电力、通信、广播电视等。城市工程管线根据不同性能和用途,不同的输送方式、敷设方式和弯曲程度有不同分类:

（1）按性能和用途，可分为给水管道、排水管沟、电力、电信线路、热力管道等 11 种。

① 给水管道：包括工业给水、生活给水、消防给水等管道；

② 排水沟管：包括工业污水（废水）、生活污水、雨水、降低地下水等管道和明沟；

③ 电力线路：包括高压输电、高低压配电、生产用电、电车用电等线路；

④ 电信线路：包括市内电话、长途电话、电报、有线广播、有线电视等线路；

⑤ 热力管道：包括蒸汽、热水等管道；

⑥ 可燃或助燃气体管道：包括煤气、乙炔、氧气等管道；

⑦ 空气管道：包括新鲜空气、压缩空气等管道；

⑧ 灰渣管道：包括排泥、排灰、排渣、排尾矿等管道；

⑨ 城市垃圾输送管道；

⑩ 液体燃料管道：包括石油、酒精等管道；

⑪ 工业生产专用管道：主要是工业生产上用的管道，如氯气管道、化工专用的管道等。

（2）按输送方式，可分为压力管线和重力自流管线 2 种。

① 压力管线：指管道内流体介质由外部施加力使其流动的工程管线，通过一定的加压设备将流体介质由管道系统输送给终端用户，例如给水、煤气、灰渣管道均为压力输送；

② 重力自流管线：指管道内流动着的介质由重力作用沿其设置的方向流动的工程管线，这类管线有时还需要中途提升设备将流体介质引向终端，例如污水、雨水管道等均为重力自流输送。

（3）按敷设方式可分架空线、地铺管线、地埋管线 3 种。

① 架空线：指通过地面支撑设施在空中布线的工程管线，例如架空电力线、电话线等；

② 地铺管线：指在地面铺设明沟或盖板明沟的工程管线，例如雨水渠、地面各种轨道等；

③ 地埋管线：指在地面以下有一定覆土深度的工程管线。根据有水的管道或含有水分的管道在寒冷的情况下是否怕冰冻以及土壤冰冻的深度等因素，将管线又分为深埋和浅埋两类。深埋即指管道的覆土深度大于 1.5 m，例如，我国北方的土壤冰冻线较深，给水、排水、湿煤气等管道属于深埋管线；热力管道、电信管道、电力电缆等不受冰冻的影响，可埋设较浅，属于浅埋管线。

（4）按管线弯曲程度，可分为可弯曲管线和不易弯曲管线 2 种。

① 可弯曲管线：指通过某些加工措施易将其弯曲的工程管线，例如电信电缆、电力电缆、自来水管道等；

② 不易弯曲管线：指通过加工措施不易将其弯曲的工程管线或强行弯曲会损坏的工程管线，例如电力管道、电信管道、污水管道等。

（5）按输送物质的形态可分为流体管线、气体管线、电子流管线 3 种。

在实际城市规划中，工程管线综合规划主要包括 6 种管线，即给水管道、排水管道、电力线路、通信线路、热力管道和燃气管道。此外，建筑领域常说的"七通一平"中的"七通"就是指上述 6 种管道的铺设与道路的贯通。

1.2.2.2 管线特性分析

1）给水管线

给水管线主要包括上水管道和中水管道等，其配水方式包括重力流和加压流两种，在实际生活中普遍采用加压输送的方法。给水管线的配水系统可分为原水输水系统(多采用重力流)和清水输水系统(多采用加压流),管径在 2 400～3 800 mm 之间。此外,其他埋设在加压站、配水池和用户之间的给水管线的口径较小,多属于支干管,其埋设密度也随用户分布程度的不同而改变。

2）排水管线

排水管线即俗称的下水道系统,它主要指的是在城市排水区域内,为了排出并处理雨水、家庭污水和工业废水而设立的管渠及相关设施。为了保护城市环境,提高城市生活的质量,一般家庭污水和工业废水均应流入公共下水道系统。正如 1.1 节中针对综合管廊的起源所述,综合管廊的产生也是源自 19 世纪中叶欧洲城市地下大型排水系统的建设,是现代城市不可或缺的重要公共设施。根据集排方式的不同,现代城市的排水管线可分为合流式和分流式两种。合流式即指雨水和生活污水等通过同一排水管道排出并处理,而分流式则是将雨水及污水分离,通过不同的管道排放并处理,一般雨水采用重力流自然排放,而污水则采用重力流和加压流两种方式排放。一般而言,重力流管线在流速和管道的埋设深度上必须加以限制,其理想的流速以 1.0～1.8 m/s 为宜。

3）燃气管线

根据我国《城镇燃气设计规范》(GB 50028—2006)的规定,城镇燃气管道按燃气设计压力可以分为 7 级(表 1-3)[9]。一般而言,燃气先由高压管线输送至调压站降压,之后通过中压管线直接连通用户,或者再次经过降压,采用低压管线传送至用户。燃气管线一般采用直埋敷设,根据《城市工程管线综合规划规范》(GB 50289—2016)的规定,在人行道下最小覆土深度为 0.6 m,车行道下最小覆土深度为 0.8 m[10]。

表 1-3　　　　　　　　　　城镇燃气设计压力(表压)分级

名　　称		压力/MPa
高压燃气管道	A	$2.5 < P \leqslant 4.0$
	B	$1.6 < P \leqslant 2.5$
次高压燃气管道	A	$0.8 < P \leqslant 1.6$
	B	$0.4 < P \leqslant 0.8$
中压燃气管道	A	$0.2 < P \leqslant 0.4$
	B	$0.01 < P \leqslant 0.2$
低压燃气管道		$P \leqslant 0.01$

4）电力电缆[10]

目前,国内大都采用架空线的方式敷设电力电缆,但是随着城市经济综合实力的提升及对城市环境整治的严格要求,我国各大中城市都在开展电力电缆架空入地工作,并开始建设不同规模的电力隧道和电缆廊。由于电力是城市经济发展的重要保障,随着城市化的进一步加快,电力电缆的需求容量也在进一步加大,因此,无论采用何种方式敷设,都必须考虑到其未来扩容的需求。

5）通信线缆

通信线缆主要用于近距离音频通信、远距离高频载波、数字通信及信号传输,一般可分为用户电缆(干线用电缆和配线用电缆)和中继电缆(市区话线交换局中继专用)。地下干线电缆、架空干线电缆和地下配线电缆应根据要求选择相应的电缆类型。其中,部分干线电缆采用充气监视保护,如果发生断裂,气压监视器即发生警报,工作人员即可以通过报警位置找到断裂点并进行修复。中继电缆覆盖以绝缘保护,在静电容量相同的情况下,其外径较小,且容易增加电缆的收容对数。除了最常用的电缆外,通信线缆还采用光纤,其信息传导性能良好,传输容量大,抗干扰能力强,工作性能可靠,近年来已渐渐开始取代传统的通信电缆。

6）热力管线

热力管道按热媒介不同,可分为蒸汽管道和热水管道,根据管道内压力或温度的不同还可以进一步细分,具体如表 1-4 所示。

表 1-4 热力管线分级

热媒介	指 标		分类
蒸汽管道	蒸汽压力	小于 2.5 MPa	低压系统
		2.5～6.4 MPa	中压系统
		6.4～13.7 MPa	高压系统
		大于 13.7 MPa	超高压系统
热水管道	热水温度	>100℃	高温热水管道
		≤95℃	低温热水管道

热力管道入廊布置应该在城镇规划的指导下,根据热负荷分布、热源位置、其他管线及构筑物、园林绿地、水文、地质条件等因素,经济技术比较确定。由于热力管线常出现在我国北方冬季寒冷区域,因此管线的铺设需要考虑外包保温材料的厚度和选材。

7）垃圾气体输送管道

城市生活垃圾的收集与运输是指生活垃圾产生以后,由容器将其收集起来,集中到收集站后,用清运车辆运至转运站或处理场。垃圾的收运是城市垃圾处理系统中的重要环节,影响着垃圾的处理方式,其过程复杂,耗资巨大,通常占整个处理系统费用的 60%～80%[10]。如今,国内主要的垃圾运输方式还是采用垃圾车,肆意流淌的脏水与散发出的臭味严重影响着居民的身体健康,也破坏了城市景观。为了使垃圾在收运过程中尽可能封闭作业,以减少对环境的污染,国外较多采用垃圾气体输送系统(图 1-47)。

垃圾气体输送系统是一种先进的垃圾运输处理方式,由瑞典人于 1961 年最早使用,目前在瑞典、日本、新加坡等国的普及率已经达到 40%左右。该系统工作时,风机运行产生真空负压,所有垃圾以 70 km/h 的速度,在风力的作用下经管道被抽运至收集站,并统一处理,这样可以减少对环境的影响,提高垃圾输送效率,降低人工成本并实现垃圾的资源化[12]。垃圾气体输送管道直径一般为 500 mm,允许投放的垃圾尺寸为 400 mm×400 mm。在我国,仅天津中新生态城等园区进行了试验性的建设。但是,由于国外的技术垄断,前期投入较高,以及我国垃圾分类意识不强，国内已建成的案例中管道堵塞现象高发，因此还不能得到全面的普及和运用。

图 1-47　垃圾气体输送系统

图片来源：网站 http://www.cygps.com.cn/view/200.html

1.2.2.3　综合管廊分类

综合管廊收容的管线不同，其性质和结构也有所不同。大致可以将综合管廊分为干线综合管廊、支线综合管廊和缆线综合管廊(综合电缆沟)3 种，如图 1-48 所示。

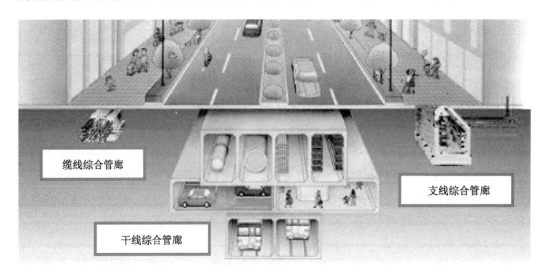

图 1-48　综合管廊分类图

图片来源：网络 http://taian.iqilu.com/taianyaowen/2016/0628/2870935.shtml(作者有修改)

1) 干线综合管廊

干线综合管廊主要收容高压电力电缆、信息主干电缆或光缆、给水主干管道、热力主干管道等，有时结合地形也将排水管道容纳在内。干线综合管廊通常设置于城市道路中央的机动车道或道路绿化带下，其主要作用即防止在道路上开挖施工，影响交通。干线综合管廊一般容纳市政干管，不直接为周边用户提供服务或仅为部分稳定使用的大型用户服务，例如，电力电缆主要从超高压变电站输送至一、二次变电站，信息电缆或光缆主要是转接局之间的信息传输，热力管道主要为热力厂至调压站之间的输送。

干线综合管廊的断面通常为圆形或多格箱形，综合管廊内一般要求设置工作通道及照明、通风、排水等附属设施(图 1-49)，其特点主要有：①提供稳定、大流量的市政管线运输；

②具有高度的安全性;③内部结构紧凑;④兼顾或直接供给到稳定使用的大型用户;⑤一般需要专用的设备;⑥管理及运营比较简单。

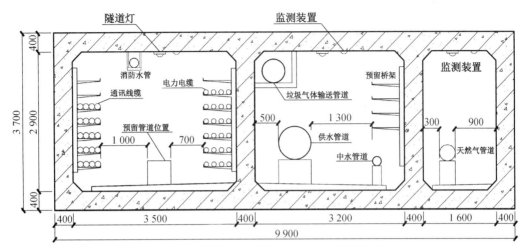

图 1-49 干线综合管廊标准断面示意图(单位:mm)

2)支线综合管廊

支线综合管廊主要负责将各种供给从干线综合管廊分配、输送至各直接用户,主要设置在道路绿化带下、道路两侧的非机动车道或人行道下,收容直接服务用户的各种管线。因此,支线综合管廊的主要目的是防止人行道的挖掘或消除人行道上方架空电线或电杆,达到道路无杆化的目标。

支线综合管廊以矩形断面较为常见,一般为单格或双格箱形结构。综合管廊的有效断面较小,但是一般仍要求设置工作通道及照明、通风、排水等附属设施(图 1-50)。支线综合管廊的特点主要有:①有效(内部空间)断面较小;②结构简单、施工方便;③设备多为常用定型设备;④一般不直接服务大型用户。

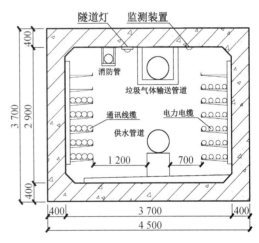

图 1-50 支线综合管廊(单位:mm)

3)缆线综合管廊

缆线综合管廊(综合电缆沟)设置在道路的人行道下面,其埋深较浅,一般在 1.5 m 左右。它主要负责将市区架空的电力、通信、有线电视、道路照明等电缆收容至埋地的管道,直接供应终端用户,因此其设置目的与支线综合管廊相同。

缆线综合管廊的断面以矩形断面较为常见,一般不要求设置工作通道及照明、通风等设备,仅增设供维修时用的工作手孔即可,建设费用较少,当需要进入管廊维修时,仅需掀起地面的盖板即可(图 1-51)。缆线综合管廊的特点主要有:①节约地下空间,经济性最强;②结构简单、施工方便;③内部空间较小,容纳管线较少;④管廊盖板容易被打开,管理难度较大。

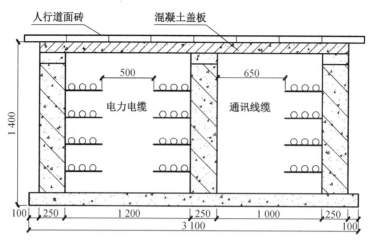

图 1-51　缆线综合管廊(单位:mm)

1.3　我国综合管廊建设的必要性

1.3.1　城市土地集约化利用的必然要求

采用直埋法敷设的市政管线均处于城市道路的浅层地下空间,随着城市对电力、通信、给水、燃气等需求的迅速扩大,地下管线铺设更加频繁,管径、管线数量迅速增大。一些管线权属企业和单位盲目铺设管线,抢占管位,导致管线的空间使用率低下,造成相邻地下管线增设、扩容困难,频繁的道路开挖也导致城市交通拥堵的日益加重,恶化城市环境,严重阻碍城市基础设施建设步伐,制约城市经济的高速发展。

考虑到城市土地集约化利用的发展方向,必须采用城市地下综合管廊将这些管线集中收容于同一地下隧道内,综合利用道路地下空间。西班牙学者 Pere Riera 和 Joan Pasqual 教授[13]通过研究巴塞罗那综合管廊,得出综合管廊所占用的道路地下空间仅为直埋敷设各类管线所需空间的1/4,进一步证明了综合管廊可以缓解道路地下空间资源的紧张情况,增强道路空间有效利用率,节约并保证城市地下空间的发展,促进城市地下空间从零散利用型向综合开发型转变,打造紧凑型立体城市(图 1-52)。

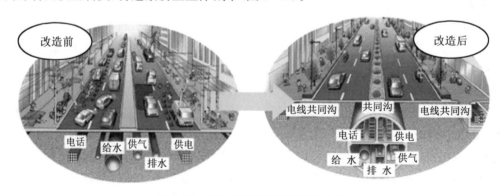

图 1-52　城市地下管线的集约化改造

图片来源:网络(作者有修改)

1.3.2 城市管网设施更新升级的必然需求

国内城市的地下管线建设大多始于新中国成立初期,基于当时国家财力,地下管线仅能满足城市短期基本需求。管道的长度和管径以及网络的构成都未形成规模,施工时采取简单的地下浅埋方式,缺乏长期完整的城市建设规划。改革开放后我国城市建设发展迅猛,但是在地下基础设施建设的重视程度方面明显不足,对城市地下管线的财力投入和设计标准都无法满足现代城市发展的需求,从而引发了城市内涝、管道爆裂、路面塌陷等严重后果,急需更新升级。此外,由于很难对采用传统直埋敷设的管线进行定期巡视维护,一旦管线发生明显的泄漏、破裂,都将对城市的市政服务带来巨大的影响(图1-53)。

采用综合管廊敷设管线,可以有效保护管线免受土壤、地下水、道路结构层酸碱物质的腐蚀,将其使用寿命从20年提升至100年左右(芬兰赫尔辛基的经验表明,综合管廊中管线的寿命可至少提高一倍),以此提高市政服务的运营质量。在建设初期,综合管廊就要考虑未来市政服务的需求,预留一定的管线扩容空间,方便后期管线的扩容。此外,工作人员可以定期巡视、检查和维护管线,也可以实时监控管廊内的系统,将潜在的管线事故防患于未然,确保各种生命线设施的稳定和安全,大幅提升市政管线的服务稳定性与安全性,保证服务水平。

图1-53 城市地下管道爆炸事故

图片来源:国际在线(新闻)gb.cri.cn/42071/2014/08/01/7371s4637812.htm

1.3.3 城市环境和谐发展的必然要求

随着居民物质生活水平的不断提高,人们对城市景观及居住区环境提出了更高的要求。优美的城市环境,是城市现代化和谐发展的基本要求。而目前城市内电线杆林立、架空线如蛛网般密布,造成严重的视觉污染(图1-54)。同时,架空线与城市绿化之间的矛盾以及地下管线因维修、扩容引起的城市"马路拉链"现象(图1-55)都对城市环境和人们生活出行造成了严重影响。

图 1-54 "城市蜘蛛网"现象

图片来源:东方网 xwcb. eastday. com/c/20090315/u1a548150. html

图 1-55 "马路拉链"现象

图片来源:新浪网 news. sina. com. cn/c/2009-09-05/043018585203. shtml

综合管廊可以根治"城市蜘蛛网"与"马路拉链"等现象,避免因埋设、维修管线而导致道路反复开挖的情况,确保道路交通畅通。同时由于路面的重复开挖次数减少,道路使用年限增加,交通更加顺畅,减少道路对周边绿化园林的占用,改善地面环境,为市民创造更好的生活环境。

1.3.4 城市"生命线"安全运营的必然选择

长期以来,我国城市地下管线都是分部门独立开展规划建设的,多采用直埋的形式进行敷设。这种模式不仅造成反复开挖、重复建设等现象,还引起了翻修困难、管理混乱等问题,更形成了巨大的城市安全隐患。近年来,因管线安全问题而引发的工程事故频发,造成了严重的生命财产损失,同时也对新时期城市"生命线"的安全运营管理提出了更高要求。

　　综合管廊的建设正是要改变市政单位各自为政的现状,通过完善的协调机制与统一的管理平台,将各类城市管线集中管理与维护,增强城市生命线工程的安全(图1-56)。此外,综合管廊具有良好的防灾和抗灾性能,敷设在综合管廊内的管线不会受到台风、地震、火灾等的影响。从1995年日本阪神大地震的案例中可以看出,采用直埋敷设的管线大都受到了地震的影响而发生断裂或破损,但是在综合管廊内集中敷设且采用先进的管道变形调节技术和橡胶防震系统的管线则受损很小,仅在接缝处有少量漏水和壁面剥落的现象。市政管线作为城市生命线工程,其意义非同一般,综合管廊的建设可以提升城市的防灾能力,保证在紧急情况下生命线工程的正常运作,减少生命财产的损失,因此也是城市"生命线"安全运营的必然选择。

图1-56　城市"生命线"在综合管廊内集中管理
图片来源:浙江新闻 zj. zjol. com. cn/news/525508. html

1.4　综合管廊的建设效益与建设时机

1.4.1　建设成本与效益分析

　　综合管廊是目前世界发达城市普遍采用的市政基础工程,是一种集约度高、科学性强的城市综合管线工程,它较好地解决了城市发展过程中的道路重复挖掘建设问题,也是解决地上空间过密化、实现城市基础设施功能集聚、创造和谐城市生态环境的有效途径。由于综合管廊属于重大的市政工程,其成本与效益在很大程度上超出了项目本身的范围,从而表现出明显的成本与效益外溢。因此,需要将综合管廊的成本分为内部成本与外部成本,效益分为内部效益与外部效益,并逐一分析其构成(图1-57)。

1.4.1.1　内部成本

　　综合管廊的内部成本主要包括管廊建设成本和日常维护成本。其中,建设成本可以分为主体结构的建设成本、附属设施的建设成本(比如电气、监控、通风、消防等系统的安装费

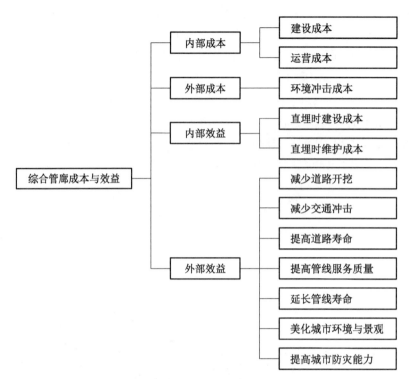

图 1-57　综合管廊成本与效益构成

图片来源:佛山市城市地下管线综合管廊专项规划

用)、管廊容纳管线的敷设安装费、工程调查设计等成本、既有管线的动迁成本和道路空间的占用成本等;日常维护成本则可分为主体结构维护管理成本和附属设施维护管理成本。

　　表 1-5 中列出的是我国大陆地区部分综合管廊的建设成本,虽然各地区成本差异较大,考虑到建设年代等因素,总体而言其投资建设成本为 5 万~10 万元/m。

表 1-5　　　　　　　　　　　　综合管廊建设成本

综合管廊	建成年份	长度/km	总投资/亿元	单价/(万元·m^{-1})
上海张杨路	1994	11.5	3.0	2.61
杭州城站广场	1999	1.1	0.149	1.35
上海安亭镇	2002	5.75	1.4	2.43
佳木斯市林海路	2003	2.0	3	1.5
广州大学城	2004	17.4	3.7	2.13
杭州钱江新城	2005	2.16	3	1.39
深圳盐田坳	2005	2.67	3.7	1.39
昆明昆洛路	2006	22.6	50	2.21
昆明广福路	2007	17.76	45.2	2.55
北京中关村	2007	1.9	42	22.11

（续表）

综合管廊	建成年份	长度/km	总投资/亿元	单价/(万元·m⁻¹)
上海世博园区	2009	6.4	2.1	3.28
深圳光明新城	2009	18.28	76.0	4.16
宁波东部新城	2010	6.16	16.5	2.68
珠海横琴新区	2013	33.4	22	6.59
武汉王家墩商务区	2013(开工)	6.2	3.8	6.13
白银市(初期段)	2015(开工)	26.25	22.38	8.53
长沙市(高铁新城、梅溪湖国际新城、老城区)	2015(开工)	62.62	55.95	8.93
十堰市	2015(开工)	51.64	35.5	6.87
海口市	2015(开工)	43.24	38.47	8.89
包头市	2016(开工)	6.68	5.27	7.89
银川市	2016(开工)	39.12	37.64	9.62
六盘水市	2017	39.69	29.94	7.54

注:部分早期建设的综合管廊受当时物价水平影响造价较低。依当下物价水平,综合管廊参考造价为 5 万～10 万元/m。

1.4.1.2 外部成本

综合管廊的外部成本主要是指综合管廊施工期间对环境的影响,包括对自然环境和周围的其他构筑物的影响,对交通的冲击以及运营期间可能存在的环境问题。其中,施工期间对道路的占用而导致的交通效率损失是较为明显的外部成本。需要注意的是,采用不同的施工工法会产生不同的外部成本。

1.4.1.3 内部效益

内部效益主要是指不采用传统埋设方式所节省下来的直埋建设成本与维护成本,包括各种管线的反复挖掘复旧成本、管线更新维护成本等,以及有些国家或地区所实行的道路地下空间使用费等。

综合管廊的内部效益是相对于管线传统埋设方式而言的,在传统埋设方式下,必然要反复开挖道路进行管线埋设与管线维护,为此,管线单位和道路管理部门都需付出不同程度的成本。总体而言,内部效益主要有管线单位的效益和道路主管部门的效益。

（1）管线单位的效益。包括以下内容:①更有效落实管线管理制度;②紧急状况发生时能实时处理;③定期巡视、检查,使维修管理更容易进行;④节省管理、维修、埋设费用;⑤可随时扩充管线的容量;⑥提升管线的传输质量;⑦延长管线的服务年限。

（2）道路主管部门的效益。包括以下内容:①节省道路维修费用;②增加道路使用年限;③落实道路路面的管理;④易于编制道路维修费用的预算;⑤提高地下空间的使用率。

1.4.1.4 外部效益

同样地,综合管廊的外部效益也是相对应于传统埋设方式所带来的各种外部成本,包括反复开挖道路所造成的交通成本的提高,道路、管线寿命的降低,以及对城市景观的破坏

等,这些问题由于采用了综合管廊建设方式而得以消除或减低,可视为综合管廊的外部效益构成。它包括5个方面的内容:

（1）减少道路挖掘,减轻交通干扰,使交通更流畅;

（2）电信、电力缆线集中敷设到综合管廊后将开放道路上部空间,减少消防救灾的阻碍;

（3）城市无杆化,提升都市景观;

（4）充分利用道路地上、地下空间,提供城市土地集约化利用水平;

（5）对管线运营的潜在危险进行监控和预警,可有效避免公共危险的发生,提高城市综合防灾能力。

根据1997年12月的《台北捷运信义线综合管廊共同效益研究报告》,长约6.5 km的各类市政管线,采用综合管廊的方式敷设,其总投资约为26亿元新台币,但因兴建综合管廊所产生的效益,例如,提高交通效率,减少道路交通事故,节省道路维修成本和管线本身的维修成本等,预计可节约费用2 336亿元新台币。虽然采用综合管廊初期的投资建设费用是传统埋设管线的1.73倍,但长期(75年预期寿命)的效益,比传统埋设高出51倍。与此类似,北京中关村西区综合管廊在建成后也做了相似的经济测算[13],虽然管廊的内部成本是传统直埋法的2.04倍,但是50年间直埋法产生的外部成本(主要包括路面开挖施工阶段对城市交通的影响成本、道路的破坏成本、环境的影响成本等)是综合管廊方式的3.16倍。若以50年为计算期,合计直接成本和外部成本,综合管廊的总成本仅为直埋法的2/3。

总体而言,综合管廊是目前世界发达城市中普遍采用的市政基础设施。作为一种集约度高、科学性强的城市综合管线工程,综合管廊较好地解决了城市发展过程中道路重复挖掘建设的问题,也是解决地上空间过密化,实现城市基础设施功能集聚,创造和谐城市生态环境的有效途径。

1.4.2　建设区域和建设时机

由于城市地下综合管廊的初期投入巨大,管廊在对既有管线的影响和拆迁协调问题等方面存在很大困难,因此综合管廊的建设必须因地制宜、循序渐进。根据国内外的实践案例来看,综合管廊的建设必须考虑该地区的经济发展水平、城市发展现状、地质条件与城市规划方案,在建设之前必须通盘考虑并合理规划。

欧美国家的综合管廊主要有3大功能:①在举办大型体育赛事与会展活动的区域,主要用于连接大型场馆的市政设施,例如巴塞罗那(25 km)和雅典综合管廊;②解决区域性市政供给问题,一般线路较长且形成综合管廊网络系统,例如解决区域供冷和供热的赫尔辛基综合管廊系统(45 km),用于民防和市政供给相结合的斯德哥尔摩综合管廊系统(30 km)等;③解决局部管线敷设问题,一般管廊线路较短,例如,加拿大多伦多机场综合管廊(0.855 km)和荷兰阿姆斯特丹泽伊达斯新城(Zuidas)的Maahlerlaan综合管廊(0.5 km)。日本的综合管廊项目主要位于人口稠密区域、交通干线繁忙地段和对于未来人口及交通可能急剧增加的地区,比如东京、大阪、名古屋等大城市以及京都、冈山、广岛等人口稠密区域。我国台湾地区的综合管廊主要建设于城市中心区、商务区、人口居住高密度区、工业园区和旧城改造区域等,主要与轨道交通、铁路地下化工程、城市复兴工程等一同建设[15]。

1.4.2.1 建设区域分析

根据欧美国家、日本与我国台湾地区等地的建设经验,参考我国住建部发布的《城市综合管廊工程技术规范》(GB 50838—2015)的规定,一般认为旧城区和新城区都可以在满足一定条件下建设综合管廊。

(1)经济发展水平较高的地区。综合管廊是城市地下空间开发的一个方面,由于地下空间开发的前期投资较高,该地区必须有较高的经济发展水平,以此提供足够的资金保证与技术支持。

(2)人口稠密或城市新兴发展地区,比如中央商务区、城市核心区、新城区、居住聚集区、地下空间高强度开发地区等。综合管廊的建设可以与该区域的轨道交通、地下综合体等项目相结合,减少马路开挖引起的交通拥堵,提升该地区的环境与生活品质,吸引更多的人口和产业聚集,提升城市的土地效益。

(3)旧城区和历史风貌保护区等不宜开挖路面的地区。综合管廊可以保护该地区的风貌现状,大幅提升该区域内的市政服务水平,在一定程度上可以促进这些区域的再开发与再复兴,保留城市文脉的同时进行全面的升级。但是现阶段,城市地下综合管廊在旧城区和历史风貌保护区的建设存在诸多困难,主要来源于:①对城市地下管线建设现状及未来需求量摸底不清,无法为城市综合管廊平面网络布局及规模大小的确定提供规划依据;②地下管线管理混乱,管线单位各自为政,管廊建设协调困难;③旧城区道路交通流量大,管廊建设对城市交通影响很大,如采用暗挖施工则建设成本较高。因此,综合管廊的建设应首先摸清地下管线建设现状,在此基础上对规划期内新增管线需求量作出合理预测,制定科学合理的城市综合管廊建设专项规划,并结合地铁建设、旧城更新、重要管线升级改造、道路改造、河道治理、地下空间开发等时机,积极、稳妥、有序推进综合管廊建设。

(4)交通繁忙的城市主干路或景观道路、大型电力设施经过的地区。综合管廊可以减少马路开挖,保证主干路的通行能力,缓解城市道路拥堵问题,消除架空线缆并改善城市环境。

(5)敷设管线较多的道路。在这些道路下需要敷设大量的管线,传统直埋敷设管线将会浪费大量地下空间,在施工时影响已经完工管线的正常服务,因此适宜采用综合管廊,在满足市政设施的收容要求外可以节约地下空间用以其他的开发利用。

1.4.2.2 建设时机分析

综合管廊的建设需要大量的资金投入,因此需要选择适合的时机进行开发建设,最大程度减少初期投资,保证足够的经济效益[16]:

(1)配合原有管线的重大维修或更新。此时各管线单位均需要占据道路空间开挖,大面积更换原有管道,借此机会进行综合管廊的建设,不会对道路交通造成更多额外的损失,降低管廊建设的成本,同时能提高管线单位的入廊可能。

(2)配合道路新建或更新拓宽。此时建设综合管廊可以延长道路的使用寿命,彻底解决未来因为管线维修而导致的马路开挖问题,减少交通拥堵。

(3)配合城市地铁、高架、道路或地下综合体等重大工程。综合管廊可以结合相关的重大项目一同设计和施工,大幅度减小资金投入,也能够配合城市地下空间的总体开发利用,形成立体城市。

(4)配合城市新区的开发建设:此时可以对城市地下空间进行统一规划设计,更加科学合理地规划综合管廊系统。由于新城开发时无须考虑新建综合管廊与既有管线及周边建筑物的影响关系,其建设阻力和协调难度相较于老城区要低很多,有利于统一规划、统一建设和统一管理。在施工方法上可以采用明挖施工,大幅降低建设成本、缩短建设周期。因此,配合城市新区、各类园区、成片开发区域的开发,根据功能需求优先同步建设地下综合管廊将会产生更加积极的影响。

1.4.2.3 建设条件分析

虽然综合管廊具有种种优势,但是它的初期投资经费庞大,在城市的哪些区域和道路下方建设,纳入哪些市政管线,选用何种断面形式,采用什么施工方法,何时进行修建,等等,都需要通过一系列的条件分析与可行性研究。根据我国台湾地区综合管廊的建设案例以及相关文献[17],综合管廊的建设一般需要考虑如图 1-58 所示的条件。

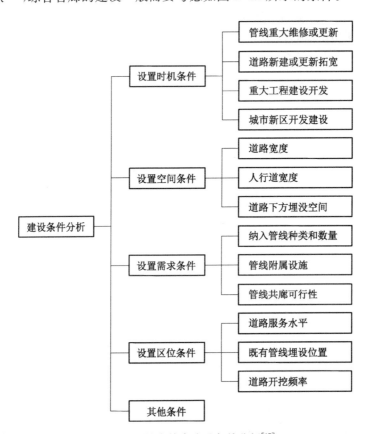

图 1-58 综合管廊建设条件分析[17]

图片来源:徐培刚《台湾地区都市共同管道路网规划决策模式之研究》

1.5 我国综合管廊发展的现状问题

1.5.1 综合管廊实施和管理主体不明确,缺乏相关法律法规支撑

目前我国综合管廊的建设仍处于起步阶段,建设管理体制与机制并不完善。已建综合

管廊的建设实施主体在各地各不相同,且后期监督管理主体不明确,导致综合管廊项目建设管理效率低下。综合管廊的规划建设需要各个管线单位的协调和利益博弈,然而目前我国的市政单位各自为政、独立运营,电力、通讯、燃气、自来水等部门对于是否选择进入综合管廊的意愿和需求不同。由于国内尚没有类似于日本"共同管道科"这样专门负责综合管廊建设和管理的机构,在政策和具体方案的确定、投资建设的监控和后期运营监督与维护上没有全国统一的标准或模式。各管线单位为了实现各自利益的最大化不会放弃较低成本的直埋管线而主动选择进入综合管廊。虽然市政部门名义上是地下管线的管理者,但对各地下管线的权属单位并无行政权,在涉及不同部门或领域的具体利益时,难以做到协调管理和后续经营[18]。缺乏良好的管理机制与固定的管理机构,在各类管线维修养护或扩容增容时产生矛盾和混乱,影响管线单位对于是否入廊的选择,阻碍综合管廊的发展。同时,缺乏相关的法律法规对地下综合管廊工程的建设要求、审批流程、收费机制、监督管理等作出明确规定,使综合管廊建设实际推进工作困难重重。

1.5.2 综合管廊投融资模式创新不足,采用 PPP 模式仍存在很多问题

由于综合管廊项目初期投资大,投资回收期长,现状已建综合管廊大部分都采用政府财政全额出资建设,无形中加大了地方政府的债务风险。2014 年 9 月,财政部发布《关于推广运用政府和社会资本合作模式(PPP)有关问题的通知》,允许社会资本通过特许经营等方式参与城市基础设施投资和运营,旨在拓宽城镇化建设融资渠道,引入市场化运作机制,缓解政府财政负债率和短期融资压力。可以说,政府和社会资本合作模式(PPP)将成为未来我国综合管廊投资建设的重要方式之一。但是,采用 PPP 模式投资建设综合管廊仍有如下问题尚需解决:

(1) 收费机制不明确,运营收益难保。由于目前管线单位入廊的收费机制与标准、管廊运营方式与成本还没有出台明确的规定,在投资分析中,对未来管廊运营成本和运营收益两部分内容分析不准确,导致较难计算清楚政府提供的补贴,将来管廊运营收益也存在较大的不确定性。

(2) "风险分担"不理解,地方政府"甩包袱"。由于目前地方政府对 PPP 模式中"风险分担"理解不到位,甚至将"风险分担"理解为"风险共担",将应由政府分担的风险让社会资本承担,在综合管廊建设中存在"甩包袱"想法。例如,部分城市提出:项目公司通过向管线单位收取廊位租赁费、管廊物业管理服务费和政府可行性缺口补贴等方式取得合理投资回报,管线单位入廊费的风险由项目公司承担,政府协助项目公司收费等相关表述。在管线单位入廊收费的问题上,地方政府希望将此风险交由项目公司承担,这不符合 PPP 模式风险分担的原则——由最有控制力的一方承担相应的风险。项目公司缺乏行政权,无法保证管线单位是否入廊,并不应该承担此类风险。

(3) 社会资本投资压力大,不确定性风险大。由于新设立的项目公司信用评级较低,地方政府要求社会资本在 PPP 项目中投入较高的资本金,解决建设期融资的问题,而较大资本金的投入与整个项目的投资规模以及回报不匹配,尤其是在未来管廊收益不确定性较大的前提下,造成社会资本投资压力大、不确定性风险大。

(4) 地方政府捆绑打包"小马拉大车",增大未来投资风险。部分地方政府利用国家对

地方综合管廊建设的补贴资金,吸引社会资本投资建设过程中,要求社会资本捆绑打包其他更大的建设项目,用中央补贴资金拉动地方其他大项目建设的行为,造成投资风险的大幅增加。

1.5.3 综合管廊建设缺乏科学系统性规划,规划执行力度有限

1) 缺乏城市地下管线信息

由于我国城市传统直埋敷设的管线较多,年代较久,很多城市尚没有建立完善的城市地下管线综合管理信息系统,对于地下空间的规划,特别是综合管廊的规划带来巨大的影响。

2) 缺乏系统规划

综合管廊系统的建设不是一蹴而就的,其网络系统规划应该先于建设完成。然而目前我国各城市的综合管廊建设大多以孤立的试点工程为主,对于城市全市域内的管廊建设需求、线路布局、断面形式、建设时序等缺乏科学系统性地分析和规划,建成区管廊覆盖率低,建设规模小,服务范围有限,存在"投资省、断面小、管线少、局部化、枝状化"的特点,从而无法最大程度发挥综合管廊的建设效益。此外,由于规划方法的不完善与对理念理解的不深入,综合管廊系统的层次等级较为模糊,已建设的管廊主要以支线管廊和缆线管廊为主,市区范围内的干线综合管廊极少。当然,随着中央大力推广综合管廊的建设,以及国外先进规划经验的交流分享,国内已开始推广全市域范围内的系统规划,比如六盘水市、白银市等。

3) 缺乏超前规划

综合管廊的设计寿命为 100 年,其规划必须考虑一定的超前性,在满足城市未来的发展,预留足够管线空间的同时,也要避免空间的浪费。国内有些管廊系统就存在入廊管线少、断面小,不能满足管线的新增扩容需求,比如上海张杨路的综合管廊在部分路段内的电力线路已经饱和,但是由于规划设计之初缺乏预测,供水管道和燃气管道都因为管径的改变或管线要求的变化而空置。综合管廊的一大特点就是一旦建成,无法轻易扩大内部面积,除了预留管线空间外,无法再增加新的收容空间,所以超前规划更是为未来城市市政设施的发展留下足够的空间,在综合管廊的全寿命期内发挥最大价值。

4) 缺乏强有力的执行

综合管廊的使用牵涉到不同的管线单位,在专项规划编制时应协调各管线的走向和位置,避免出现管线走向与综合管廊走向不一致的问题。然而,我国市政建设方面的条块分割,各种管线分属不同单位,报批和施工各自为政,各权属单位往往不服从规划部门的统一管理,大幅增加综合管廊项目的实施难度。因此,即使部分城市已编制过城市地下综合管廊专项规划,规划的执行力度仍十分有限。

1.5.4 综合管廊设计施工技术偏传统,老城区建设成本过高

目前国内地下综合管廊的断面设计普遍采用矩形单舱或多舱形式,在诸如人员出入口、管廊交叉口等特殊部位以及与其他地下结构共同设计的经验相对缺乏,后期由于设计

缺陷造成的运营管理问题不断。

此外,综合管廊的施工仍以明挖现浇法施工为主,机械化程度不高,施工质量低下,后期结构渗漏及变形缝开裂频发。老城区由于受到道路交通和周边建设条件影响,无法采用大面积明挖法施工,相关暗挖施工技术的研究和实践尚有不足,尤其利用盾构法或顶管法施工的圆形地下综合管廊缺少设计和施工的实践。

1.5.5 运营管理水平落后,管理成本偏高

地下综合管廊由于高昂的运营维护成本,加上收费机制不明朗,管廊运营成为各地方政府的"烫手山芋"。目前综合管廊主要以人工管理方式为主,效率低、成本高;设备维护水平低下,寿命短,故障率偏高,维修成本高;廊体节能措施少,耗能严重。这些问题都导致了管廊运营管理成本居高不下,为此急需引入更高效、更低廉的管理模式和管理技术。

1.6 我国综合管廊政策环境和建设前景

1.6.1 政策环境

近年来,国务院和住建部在推进地下综合管廊建设方面颁布了多项政策(表 1-6)指引,鼓励地方推广建设地下综合管廊。政策涉及规划编制、建设目标、建设原则、建设模式、收费机制等核心问题,为地下综合管廊发展提供了很好的制度环境。

表 1-6   国内综合管廊政策文件汇总

时间	政策文件	相关机构	主要内容
2012 年 10 月	《城市综合管廊工程技术规范》(GB 50838—2012)	住建部	适用于城镇新建、扩建、改建的市政公用管线采用综合管廊敷设方式的工程,共分 7 章,包括总则、术语和符号、规划、土建设计、附属工程设计、施工及验收、维护管理等
2013 年 9 月	《国务院关于加强城市基础设施建设的意见》	国务院	用 3 年左右的时间,在全国 36 个大中型城市全面启动地下综合管廊试点工程,中小城市因地制宜建设一批综合管廊项目
2014 年 3 月	《国家新型城镇化规划(2014—2020 年)》	中共中央国务院	统筹电力、通信、给排水、供热、燃气等地下管网建设,推行城市综合管廊,新建城市主干道路、城市新区、各类园区应实行城市地下管网综合管廊模式
2014 年 6 月	《国务院办公厅关于加强城市地下管线建设管理的指导意见》	国务院	开展城市地下管线普查,建立和完善综合管理信息系统,要求统筹城市地下管线工程建设,稳步推进城市地下综合管廊建设;在 36 个大中城市开展地下综合管廊试点工程,探索投融资、建设维护、定价收费、运营管理等模式,提高综合管廊建设管理水平

（续表）

时间	政策文件	相关机构	主要内容
2014 年 12 月	《关于开展中央财政支持地下综合管廊试点工作的通知》	财政部住建部	规定了对综合管廊试点城市给予专项资金补助的方案和试点城市的竞标方式,明确中央财政对综合管廊试点城市给予专项资金补助,一定三年,具体补助数额按城市规模分档确定,直辖市每年 5 亿元,省会城市每年 4 亿元,其他城市每年 3 亿元。对采用 PPP 模式达到一定比例的,将按上述补助基数奖励 10%
2015 年 3 月	《城市地下综合管廊建设专项债券发行指引》	发改委	鼓励各类企业发行企业债券、项目收益债券、可续期债券等专项债券,募集资金用于城市地下综合管廊建设,简化审核流程,放宽审核条件
2015 年 4 月	《2015 年地下综合管廊试点城市名单公示》	财政部	包头、沈阳、哈尔滨、苏州、厦门、十堰、长沙、海口、六盘水、白银 10 座城市入选 2015 年地下综合管廊试点,并获得中央财政专项资金支持
2015 年 5 月	《城市地下综合管廊工程规划编制指引》	住建部	管廊工程规划应统筹兼顾城市新区和老旧城区。新区管廊工程规划应与新区规划同步编制,老旧城区管廊工程规划应结合旧城改造、棚户区改造、道路改造、河道改造、管线改造、轨道交通建设、人防建设和地下综合体建设等编制
2015 年 5 月	《城市综合管廊工程技术规范》(GB 50838—2015)	住建部	为集约利用城市建设用地,提高城市工程管线建设安全与标准,统筹安排城市工程管线在综合管廊内的敷设,保证城市综合管廊工程建设做到安全适用、经济合理、技术先进、便于施工和维护、制定本规范
2015 年 6 月	《城市综合管廊工程投资估算指标》(试行)	住建部	本指标是城市综合管廊工程前期编制投资估算、多方案比选和优化设计的参考依据,是项目决策阶段评价投资可行性、分析投资效益的主要经济指标
2015 年 8 月	《国务院关于推进城市地下综合管廊建设的指导意见》	国务院	到 2020 年,建成一批具有国际先进水平的地下综合管廊并投入运营,反复开挖地面的“马路拉链”问题明显改善,管线安全水平和防灾抗灾能力明显提升,逐步消除主要街道蜘蛛网式架空线,城市地面景观明显好转
2015 年 12 月	《关于城市地下综合管廊实行有偿使用制度的指导意见》	发改委住建部	建立主要由市场形成的价格机制,城市地下综合管廊各入廊管线单位应向管廊建设运营单位支付管廊有偿使用费用,费用包括入廊费和日常维护费用
2016 年 4 月	《2016 年地下综合管廊试点城市名单公示》	财政部	石家庄市、四平市、杭州市、合肥市、平潭综合试验区、景德镇市、威海市、青岛市、郑州市、广州市、南宁市、成都市、保山市、海东市和银川市入选,并获中央财政支持
2016 年 5 月	《关于推进电力管线纳入城市地下综合管廊的意见》	住建部能源局	鼓励电网企业参与投资建设运营城市地下综合管廊,共同做好电力管线入廊工作
2017 年 6 月	《城市地下综合管廊工程消耗量定额》	住建部	为加快推进城市地下综合管廊工程建设,满足城市地下综合管廊工程计价需要,组织编制此定额

1.6.2 建设前景

作为国家城市建设领域的重要战略方向,城市地下综合管廊的建设前景广阔。2015—2016 年,住建部、财政部选出的第一批和第二批共 25 个综合管廊试点城市陆续开展了综合管廊试点建设,这些城市都获得了国家财政专项资金支持。2015 年,全国已有 69 个城市开始规划建设综合管廊,在建规模为 1 000 km,总投资达 880 亿元;截至 2016 年 12 月 20 日,全国 147 个城市 28 个县已累计开工建设城市地下综合管廊 2 005 km,我国综合管廊的建设已经进入高速发展时期(图 1-59)。

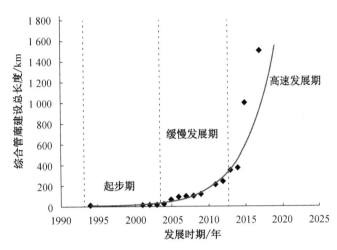

图 1-59 我国地下综合管廊发展趋势图

参考文献

[1] 孙冰. 城市的良心:古今中外城市排水系统大观——故宫:"千龙吐水"不怕大暴雨[J]. 中国经济周刊, 2012(30):32-35.

[2] 朱思诚. 东京临海副都心的地下综合管廊[J]. 中国给水排水,2005,21(3):102-103.

[3] Canto-Perello J, Curiel-Esparza J, Calvo V. Analysing utility tunnels and highway networks coordination dilemma[J]. Tunnelling & Underground Space Technology,2009,24(2):185-189.

[4] 刘福勋,萧文魁,庄龙胜. 台湾共同管道执行现况及推行障碍之探讨[J]. 中华建筑学刊,2005,1,

[5] 吕昆全,贾坚. 台北市共同沟建设现状及若干问题分析[J]. 地下工程与隧道,1998,(4):8-14.

[6] 张红辉. 上海市嘉定区安亭新镇共同沟工程设计[J]. 给水排水,2003,29(12):7-10.

[7] 王恒栋. 上海世博会园区综合管沟工程建设标准简介[J]. 特种结构,2009,(1):102-104.

[8] 住房城乡建设部. GB 50838—2015 城市综合管廊工程技术规范[S]. 北京:中国计划出版社,2015.

[9] 中华人民共和国建设部. GB 50028—2016 城镇燃气设计规范[S]. 北京:中国建筑工业出版社,2006.

[10] 中华人民共和国建设部. GB 50289—2016 城市工程管线综合规划规范[S]. 北京:中国建筑工业出版社,2016.

[11] 王恒栋. 市政综合管廊容纳管线辨析[J]. 城市道桥与防洪,2014,0(11):208-209.

[12] 李征,郑福居,李佳,等. 垃圾管道气力输送系统优缺点及应用前景分析[J]. 环境卫生工程,2016,24

(4):91-93.

[13] Riera P，Pasqual J. The importance of urban underground land value in project evaluation：a case study of Barcelona's utility tunnel[J]. Tunnelling & Underground Space Technology,1992,7(3)：243-250.

[14] 关欣.综合管廊与传统管线辅设的经济比较——以中关村西区综合管廊为例[J].建筑经济,2009,(S1):339-342.

[15] 刘应明,等.城市地下综合管廊工程规划与管理[M].北京:中国建筑工业出版社,2016.

[16] 王璇,陈寿标.对综合管沟规划设计中若干问题的思考[J].地下空间与工程学报,2006,2(4):523-527.

[17] 徐培刚.台湾地区都市共同管道路网规划决策模式之研究[D].台北:国立台北科技大学,2005:35.

[18] 何培根.国内综合管廊发展困境剖析与应对策略探讨[C]//2012城市发展与规划大会,2012:1-6.

2 地下综合管廊的规划

2.1 综合管廊规划的基本概念

2.1.1 综合管廊规划的编制依据

根据住建部 2015 年印发的《城市地下综合管廊工程规划编制指引》，城市地下综合管廊工程的规划应由城市人民政府组织相关部门编制，用于指导和实施管廊工程建设。综合管廊工程的规划应以统筹地下管线建设、提高工程建设效益、节约利用地下空间、防止道路反复开挖、增强地下管线防灾能力为目的，遵循政府组织、部门合作、科学决策、因地制宜、适度超前的原则。城市地下综合管廊规划的编制期限与城市总体规划一致，一般为 20 年，原则上 5 年进行一次修订，或根据城市规划和重要地下管线规划的修改及时调整。

综合管廊属于城市基础设施，因此其规划应该考虑到城市地下管线综合规划、城市总体规划以及控制性详细规划。此外，由于综合管廊主要位于城市道路下方，其规划编制必须能与城市地下空间规划、城市道路规划等衔接，以达到合理科学的规划结果，如图 2-1 所示。

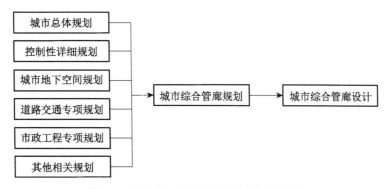

图 2-1　城市地下综合管廊规划的编制依据

2.1.2 综合管廊规划的编制内容和成果

根据住建部 2015 年印发的《城市地下综合管廊工程规划编制指引》，综合管廊规划的编制内容主要有以下 14 条。

（1）规划可行性分析：根据城市经济、人口、用地、地下空间、管线、地质、气象、水文等情况,分析管廊建设的必要性和可行性。

(2) 规划目标和规模:明确规划总目标和规模、分期建设目标和建设规模。

(3) 建设区域:敷设两类及以上管线以及以下高强度开发和管线密集地区应划为管廊建设区域:

① 城市中心区、商业中心、城市地下空间高强度成片集中开发区、重要广场,高铁、机场、港口等重大基础设施所在区域;

② 交通流量大、地下管线密集的城市主要道路以及景观道路;

③ 配合轨道交通、地下道路、城市地下综合体等建设工程地段和其他不宜开挖路面的路段等。

(4) 系统布局:根据城市功能分区、空间布局、土地使用、开发建设等,结合道路布局,确定管廊的系统布局和类型等。

(5) 管线入廊分析:根据管廊建设区域内有关道路、给水、排水、电力、通信、广电、燃气、供热等工程规划和新建、改(扩)建计划,以及轨道交通、人防建设规划等,确定入廊管线,分析项目同步实施的可行性,确定管线入廊的时序。

(6) 管廊断面选型:根据入廊管线种类及规模、建设方式、预留空间等,确定管廊分舱、断面形式及控制尺寸。

(7) 三维控制线划定:管廊三维控制线应明确管廊的规划平面位置和竖向规划控制要求,引导管廊工程设计。

(8) 重要节点控制:明确管廊与道路、轨道交通、地下通道、人防工程及其他设施之间的间距控制要求。

(9) 配套设施:合理确定控制中心、变电所、投料口、通风口、人员出入口等配套设施规模、用地和建设标准,并与周边环境相协调。

(10) 附属设施:明确消防、通风、供电、照明、监控和报警、排水、标识等相关附属设施的配置原则和要求。

(11) 安全防灾:明确综合管廊抗震、防火、防洪等安全防灾的原则、标准和基本措施。

(12) 建设时序:根据城市发展需要,合理安排管廊建设的年份、位置、长度等。

(13) 投资估算:测算规划期内的管廊建设资金规模,可以参考住建部 2015 年印发的《城市综合管廊工程投资估算指标(试行)》。

(14) 保障措施:提出组织、政策、资金、技术、管理等措施和建议。

综合管廊规划的成果主要包括文本、图纸和附件:

(1) 文本:总则、依据、规划可行性分析、规划目标和规模、建设区域、系统布局、管线入廊分析、管廊断面选型、三维控制线划定、重要节点控制、配套设施、附属设施、安全防灾、建设时序、投资估算、保障措施和附表。

(2) 图纸:管廊建设区域范围图、管廊建设区域现状图、管廊系统规划图、管廊分期建设规划图、管线入廊时序图、管廊断面示意图、三维控制线划定图、重要节点竖向控制图和三维示意图、配套设施用地图和附属设施示意图。

(3) 附件:规划说明书、专题研究报告、基础资料汇编等。

2.1.3 综合管廊规划的基本原则

要使综合管廊发挥最大的潜力,必须重视规划,而且要不断吸收新的工程技术来更新城市规划的观念,使城市功能合理,并降低城市规划的实施成本。新的工程技术对城市规划提出了更高的要求,因此全面的综合管廊规划,能避免盲目建设综合管廊,防止地下空间的浪费和重复投资。综合管廊规划的基本原则如下。

1) 因地制宜

1933 年的《雅典宪章》指出"现代城市的混乱是机械时代无计划和无秩序的发展造成的",缺乏合理的规划而盲目建设将会给城市带来巨大的问题。由于各个城市和地区的发展现状与地质条件不同,综合管廊系统的规划不能互相套用,需要根据不同地区的实际情况分析:比如新城区的综合管廊规划需要考虑预留足够空间,利用一次性的高投入创造较高的社会、经济效益,避免二次建设;而旧城区的建设则需要满足现阶段市政服务水平的提升,考虑分步实施的顺序及内容。总体来说,综合管廊的规划必须因地制宜,确与城市经济社会发展相适应,充分考虑已有的城市总体规划,使城市功能合理,降低城市规划的实施成本[1]。

2) 远期发展和近期发展相结合

综合管廊的规划是城市规划的一部分,也是地下空间开发利用的一个方面。因此,综合管廊的规划既要符合市政管线的技术要求,充分发挥市政管线服务城市的功能,又要符合城市规划的总体要求,为城市的长远发展打下良好基础,并经受住城市长远发展的考验。综合管廊系统的建设并非一蹴而就,在保证管廊本身不轻易变动的同时,还必须能够适应市政管线的发展和变化。鉴于这一特点,在规划之初,必须全面考虑其全寿命期内的发展,做到适度超前,分别考虑近期、中期、远期和远景的发展目标,为未来市政管线的发展预留空间,保证规划上的弹性冗余空间。

3) 统筹综合

综合管廊是城市高度发展的必然产物,一般来说,建设综合管廊的城市都具有一定的规模,且地下设施的建设也比较发达,如地下通道、地铁或其他地下建筑等。从资源的角度来看,城市地下空间具有不可逆性,因此综合管廊必须与城市其他地下设施的规划统一进行,做到统筹综合,特别是平面布置、标高布置以及与地面或建筑的衔接,如出入口设计、线路交叉、综合管廊管线与直埋管线的连接等。

由于单独建设综合管廊的投资较大,特别是在已完工道路下的修建,常常需要占用宝贵的道路空间,在施工阶段给城市交通带来巨大的影响。因此,只要满足一定的条件,就应该考虑将综合管廊与其他设施合建,最常见也是最容易实现的是与道路(特别是新建道路)或地铁合建:①将综合管廊与主干道路合建,这样的管廊埋深不大且容易施工,与综合管廊合建的市政道路,上面行车下面敷设管线,形成了"立体交通",既节省了建设成本,又提高了城市空间的利用率;②将综合管廊与地铁合建,这样的管廊埋深较大,但是由于与地铁、隧道一同施工,施工成本与难度大大降低。综合管廊与其他设施的合建是否合理可行,应该从技术上、规划上和经济成本上进行研究和论证。此外,由于城市建设具有阶段性,而合建要求各设施同步施工,往往不容易统一,因而造成合建综合管廊在分期建设的安排上更为复杂。因此,合建既要考虑规划问题,也要考虑分期建设的问题。

2.1.4 综合管廊规划的总体过程

综合管廊的规划可以参考城市地下空间规划的方法和流程进行,一般来说主要有以下几个过程[2]。

1) 拟规划地区现状调查

拟规划地区的现状调查是综合管廊规划的基础性工作,主要为后期路网规划的制订提供科学的依据和量化的参数,使规划的方案更加具有科学性和适用性。一般需要了解该地区的城市总体规划方案、控制性详细规划方案和其他专项规划方案,着重调查拟定规划区内的地形、地质条件、地下水分布、道路沿线地下建(构)筑物的分布、已有市政管线埋设位置、土地使用情形、道路交通情况和道路施工开挖情况等,为路网走向的研究提供基本的信息。有关现状调查的具体方式和内容可以详见 2.2 节。

2) 管线入廊分析和综合管廊需求量预测

由于并非所有的市政管线都适应纳入综合管廊内,因此需要根据地区情况,对于管廊纳入管线进行可行性分析,并与各管线单位进行管线入廊协商。关于管线入廊的可行性研究可以详见 2.3 节。

综合管廊的结构寿命应在 100 年以上,为了保证管廊建成后的 50 年甚至更长时期内仍有足够的空间容纳新增管线,应根据现状调查的结果预测规划区域内管线的需求,协调各市政管线单位参与综合管廊系统敷设管线的意愿,了解各管线未来的发展计划和新增容量,根据城市的发展规划,预测市政管线短近期、中期和长期的需求量以及未来遇到的问题并提出解决方法。关于综合管廊需求量的预测分析可以详见 2.4 节。

3) 确定综合管廊的路网走向

确定综合管廊的路网走向是综合管廊规划中最核心也是最重要的步骤,合理的路网规划可以保证管廊的效益最大化,真正发挥应有的作用。根据现有的综合管廊路网走向的规划经验,其规划一般可以分为两个阶段:

(1) 初步拟定适宜建设的道路。基本布局形态的确定需要根据综合管廊系统的分级、收容形式、管线种类和数量以及设置条件来决定。综合管廊的设置区域、设置时机和设置条件可以参见 1.4.2 节中的分析。根据干线、支线和缆线综合管廊的特性不同,可以分别选择相应的评估指标,采用前两步中收集的基本资料和需求预测的结果,采用量化评估的方式,在拟定规划区内确定适宜建设综合管廊的区域或道路。

(2) 确定详细路网方案。在上一步中,通过量化指标的分析可以确定大致的走向范围,提出多种可供比选的方案。因此,在确定适宜建设综合管廊区域或道路的基础上,采用管廊建设限制因素指标、环境冲击评估和效益评估等综合的评价方法,逐步缩小线路走向的范围,着重分析可行性线路之间的串联,干线和支线综合管廊之间的整合,综合管廊的建设与城市新区或地下空间工程的整合建设等,最终确定具体的路网方案。在具体路网确定阶段,也可以进行方案的经济效益与投资方式的评估,采用成本—收益方法加以比较,作为方案比选的参考条件。

4）概念设计

根据以上确定的路网方案和收容管线的种类和数量,进行综合管廊的概念设计,为具体的工程设计提供指导或参考。概念设计应包括综合管廊平面线型、纵断面线型、断面选型、施工方案建议、特殊段规划方案、安全规划、附属设施规划等。

5）综合管廊的建设时序与其他相关安排

根据路线走向方案、管廊需求的紧迫性、管廊沿线重大工程建设等,拟定建设的近期、中期和长期计划,配合建设时序,制定实施方案,其内容包括建设的工程预算、经费来源、分摊方式、管理维护办法、实施步骤、施工计划、综合管廊信息系统的建立等。

2.2 基础资料调研

为了落实综合管廊的建设计划,对工程经济性、安全性和实用性加以考虑,在工程规划设计前应实施基础资料的收集和调查工作。综合管廊位于城市地下,由于城市地下空间资源也属于自然资源的组成部分,因此基础资料的调查与收集主要为了获取其基本信息,包括资源本身的信息、资源的环境信息和资源的影响因素信息。

综合管廊的基础资料包括自然资源要素和社会经济条件要素,其目的是用于后期工程适宜性评估和综合管廊网络规划,因此所要调研的内容也是影响城市综合管廊规划的主要因素指标。总体而言,需要收集以下资料:①地形调查;②地质调查;③环境调查;④土地使用调查;⑤地下建(构)筑物和既有管线调查;⑥交通流量调查;⑦施工条件的调查。

基础资料调研主要分为两个阶段,即"初步调查"和"基本调查",需要分别对调查项目、调查方法和调查范围进行规划限定,一般可以采用以下 4 种调研的手段或方法。

(1)实地调查:研究人员亲自到资源所在地进行勘察,包括勘探、目测观察记录、物探、钻探等手段。此种方法可以获得详细准确的数据,但是调查所需的人力、物力和时间较多,不太适用于大范围的资源调查。

(2)资料分析和统计调查:根据有关部门掌握和收集的现有基础资料和统计资料进行分析,对于需要长期观察的研究信息,采用统计调查方法可以获取研究所需资料。

(3)航空遥感调查:这是获得资源地面信息最有效的现代化调查手段和方法,通过遥感图片解译,可以直接或间接获得资源的数量、质量、类型和分布信息,并且可以通过不同时期遥感图的对比分析,了解资源或影响要素的动态变化。

(4)模拟调查:是采用抽象、概括、模型的方法对实际问题进行典型研究,适合对特别复杂的资源系统进行分析。

2.2.1 地形调查

城市地形是指地面起伏程度和形状,衡量标准是地形坡度和高程。地形对城市建设用地布局、工程难易程度和建筑美观等有重要影响,但是对于城市地下空间开发,特别是综合管廊的建设负面影响较小,例如,地形的天然坡度可能为道路下方的市政设施建设带来更为便利的条件。总体来说,地形调查需要有以下两个阶段。

（1）初步调查：在规划阶段对地形进行初步调查，主要收集既有航空遥感图加以核对，例如比例尺为 1∶10 000～1∶2 000 的地形图，基本图比例尺为 1∶5 000 的航空摄像图和街道图。

（2）基本调查：地形基本调查相较于初步调查更加精确，需进行人工现场测量，用于规划的比例尺一般为 1∶1 000，用于管廊设计则需达到 1∶500～1∶600。

2.2.2 地质调查

综合管廊一般在道路地下，其环境介质一般是土层或岩石。城市工程地质条件直接控制着综合管廊的建设难易程度，对地下工程的整体安全性和经济性起着决定性作用，也是工程适应性评估的基础核心要素。对于道路浅层地下空间的综合管廊而言，城市地质条件的影响较小，但是随着地下市政设施的深层化、巨型化和大规模化的发展，城市工程地质将会对城市大深度地下空间内的综合管廊产生较大影响。由于土层和岩层在稳定性及力学特性上具有较大差距，因此地质调查应根据岩土体的性质分别展开。

（1）初步调查：收集规划管廊沿线的基本地质状况，借此评估未来施工可能发生的状况和建设计划，调查内容应包括沿线的地质图、邻近钻探报告、现场的实地勘查及其他有关的重要文献等。

（2）基本调查：目的在于掌握综合管廊规划沿线的地质状况、地下水的分布情况、地层的结构、岩土体的物理性质和工程性质。除此之外，还应该根据拟规划地区的实际情况，提供不良地质资料，比如断层与地裂缝的分布图、岩溶地区的岩溶发育情况、地面沉降数据资料、海水入侵统计、砂土液化和地震情况等资料。

2.2.3 环境调查

环境调查的数据主要用于综合管廊的生态敏感性分析。地下工程的建设可能对该地区的环境产生巨大影响，对自然生态带来潜在的风险。因此，对于地下工程的适宜性分析而言，环境调查的结果也是一个较强的制约因素。环境调查主要包括地表水和地下水的敏感性要素、绿地和自然保护区的敏感性要素、地质环境的敏感性要素以及包括自然灾害、降雨量等在内的气象资料。

（1）初步调查：原则上以既有资料的收集和现场勘查为主，调查内容包括自然环境的相关记录数据、城市气象部门的气象资料和敏感地区区位与特定区域的基本数据，例如自然保护区、水源保护区、历史遗址保护区等。

（2）基本调查：以现场勘查为主，必要时可以采取实地监测的方式，以取得规划区内的实际背景资料，作为环境影响分析和环境保护对策制定的依据。

2.2.4 用地类型调查

城市用地类型是了解城市发展的重要信息，主要包括居住用地、公共管理与公共服务用地、商业服务业设施用地、工业用地、物流仓储用地、道路与交通设施用地、公用设施用地和绿地与广场用地等。由于不同土地利用类型对于市政管线的需求和道路交通拥堵的容忍程度不同，因此将直接影响综合管廊开发建设的紧迫性与必要性。

（1）初步调查：该阶段必须在规划期内完成，主要调查综合管廊拟定规划区域现状和未来的土地分区使用情况及人口数量，以此作为管线容量预测及管线布设的依据。此外，必须梳理区域内的主要道路及支路的分布情况和未来新增道路情况。

（2）基本调查：根据工程规划阶段及设计阶段的安排，校核初步调查的成果是否和现状发展有不同，如有差异则应对差异内容进行二次调查，以求在规划设计时能够依据最新的现状数据指标。

2.2.5　地下建（构）筑物及既有管线调查

地下建（构）筑物包括各类地下隧道、地铁车站、地下商业娱乐设施、地下文物遗址和古迹、已建成的综合管廊和直埋敷设的市政管线等。由于道路下方既有的建（构）筑物大多为线状分布，为了新建综合管廊的安全，以及在施工时避免对已有建（构）筑物产生影响，需要划出一定的安全空间和保护范围。为了防止综合管廊的施工对于道路下方已有的管线产生影响或干扰，必须充分掌握地下市政管线的埋设位置与其特性，以此采取针对性的保护和预防措施。

（1）初步调查：为掌握地下既有管线和建（构）筑物的数量与位置，必须对管线现状、埋设计划、管线特性及各市政单位的意愿进行调查。

（2）基本调查：对初步调查的资料进行复检和确认，在重要路口进行试挖以验证调查结果的可靠性，需要记录详细的管线位置、深度、数量、管径和管材材质等内容。

2.2.6　交通流量调查

综合管廊对于城市最直观的影响就是大幅降低道路开挖，减少由于道路开挖而导致的交通堵塞。由于不同道路的交通流量不同，路面开挖对于交通的影响程度也不同。综合管廊的建设应该是首先选择在路面开挖对于交通影响较大的道路下方，这样才能发挥综合管廊最大的效益。

（1）初步调查：搜集政府交通部门的交通流量资料，以此规划如何降低施工期间对道路交通的影响。

（2）基本调查：调查范围应涵盖将来综合管廊施工可能改道的范围，其项目包括：路段交通流量、车量种类、早晚高峰小时内的交通流量、平均行车时间、平均行驶速度、路口转向量、车道现状以及交通信号灯相位等。

2.2.7　施工条件的调查

为了保证综合管廊施工期间的安全，在工程规划阶段应对施工道路环境进行详细调查，作为将来施工方法及线型规划的参考依据，其调查项目包括：基地地形、工作空间、道路上方跨越设施、对相邻建（构）筑物的影响、施工方法需要使用的机械或材料、设备的运输方式等。另外对综合管廊沿线两侧建（构）筑物的基础形式、种类以及旧有建（构）筑物的遗址、既有管线或埋设物的位置状况等也应作详细的调查。

2.2.8　其他经济、人文背景的调查

综合管廊的建设与城市经济、人口、法律关系紧密，作为一项初期投资巨大的市政基础

设施,政府部门如果贸然进行投资建设将会导致巨大的财政压力,大大降低综合管廊的建设效益。因此,根据综合管廊的特性、建设区域和条件分析,还需要对以下资料进行统计和收集。

(1) 拟规划区域的社会、经济、交通等相关资料,包括人口总量、人口密度和未来人口发展预测、土地价值、交通发展方向、城市宏观经济情况等。

(2) 拟规划地区的城市总体规划、控制性详细规划、城市地下空间规划和各类专项规划方案,配合重大工程或项目一同建设综合管廊可以大大降低工程总费用,也可以提升综合管廊的综合建设效益。

(3) 拟规划地区的相关法律、法规和规划设计标准。

(4) 拟规划地区的大型基础设施建设投融资的经验资料,可以借鉴已有的投融资模式,降低政府全额投资带来的资金压力和建设风险,提高政府部门建设的意愿。

2.3　入廊管线分析[3-5]

2.3.1　管线收容的原则

根据我国《城市综合管廊工程技术规范》(GB 50838—2015),综合管廊内可以收容给水、雨水、污水、再生水、天然气、热力、电力、通信等管线(道)。参考日本、欧美等国家的经验,供冷管线、直饮水管道、垃圾气体输送管道等也可以纳入管廊内。针对现状条件不需要或不允许,但远期可能纳入的管线,应在断面设计中预留空间,以供未来的发展。

1) 管线收容原则

(1) 干线综合管廊:主要收容城市干管,一般有多个舱室可供管线收容。由于各干管对于管理、维护和防灾有不同的要求,原则上应将同一种管线收容在同一管道空间,但碍于管廊断面限制等客观因素,一般需要考虑不同管线的共室收容。采用共室收容的管线必须经过各管线单位的论证和同意,同时采取妥善的防范措施,以免发生危险。

(2) 支线综合管廊:引导干线综合管廊内的管线至沿线服务用户的供给管道,因此断面较小,一般只有双舱或单舱,纳入的管道和管线均以共室收容为原则。

(3) 缆线综合管廊:功能明确,主要收容电力、电信、有线电视、宽带网络系统缆线等,以直接服务沿线用户为原则。由于其断面最小,因此各类电力和通信线缆均以共室收容为原则,收容时需考虑各缆线的互相干扰问题并提供相应的屏蔽措施。

2) 入廊分析过程

管线是否入廊应分别从管线的角度和综合管廊自身的角度加以分析,大致的过程和分析内容如下。

(1) 从管线的角度:需要了解管线单位的分类、管线设施的类型、管线材质、与管线相关的设备和阀门等、管线口径大小、铺设的方法、作业空间、管理空间、材料投入口尺寸要求和间距要求、电源需求、接地工程需求、管线环境条件(如湿度和温度)以及和其他管线的间隔要求等。

（2）从综合管廊自身的角度：根据各类管线的特性和附属设备设施的安装要求，综合管廊主体结构自身也需要满足一定的条件，综合管廊自身所需满足的收容条件如表2-1所示。

表2-1 综合管廊自身需满足的收容条件

项　目		综合管廊的收容条件
管线单位设施	占用综合管廊的管线种类占用综合管廊的管线设施	依据管线特性收容指定的管道或管线
	管线的附属机器设备与控制阀门	控制阀门统一设置在管廊外部的阀门井内；管廊内预留管道排气阀、补偿器、阀门等附件安装、运行、维护作业所需的空间
收容条件	敷设方法	在管廊顶板处设置管道及附件安装用的吊环、拉环或导轨，相邻间距不宜大于10 m；敷设管线所需的桥架、支架、台座、支撑等位置和尺寸由各管线单位指定；管廊内纵断面坡度以0.2%~0.3%为宜
	作业空间	确保各管线单位的公共作业空间；配管周围至少预留55 cm空间；缆线作业空间根据各单位的要求设置
	管理空间	确保至少拥有90 cm×200 cm的人员通行空间
	材料投入口的尺寸和间隔	需保证各类管材均可以吊装进入管廊；投料口的间隔不宜超过400 m；投料口的尺寸大小应符合相关设计规范的要求
	电源来源	由综合管廊附属设施供给，位置由综合管廊配置
	接地电源	根据各管线单位的要求进行配置
	廊内环境条件	温度：-10℃~40℃；湿度：自然环境中的湿度
	与其他单位设施的间隔距离	根据各管线单位所指定的空间距离要求设置

2.3.2 管线收容的具体要求

2.3.2.1 给水、再生水管线

给水、再生水管线属于压力流管线，在敷设时无须考虑管廊纵坡变化问题。相较于传统直埋方式，纳入综合管廊系统有如下优点：①可以进行定期维护和修理，大大降低管线漏损率的发生，节约水资源；②综合管廊保护管道设施，避免了施工操作不慎导致管线破裂的发生；③在规划设计之初即预留管道空间，便于计划内的管线扩容。

由于给水、再生水管线的管径较大，设计时需要充分考虑管材的搬运和安装。对于管径超过1 m的管道，考虑到断面尺寸以及安装、维护等空间的限制，一般很少纳入管廊内。

2.3.2.2 排水管线

排水管线可以分为污水管线和雨水管线,其管道输送形式可采用重力式和加压式两种。

1) 加压式排水管线

对于加压式排水管线,其情况和性质与给水管线类似,均采用管道输送,在满足管廊断面的尺寸限制条件后可以纳入综合管廊内。压力排水管道中途不宜收集雨污水,宜仅发挥对雨污水的输送功能。给水管线与加压式的排水管线也可收容于同一舱室内,收容时需要考虑到施工条件、维修管理、管线材质和密封性等问题,一般给水管线位于上方,有压排水管线位于下方。由于管线内加压,因此需要考虑水流冲击所产生的管内压力不均衡现象,在规划和设计阶段考虑相应的解决手段。

2) 重力式排水管线

对于重力式排水管线,其纳入与否需要从技术可行性、经济合理性、安全性和维护管理等方面判断。

(1) 重力式雨水管线:需采用分流制(雨污合流式管线可能产生有毒有害气体,不应纳入综合管廊内),雨水管线可利用结构本体或管道排水,需要保证雨水管线的密闭性和独立性,设计单独的通气系统直接与外界联系,并考虑外部水位变化和排水负荷的要求。

(2) 重力式污水管线:由于污水中可能产生硫化氢、甲烷等有毒、易燃易爆的气体和其他腐蚀性气体,因此必须采用管道式的输送方式,不可以利用结构本体直接排放。污水管道应设置在综合管廊的底部,并建设独立的通风系统与污水检查井,参考台湾地区的经验,也可以将其与垃圾气体输送管线共同收容于一室。

重力式排水管线需要满足一定的埋深和坡度要求,当综合管廊的埋深较浅,且纵断面坡度较小时,则无法满足排水管线的需求,此时若强行纳入排水管线则可能造成管廊建设的不经济性。当管廊所在城市的地势变化较大,管廊纵断面线型也有相应的地势变化时,可以考虑纳入部分重力式排水干线,但是长度不宜过长,且宜分段排入管廊外的下游干线。

总体来说,综合管廊内一般不收容重力式排水管线,除非满足以下几个条件:

① 重力式排水管线与综合管廊的规划路段重合;

② 重力式排水管线为覆土较浅的上游段,对于综合管廊的埋深要求不高;

③ 重力式排水管线宜为支管,避免管径过大导致综合管廊断面变大;

④ 重力式排水管线的纵坡与综合管廊纵坡相同;

⑤ 在经济上切实可行。

2.3.2.3 天然气管线

对于综合管廊是否收容燃气管线在国际上曾存在争议,考虑到安全风险,欧洲国家一般不收容,而日本则收容,在我国台湾地区燃气管线也被收容在内。根据以往的工程经验,燃气管线应单独设置在一个舱室,不与其他管线共室,同时配备相应的监控设备。这些措施大大提高了安全性,经过几十年的运行,并没有出现较大的安全事故。此外,将燃气管线纳入管廊,可以有效降低直埋燃气管线发生爆裂的概率。

根据《城镇燃气设计规范》(GB 50029—2006)的定义,城镇燃气的概念较为广泛,包括人工煤气、液化石油气和天然气。液化石油气密度大于空气，一旦泄漏较难从管廊内排出；人工煤气中含有一氧化碳（CO），不宜纳入综合管廊。如今由于城镇普遍使用天然气，因此仅考虑天然气纳入管廊的可能性。

天然气管线纳入管廊系统可以降低其管道安装和检修的成本，大大提升管道的使用寿命，也减小了因为施工开挖而导致的燃气管道受损泄漏的风险。由于天然气存在可燃可爆性，为了保证管廊系统的安全，天然气管线需单独敷设于一个舱室，并采用如下措施：在燃气管道上每隔一定距离设置截断阀，当燃气管道发生泄漏等故障时，可手动或远程切断阀门，再进行检修；设置燃气泄漏检测仪表，当发生泄漏时，能及时进行事故报警；配备高标准的通风和消防系统；每隔一定距离设置阻火墙及消防喷淋等消防设施，当燃气管道发生泄漏等事故时，开启机械通风设施进行排风，以降低综合管廊内燃气浓度；对于天然气舱室采用防爆设计，减小意外爆炸对于其他管线的影响。

纳入天然气管线会大大提高工程投资，因此需要通过全面的经济测算和安全分析再决定是否纳入。

2.3.2.4　供热与供冷管线

区域集中供热或供冷管道是现代化的市政基础设施系统，目前在我国多采用集中供热而未有太多供冷管线的案例。但是考虑到集中供热和供冷的节能特性以及纳入综合管廊后对于管道维修和管理的便利，因此适宜纳入综合管廊内。

供热管线有热水管道和蒸汽管道之分，管道内压力较高，为了提高保温性能，在管道外还包有较厚的保温材料，因此管径较大。由于供热管道的温度应力较大，在综合管廊设计时，应当考虑供热管道固定支座和活动支座的受力要求、伸缩节的空间布置要求。供热管线比较适宜纳入综合管廊，但是其敷设位置需要格外注意。

（1）由于其输送热介质会使管廊内的温度升高，从而造成安全隐患，在管线布置时应将供热管线与热敏感性较强的管线保证适当的间距或分室收容。

（2）供热管线不应与电力电缆同舱敷设。

（3）供热管线比较适合与给水、再生水等管线共室收容，当与其同侧布置时，一般需将给水管道布置在供热管道下方，且给水管道应额外增加绝热层和防水层。

（4）对于采用蒸汽介质的供热管道而言，应采用独立舱室敷设。

2.3.2.5　电力电缆

电力电缆可以完全变形、灵活布置，不易受管廊系统纵断面变化的影响，且由于近年来城市的发展与扩张，电力电缆已经成为城市最重要的生命线工程。传统直埋法敷设的电力电缆不仅容易因道路开挖施工而破坏，且由于维修扩容需要不断地开挖，造成"马路拉链"的现象，影响市容环境与城市交通。综上所言，将其纳入综合管廊是比较明智的选择，特别是高压电力线路应优先采用入廊敷设的方式。

电力电缆纳入管廊时需要注意舱室的防火、通风和降温，当电力电缆的数量较多时，宜采用专门的舱室收容。明敷的电缆不宜平行敷设在热力管道的上部，对于高压电缆而言，还需要注意其与其他通信电缆之间的电磁干扰和屏蔽问题，110 kV以上的电缆不能与通信线缆同侧布置。不过，随着科技的进步，防电磁感应的被覆材料大量应用于光纤缆线，可以改善不少上述问题。

2.3.2.6 通信线缆

通信线缆与电力电缆类似,具有较大的可布置性与灵活性,因此适宜纳入综合管廊内敷设。传统的通信线缆采用架空或直埋的方式敷设,虽然造价较低,但是容易受到外界干扰而影响通信传输质量,同时也可能造成城市景观的恶化。随着通信技术的发展,城市主要通信线路都采用了光纤技术,该系统传输容量大、稳定性高、抗干扰能力强,占用空间小,因此更加适合纳入综合管廊系统中统一敷设。

除了普通的通信线缆外,例如路灯及交通信号灯控制线缆、有线电视线缆等,根据管廊断面容量,也可一并考虑共室于电力、通信舱室内。然而,对于警讯与军事通信,由于涉及机密问题,其是否收容于综合管廊内,还需与相关单位磋商后再行决定。

2.3.2.7 垃圾气体输送管道

根据1.2.2节中对于垃圾气体输送管道的特性分析,其管径较大,一般为500 mm。由于国内相关案例较少,缺少对于该类管线的技术标准,因此可以仅作为未来计划,在管廊断面中设置相应的预留空间。

2.3.3 管线兼容性分析

由于各类管线特性不同,将其共室敷设可能带来管线兼容性问题,给综合管廊带来巨大的安全隐患。一般情况下,信息电(光)缆、电力电缆和给水管道进入综合管廊的技术难度较小,可以同舱敷设;天然气、雨水、污水、热力管道进入综合管廊需满足相关的安全规定。此外,考虑到安全原因,天然气管道、重力式污水管道、重力式雨水管道(舱)、蒸汽介质的热力管道等必须单独设舱敷设。

综合管廊各收容管线是否可以同舱设置的情况如表2-2所示,表中收集了8类较常纳入管廊的管线。需要注意的是,虽然部分管线可以同舱设置,比如给水管道和热力管道可以同舱敷设,但在实际断面敷设时仍需要满足一定的条件,比如敷设位置和间距要求。

表2-2 综合管廊各管线兼容性

管线种类	给水、再生水管	重力式排水管	压力式排水管	天然气管道	蒸汽介质热力管	热水介质热力管	电力电缆	通信线缆
给水、再生水管		×	√	×	×	√	√	√
重力式排水管	×		×	×	×	×	×	×
压力式排水管	√	×		×	×	×	×	√
天然气管道	×	×	×		×	×	×	×
蒸汽介质热力管	×	×	×	×		×	×	×
热水介质热力管	√	×	×	×	×		×	×
电力电缆	√	×	×	×	×	×		√
通信线缆	√	×	√	×	×	×	√	

注:√表示可同舱敷设,×表示不可同舱敷设。

2.4   综合管廊需求量预测

综合管廊的需求量预测主要包括综合管廊建设总里程的预测和管廊断面空间大小的预测,需求量预测的目的是为了决定50～100年或者更长时间内综合管廊的目标需求量,以此更好地确定综合管廊的路网走向和空间断面布置。管廊需求量的预测需要考虑综合管廊结构层次分级、城市道路等级和各市政管线的未来发展。

1)综合管廊结构层级分级

综合管廊主要可分三类,即干线、支线和缆线综合管廊,在1.2.2节中已详细介绍其分类的原因和各类管廊的特性。一个完善的综合管廊系统需要明确的管廊结构分级,即明确采用干线管廊敷设主干管线,支线和缆线管廊连接主干管线和普通用户,各层级之间应该明确区分,这样才能保证综合管廊的工作效率。因此,综合管廊的需求预测应该明确各级别管廊的需求量,而非笼统地提出一个需求总量。

2)城市道路等级

从综合管廊的分类及特性可知,各个层级的综合管廊适宜建设在不同宽度、不同等级以及不同的道路下方。因此,城市道路等级会直接限制综合管廊的可建设总量,对管廊建设总里程的需求预测具有较强的控制作用。根据我国《城市道路工程设计规范》(CJJ 37—2012),我国的城市道路主要有快速路、主干路、次干路和支路四个级别,其具体的指标如表2-3所示。

表2-3 我国城市道路等级划分表

道路等级	主要功能	道路宽度/m	设计车速/（km·h⁻¹）
快速路	设有中央分隔带,具有4条以上机动车道,全部或部分采用立体交叉与控制出入,供汽车以较高速度行驶的道路	40～70	60～80
主干路	连接城市各分区的干路,以交通功能为主	30～60	40～60
次干路	承担主干路与各分区间的交通集散作用,兼有服务功能	20～40	30～40
支路	次干路与街坊路(小区路)的连接线,以服务功能为主	16～30	30

3)市政管线的未来发展

市政管线的未来发展对于综合管廊的建设里程预测和断面空间大小的预测都具有至关重要的作用。各市政管线单位应根据拟规划地区的特点,提出管线未来的年度敷设计划。在预测各管线的未来需求量时,各单位应充分考虑社会经济的发展动向、城市的特性和发展趋势,根据管线本身的性质确定不同的预测方法。根据市政管线的未来发展,可以找到未来特定时期内道路管线的密集区域和新增数量,以此在路网规划阶段更加合理地确定线路走向,在概念设计阶段提出足够的预留断面空间。

综合管廊的规划设计单位通过评估管线单位所提供的未来需求数据,包括敷设区域的城市总体规划、道路规划资料和管线的更新技术等,将各种需求条件进行汇总、整合和补

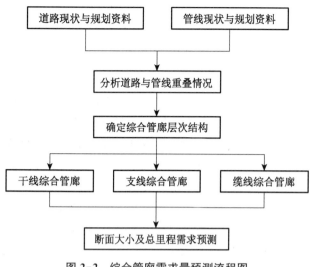

充,结合不同的管廊结构等级,推测出各特定年份的管廊需求容量,并对特定年限提出相应的管廊建设数量,为后期管廊建设时序提供科学的依据。每个层级的管廊建设总里程需求结果以 l_i 表示长度,$b_i \times h_i$ 表示断面空间大小,空间总需求即表示为 $V_i = l_i \times b_i \times h_i$。将干线、支线和缆线综合管廊的空间需求量相加,即得到总的管廊需求量:$V = V_1 + V_2 + V_3$。综合管廊需求预测的全过程如图2-2所示。

图2-2 综合管廊需求量预测流程图

2.5 综合管廊路网规划

根据我国《城市综合管廊工程技术规范》(GB 50838—2015)的要求,综合管廊的规划布局应与城市功能分区、建设用地布局和道路网络规划相适应,并结合已有的地下管线网络和城市道路、轨道交通、给水、雨水、污水、再生水、天然气、热力、电力、通信等专项规划进行布局。综合管廊的路网规划应该考虑管廊的不同功能和等级,应该分别明确干线、支线和缆线综合管廊的布局方式。综合管廊主体工程和配套工程建设的初期一次性投资较大,不可能在所有道路下均采用综合管廊方式进行管线敷设,因此当出现下列情况时,应该优先采用综合管廊敷设管线。

(1)交通运输繁忙或地下管线较多的城市主干道以及配合轨道交通、地下道路、城市地下综合体等工程建设地段。

(2)城市核心区、中央商务区、地下空间高强度成片集中开发区、重要广场、主要道路的交叉口、道路与铁路或河流的交叉处、过江隧道等。

(3)道路宽度难以满足直埋敷设多种管线的路段或管线密集区域。

(4)重要的公共空间。

(5)不宜开挖路面的路段。

综合管廊的路网走向取决于城市道路与管线布局特点,不同城市的布局形态不同,但是在局部区域来看,管廊布局仍然呈现一定的规律,大致可以总结出如下三种[6]。

(1)树枝状:综合管廊以树枝状向服务区延伸,系统层级明显,网络主干即为干线管廊,网络枝干即为支线管廊,在部分路段又可能分叉出缆线管廊为终端用户提供服务。该类管廊网络总体长度较短,投资较小。但是当管网某处发生故障时,其下游部分都将受到影响,可靠性较差,且越到管网末端其服务质量下降越明显。

(2)环状:干线综合管廊呈环形闭合布局,管线可由两个方向提供服务,支线综合管廊从干线上向两侧延伸。此类管网系统长度较长,总体投资较高,但是可靠性更高,系统阻力较小,比较适用于城市新兴地区的综合管廊系统,比如北京中关区西区的综合管廊项目(图 2-3),广州大学城综合管廊项目均采用此平面布局的形式(图 2-4)。

图 2-3　中关村西区综合管廊平面布局

图片来源:苏云龙《综合管廊在中关村西区市政工程中的应用与展望》(作者有修改)

图 2-4　广州大学城综合管廊平面布局

图片来源:网络 http://www.shizhengnet.org/News_text/? qx=168&id=1532

（3）鱼骨状：鱼骨状综合管廊以中央干线管廊为主干，向两侧辐射出许多支线管廊或综合电缆沟，管线的整体长度较短，投资较小，但是管廊分级明确，服务质量较高。鱼骨状的布局形态常用于旧城区道路下方，能够大幅提升旧城区的市政服务质量，减少市政设施的维护建设对于旧城区环境和交通的影响。

综合管廊的路网规划需要考虑各种影响因素和道路实际情况，路网的确定过程一般是从模糊到详细，从宏观到微观。由于国内暂无统一的路网规划步骤和方法，因此借鉴我国台湾地区的案例经验，参考地下空间规划中常使用的方法，一般可以采用案例分析法、专家访谈法和两阶段规划法等。

2.5.1　案例分析法

案例分析法是在综合管廊规划之初常采用的一种方法，这种方法需要规划人员尽可能多地收集已有的管廊规划案例，通过各个管廊路网的规划结果和运营现状，分析各种路网模式的相同点和不同点。在自我规划时，需要总结已有案例的经验教训，以改进管廊的路网规划方案。这种规划方法对于规划人员的规划经验、工作态度以及收集案例的数量和质量有关，存在较多的主观判断。

2.5.2　专家访谈法

专家访谈法的基础建立在通过其他方式已经规划出初步的路网方案，借由专家访谈的机会，工程技术人员可以修正已有的路网规划方案，进一步提升规划方案的合理性。规划技术人员访谈的对象主要包括：①综合管廊领域的业内学者、专家；②综合管廊的主管政府机关人员；③从事综合管廊规划设计工作，有实际经验的工程技术人员。

2.5.3　两阶段规划法

两阶段规划法是从宏观到微观、从粗略到详细的规划过程，其核心就在于采用定性和定量相结合的方法：在第一阶段设立一些门槛值或影响因素，初步筛选适宜建设的道路或路段；在第二阶段采用定量的指标评估，根据选定的规划影响因素，将筛选出来的各路段进行再次打分和评价，通过层次分析法得到影响因素的权重，通过量化分析和综合判断，选择最为适合的路线走向[7]。

2.5.3.1　第一阶段：初步拟定适宜建设的道路

本阶段可以分为两种类型。

（1）配合重大工程建设计划与防灾规划。所谓重大工程建设计划包括城市新区建设、旧城改造、道路新（扩、改）建、大型地下综合体、轨道交通建设、铁路地下化工程等。根据国内外的建设案例和经验，配合重大工程一同建设综合管廊可以增加其综合效益，因此拟规划区域有相关建设计划时，应优先将综合管廊路网与其重合，一同开发。此外，根据地方政府的政策需求，对规划有特殊防灾作用的道路也应优先纳入综合管廊的建设路网中。根据此类原则确定的管廊路网可以作为最终的规划方案，而不需要再经过第二阶段的评估分析。

（2）基本设置条件评估。在完成基本资料的收集和分析后，应考虑道路宽度、管线布设现状、管线需求以及管线同舱布置等条件（可以通过规划经验和专家意见等自行确定影响因素),针对符合建设综合管廊条件的路段进行基本经济效益分析。当该路段建设效益与建设成本之比大于1时,便确定为适宜建设的路段,再进入下一阶段的筛选;当建设效益与建设成本之比小于1时,若无特别建设的要求,则将此路段排除综合管廊适宜建设路段。

2.5.3.2 第二阶段:确定详细路网方案

此阶段是将上述第二种方法筛选出来的路段(通过基本设置条件评估后的路段)进行再次的评估和筛选。筛选考量因素一般有建设运营维护成本、道路服务水平、管线挖掘频率、管线未来需求等(可以通过规划经验和专家意见等自行确定影响因素),利用德尔菲法和层次分析法构建递阶层次结构,通过层次分析法确定各种规划影响因素的权重,之后将每个路段的所有影响因素定量化,通过量化指标评估得到打分,比较所得分数的高低,确定最终适合的建设路段。

经由上述两阶段的筛选,将配合重大工程建设计划与防灾规划的优先建设路段和两次筛选得到的路段相整合,在综合分析后得到最终的详细路网方案。两阶段规划法的具体操作步骤如图2-5所示。

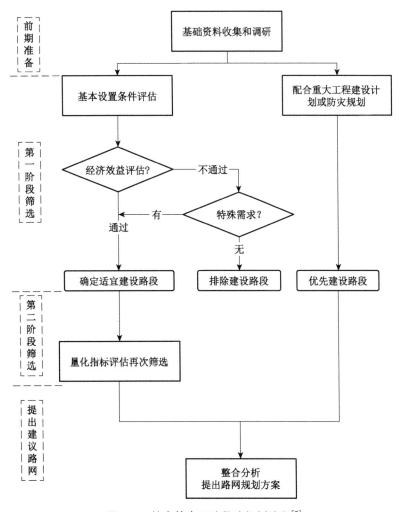

图2-5 综合管廊两阶段法规划流程[7]

图片来源:徐培刚《台湾地区都市共同管道路网规划决策模式之研究》

2.5.3.3 规划影响因素权重的确定:德尔菲层次分析法

当采用 2.5.3 节中所提出的两阶段路网规划方法时,首先需要得到管廊规划的影响因素和其权重,继而通过量化指标评估,缩小综合管廊适宜建设道路,结合工程经验和实际情况最终完成路网规划。因此,综合管廊规划的影响因素和其权重指标是使用该方法进行路网规划的关键,一般可以采用德尔菲层次分析法得到[8-10]。

1) 德尔菲法

德尔菲法(Delphi Method)又称专家调查法,它起源于 20 世纪 40 年代,是一种非见面形式的专家意见收集方法和"一种高效的、通过群体交流与沟通来解决复杂问题的方法"。国内外经验表明,德尔菲法能够充分利用人类专家的知识、经验和智慧,是解决非结构化问题的有效手段。

德尔菲法主要是由调查者拟定调查表,按照既定程序,以函件的方式分别向专家组成员进行征询;而专家组成员又以匿名的方式(函件)提交意见。在每次征询结束后,每位专家都可以了解到其他专家对于调查表中不同问题的意见,在下次征询时可以修正自己的看法。通过几次反复征询和反馈,专家组成员的意见将会逐步趋于集中,最后获得具有较高准确率的集体判断结果。

德尔菲法能够充分发挥各位专家的作用,集思广益,对于调查的问题得到更加准确的结果。此外,不同于传统的专家会议的过程,各个专家不会面对面发表意见,可以表达出各种分歧点,通过结果的反馈和再征询,能够接近最为客观和公正的结论。

2) 层次分析法

层次分析法(Analytic Hierarchy Process,AHP)是美国运筹学家萨迪(T. L. Saaty)教授在 20 世纪 70 年代初提出的,是一种典型的多目标多属性决策方法。这种多目标多属性决策方法把一个复杂问题表示为有序的阶梯层次结构,通过人们的判断对决策方案的优劣进行排序,将定性问题转化成定量问题。它能够把决策中的定性和定量因素进行统一处理,特别适用于具有分层结构的评估指标体系,而且评估指标又难于定量描述的决策问题,例如城市地下空间资源评估或综合管廊路网规划中影响指标的权重确定。

层次分析法将分析决策问题的有关因素分解成目标层、准则层和指标层(图 2-6)。目标层只有一个因素,就是决策问题的目标描述;准则层是决策要考虑的若干目标特性或主题;指标层主要由目标和各准则相关的影响因素组成。

层次分析法构建的层次结构模型,有利于对复杂决策问题的本质、影响因素及其内在关系等的深入分析,并利用一定的定量信息,使决策的思维过程数学化并最终求解问题。其基本思路是将复杂问题分解成各个组成因素,按支配关系将这些因素分组,使之形成有序的递阶层次结构(图 2-6),在此基础上通过两两比较的方式判断各层次中诸因素的相对重要性,然后综合这些判断确定各个因素的权重。

参考《城市地下空间资源评估与开发利用规划》[8]中有关地下空间资源的评估指标体系参数和标准,利用层次分析法进行管廊路网规划的影响指标分析时,主要包括以下几个过程。

(1) 建立评价指标层次结构。采用头脑风暴、文献搜索或专家访谈等多个方式,尽可能全面地提出影响综合管廊路网规划的因素,并依据各因素之间的逻辑关系,将这些影响因

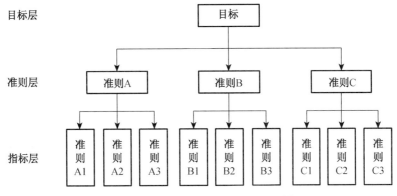

图 2-6　层次分析法递阶层次结构[8]

图片来源:童林旭,祝文君《城市地下空间资源评估与开发利用规划》

素分成若干组,以形成不同的层次,建立类似图 2-6 中的层次结构。为了防止过多的因素干扰重要性程度的判断,同一准则或因素对应的下级因素数量不宜超过 7 个。

(2)建立两两比较判断矩阵。假如上一层次因素 A 对下一层次因素 a_1,a_2,a_3,…,a_n 有支配关系,则可以建立以 A 为判断准则的因素 a_1,a_2,a_3,…,a_n 间的两两比较判断矩阵 J 式(2-1),矩阵中的因素 a_{ij} 表示在准则 A 中因素 a_i 相对于因素 a_j 的重要程度:

$$J = \begin{bmatrix} a_{11} & a_{12} & \cdots & a_{1n} \\ a_{21} & a_{22} & \cdots & \vdots \\ \vdots & \vdots & \ddots & \vdots \\ a_{n1} & a_{n2} & \cdots & a_{nn} \end{bmatrix} \qquad (2-1)$$

式中, $a_{ij} > 0$, $a_{ij} = 1/a_{ij}$, $a_{ii} = 1 (i = 1, 2, 3, …, n; j = 1, 2, 3, …, n)$。

矩阵中因素 a_{ij} 的值可以根据自定的标度方法,选择相对重要性的标度值。根据萨迪教授的建议,一般可以采用 1~9 标度方法,该方法中每个标度值的含义如表 2-4 所示。

表 2-4　　　　　　　　　　　　　　　1~9 标度的含义

标度	含　　义
1	表示两个因素相比,具有同样的重要性
3	表示两个因素相比,一个因素比另一个因素比较重要
5	表示两个因素相比,一个因素比另一个因素重要
7	表示两个因素相比,一个因素比另一个因素相当重要
9	表示两个因素相比,一个因素比另一个因素绝对重要
2,4,6,8	表示两个因素相比,在上述两个相邻等级之间

(3)计算特征值和特征向量。计算判断矩阵 J 的最大特征根 λ_{max} 所对应的特征向量,作为该准则中因素的权重。

(4)一致性检验。一致性检验的目的是检验评估者在评估过程中所做判断的合理程度,即检验各要素间权重判断的一致性,以确定评估结果是否可信。一般采用如下计算公式：

$$CR = CI/RI \qquad (2-2)$$

$$CI = \frac{\lambda_{\max} - m}{m - 1} \qquad (2-3)$$

式中　CR——判断矩阵的随机一致性比率；

　　　CI——判断矩阵的一般一致性指标；

　　　RI——判断矩阵的平均随机一致性指标，如果采用 1～9 标度，RI 的取值见表 2-5；

　　　$\lambda_{\max}$——m 阶判断矩阵的最大特征根；

　　　m——判断矩阵的阶数。

表 2-5　　　　　　　　　　平均随机一致性指标 RI

m	1	2	3	4	5	6	7	8	9
RI	0.00	0.00	0.58	0.90	1.12	1.24	1.32	1.41	1.45

如果 $CR \leqslant 0.1$，则认为决策者在两两比较判断矩阵时，对于各要素权重判断的偏差程度在可接受范围内，即具有一致性。

（5）整体层级权重计算：在各个层级的各要素权重计算后，计算同一层次所有因素对于最高层（目标层）的相对重要性权重，计算过程是从最高层到最低层。假设某一层 A 包含 n 个因素 A_1，A_2，A_3，$\cdots$，A_n，其权重分别是 a_1，a_2，a_3，$\cdots$，a_n。其中，因素 A_j 的下一层又包含有 m 个因素 B_1，B_2，B_3，$\cdots$，B_m，其权重分别是 b_1，b_2，b_3，$\cdots$，b_m，则此时 B 层次各因素的整体权重为

$$B_{ij} = a_j \times b_{ij} \qquad (2-4)$$

式中，$i = 1, 2, 3, \cdots, n$。

（6）在确定所有路网规划影响因素的权重后，可以根据基础资料的汇总，将各个影响因素赋值，并通过权重计算得到一个量化指标，进行路网规划分析。

3）德尔菲层次分析法

将德尔菲法和层次分析法结合进行影响因素指标的权重分析，可以有效降低运用层次分析法带来的主观偏差，评估准则的建立和权重分配汇集了专家的群体意见，进一步提高了结论的客观性和可靠性，能够提升路网规划结论的科学性和合理性。总体而言，采用德尔菲层次分析法的过程如图 2-7 所示。

（1）成立执行小组并设计专家问卷：规划人员通过文献收集、主管机关访谈或是工程咨询，将所有可能的规划影响因素汇集并分类，初步研究拟订一个递阶层次结构，并据此设计专家意见调查问卷。

（2）选择受访的专家团：挑选综合管廊规划业内的工程人员、相关学者和主管机关的负责人作为专家团。

（3）递阶层次结构合理性的问卷调查：通过德尔菲法，获得各专家对于层次结构和各准则的初步意见。

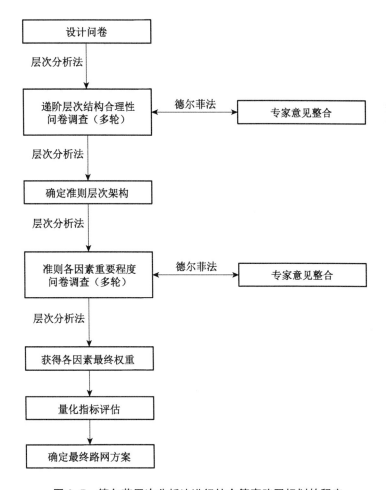

图 2-7　德尔菲层次分析法进行综合管廊路网规划的程序

（4）专家意见整合：将所有准则根据专家共识性的高低顺序进行整理，由执行小组成员初步筛选后，再将其提供给专家团进行问卷调查。对于专家团给出的明显不合理且无法解释的样本，可考虑从调查名单中剔除。

（5）准则因素重要程度的问卷调查：依据上述确定的准则层，针对原受访的专家，进行准则层中各因素的重要程度的调查，通过建立两两比较判断矩阵，计算特征值和特征向量、一致性检验，获得各专家关于因素权重的初步意见。

（6）专家意见整合：采用集合平均数求出全体专家的权重平均值，并对特殊样本（权重值与平均值差异较大的样本）进行再次访谈与意见记录，作为受访者再次填写问卷时的参考。

重复步骤（5）和（6），直到专家团本身的权重值趋于稳定位置，以获得各规划影响因素的最终权重值。

（7）根据拟规划地区的情况，将各项影响因素量化，并采用得出的权重值进行指标评估，缩小规划适宜区域的范围，最终得到路网规划方案。

2.5.4　规划案例分析

新竹市综合管廊系统整体规划启动于 2001 年 9 月，总投资 152 亿新台币，规划干线综合管廊 53.04 km,收容电力电缆、电信电缆、自来水管和污水管道,规划支线综合管廊(或缆线综合管廊)106.08 km,收容电力电缆、电信电缆、路灯和交通信号灯控制线缆、军事和报警线路以及自来水管(图 2-8)[6]。

图 2-8　我国台湾地区新竹市综合管廊规划方案

图片来源:台湾相关部门网站 http://w3.cpami.gov.tw/pw/web/big5/cdn.html

1) 第一阶段:筛选基本路网

拟定规划区域为新竹市全市域,针对宽度达到 15 m 以上的道路和计划道路,进行管线埋设资料以及道路实际条件的收集和调查,再将所收集的资料配合设置条件,初步筛选出规划区域内可供综合管廊建设的道路。干线综合管廊和支线综合管廊(缆线综合管廊)分别考虑的影响因素如下。

(1) 干线综合管廊。规划时,应考虑道路地下空间是否足够、干线综合管廊的城市防灾需求和综合管廊自身基本特性等方面的要求,采用如下指标:道路宽度大于 30 m、道路等级为城市主干路或快速路、道路下方敷设或拟敷设两种以上市政管线(不含雨水和污水管道)。只要符合 3 项指标中的 2 项,即可以纳入基本路网的选择。

(2) 支线综合管廊(或缆线综合管廊)。考虑综合管廊的结构尺寸和施工空间、综合管廊基本特性、管线的整合敷设等,采用如下指标:人行道宽度大于 2.5 m、道路下方敷设或拟敷设两种以上市政管线(不含雨水和污水管道)、道路设置架空缆线。只要符合 3 项指标中的 2 项,即可以纳入基本路网的选择。

2) 第二阶段:个别路段设置条件评估

管廊路网的研究应遵循第一阶段的成果,从基本路网中筛选出更适合建设管廊的路段,配合新竹市地质条件和城市规划等因素,使之成为一个完整的路网系统。至于基本路网中个别路段是否适合或值得纳入综合管廊路网系统,则可以从设置条件中研究拟订更加具体的评估指标进行量化评估。干线综合管廊和支线综合管廊(缆线综合管廊)分别有如下的评估指标。

（1）干线综合管廊

干线综合管廊的规划应满足地区发展和市政管线扩充的可行性、整体经济效益和道路空间等原则。根据上述原则，拟定三种不同功能导向的方案：方案一，满足管线需求；方案二，配合相关重大工程；方案三，提升生活品质。每个方案中的影响因素相同，如下所示。

① 道路服务水平：以道路交通量/道路容量(V/C)来评估，道路的V/C值越低，则表示服务水平越好。但是，由于市区道路的服务水平影响因子很多，比如路边停车、路口转向、信号灯延迟等，因此也可以采用车辆平均行驶速度来衡量道路交通情况，行驶速度越高，则表示交通堵塞程度越轻。

② 道路挖掘频率：综合管廊的一大建设效益就是减少道路重复挖掘所带来的交通堵塞，因此个别路段的管线挖掘次数越多，表示该路段管线需求量越大，综合管廊建成后的效益越高，建设综合管廊的必要性越强。

③ 管线系统性：根据路段下方的管线性质和数量，以及管线是否属于干管来综合判断路段是否适宜建设干线综合管廊。

④ 配合相关重大工程：道路重大工程建设可以降低综合管廊的建设经费，提高建设效率，因此需要在规划时考虑该因素，尽量配合城市新区开发、旧城改造、城市轨道交通和铁路地下化等工程，共同建设综合管廊。

⑤ 重要道路：在重要道路下方建设综合管廊不但可以减少维修城市生命线所需的时间，也可以在灾害发生后快速抢通城市道路，使得城市重要道路不会因为管线维修而影响通车，使救灾事半功倍。

根据三种不同方案的功能导向差异，采用层次分析法（AHP）建立3个递阶层次结构，分别针对上述的5个影响因素进行权重分配的确定，最终通过三种方案的必选，综合确定干线综合管廊路网走向方案。

（2）支线综合管廊（或缆线综合管廊）

此类综合管廊的第二阶段分析仍采用第一阶段分析的模式，如果能够满足以下任一条件，结合专家的建议和实际道路情况，即纳入最终的管廊路网。

① 住宅和商业区比例：由于此类综合管廊主要服务道路两旁的普通用户使用，因此指标考虑沿道路长度内，居住用地或商业用地的长度与整条道路长度的比例，若该比例大于60%则应考虑纳入综合管廊网络。

② 道路挖掘频率：根据新竹市政府工务局的统计资料，按照道路各路段，计算各种管线在人行道上的挖掘频率。原则上，电力、通信和自来水管线（三大民生管线）的挖掘频率大于所有道路平均挖掘频率则建议设置支线综合管廊；如果仅电力和通信管线符合条件，则设置缆线综合管廊。其他管线，例如军警信号、交通标志、路灯管线等，由于需求量远远低于三大民生管线，暂时不列入挖掘频率的计算与评估。

③ 经济效益：以成本—效益之比作为评估值，如果个别路段建设效益比较高，则建议建设综合管廊。

2.6　线型和断面形式选择

在确定综合管廊路网的具体走向后,需要进一步规划管廊在道路下方的具体埋深和平面布局。虽然,断面的尺寸及空间安排等属于综合管廊的具体设计内容,但是在规划阶段,也需要根据已有的基础资料,对于这些方面提出一些规划建议。

综合管廊的线型规划可分为平面线型规划和纵断面线型规划。断面形式的选择需要根据干线、支线和缆线综合管廊的特性分别提出相应的规划要求,需要视适用性、内部空间需求程度和施工方法而定,以经济实用为主要的原则。

2.6.1　平面线型规划

一般而言,干(支)线综合管廊的平面线型与道路的曲线线型保持一致,但当道路下方既有建(构)筑物影响其线型吻合时,可以做适当的调整。具体的平面线型规划要求如下。

(1) 干线综合管廊一般设置于道路机动车道下或道路绿化带下方,与邻近建(构)筑物的间隔距离一般应维持在 2 m 以上,当位于绿化带下方时,为了避免影响植物的生长,应至少保持 2.5 m 以上的距离。当综合管廊收容管线的数量变化和管线排布变化时,或是从标准段到特殊部时,都需要采用渐变段加以衔接,其变化率常采用 1∶3(横向 1,纵向 3)。在进行平面曲线规划时,应充分了解收容管线的曲率特性及曲率限制,防止出现管廊主体曲线设置太小,导致管线无法敷设的结果。

(2) 支线综合管廊一般设置于道路绿化带、人行道或非机动车道下方,其基本规划要求与干线综合管廊一致。当支线综合管廊本体上方采用回填土的方式收容燃气管时,回填土沟的盖板原则上应设置于人行道上,但因特别原因,在不影响道路行车安全及舒适度的条件下,也可以设置在道路的慢车道上。

(3) 缆线综合管廊原则上设置在人行道下方,人行道的宽度至少需要 4 m,其平面线型应配合人行道的线型。缆线综合管廊因沿线需拉出电缆或光缆接户,故其位置应靠近建筑一侧,管廊外壁离建筑物应有至少 30 cm 以上的距离用以完成缆线的布设。

在进行平面线型规划前,必须充分了解道路的现状与未来发展,道路下方管线的布设与未来的新增走向,在充分调研的基础上完成上层规划。对于管廊的特殊部,比如通风口、投料口、人员出入口等,应设置在中央绿化带或道路两侧绿化带上,不能干扰道路及人行道的正常通行。

2.6.2　纵断面线型规划

干(支)线综合管廊的纵断线型应与道路标高的变化保持一致,其覆土深度的确定需考虑地下设施的竖向标高、行车荷载、绿化种植和设计冻深等因素。标准段埋深在 2.5 m 以上,以避开其他直埋管线或地下建(构)筑物(图 2-9);特殊段的覆土深度不小于 1 m,纵向坡度维持在 0.2% 以上,以方便管廊内的排水(图 2-10)。在规划时应尽量减小开挖深度,当综合管廊与其他地下埋设物相交时,其纵断线型常有较大变化,为了满足收容管线的曲率要求,必须设置缓坡作为缓冲区间,其纵向坡度不得小于1:3(垂直与水平长度之比)。为了避免施工困难及管线排布冲突,纵断面变化段应避免与平面变化段重叠。

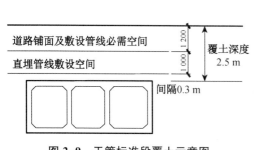

图 2-9　干管标准段覆土示意图　　　图 2-10　干管特殊段覆土示意图

缆线综合管廊的纵向坡度应配合人行道的纵向坡度,纵向曲线必须满足收容缆线铺设的作业要求,特殊段覆土厚度至少应大于人行道路面的铺面砖厚度。

2.6.3　断面规划

断面规划需要考虑如下方面。

(1) 了解容纳管线数量。

(2) 考虑综合管廊的经济性、功能性和安全性。

(3) 容纳管线间需要留有必要的隔离空间、维修管理空间和人员通行空间,尽可能将各个空间整合设计,以求断面的合理经济。

(4) 燃气管道等输送易燃易爆液体的管道应独立设置,并依据安全和防灾要求合理评估其纳入的可行性和必要性。

(5) 给水管道不能设置在电缆类(电力、电信)线路的上方。

(6) 军警用通信管线具有保密性的要求,因此需要单独收容。

(7) 断面规划时需考虑干线综合管廊的引出部、分歧部、交叉部等特殊部位的位置、形状、种类与路径全线的关系。

干线综合管廊的断面形式受到道路宽度、地下空间限制、收容管线种类、内部空间需求、施工方法、经济安全等因素的影响。若采用明挖法施工,一般多采用箱形断面(图 2-11);采用盾构法施工,则以圆形断面为主(图 2-12);采用顶管法施工,就可以采用圆形或箱形断面。

支线综合管廊的断面形式因收容道路沿线用户的管线,一般采用较为轻巧简便的形式,从接户的便利性,地下空间的规模、经济性、安全性、布设性、施工性等因素来考虑(图 2-13)。

缆线综合管廊一般采用单 U 形或双 U 形断面,施工方法采用现浇或预制工法。缆线综合管廊一般收容电力、电信、路灯、交警、有线电视网络及其他交控电缆等,规划时应注意各种缆线间的电磁干扰问题,强电与弱电系统应分室配置(图 2-14)。

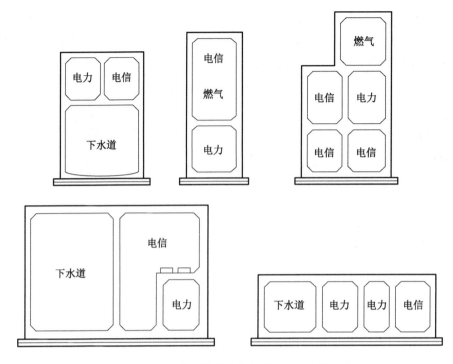

图 2-11　箱型综合管廊标准断面示意图

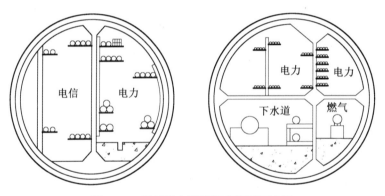

图 2-12　圆形综合管廊标准断面示意图

图片来源:陈志龙、刘宏《城市地下空间总体规划》

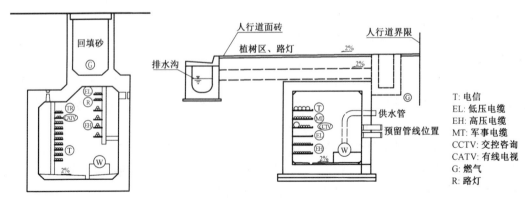

T: 电信
EL: 低压电缆
EH: 高压电缆
MT: 军事电缆
CCTV: 交控咨询
CATV: 有线电视
G: 燃气
R: 路灯

图 2-13　支线综合管廊标准断面示意图

图片来源:杨新乾《共同管道工程》

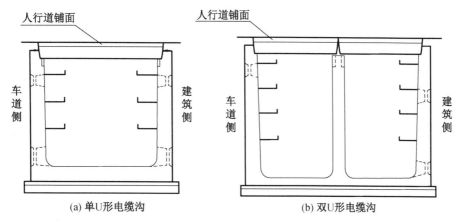

(a) 单U形电缆沟　　　　　　　　(b) 双U形电缆沟

图 2-14　缆线综合管廊标准断面示意图

图片来源:杨新乾《共同管道工程》

2.6.4　综合管廊与其他设施共同建设的规划

综合管廊在规划时应考虑与相关重大工程整合建设,其规划原则如下:

(1) 综合管廊与高架道路的桥墩基础尽可能分开设置。

(2) 综合管廊与地下车行隧道平行同时施工时,其侧墙应构成一体结构。

(3) 遇有交叉穿越隧道的情况时,综合管廊应从隧道下方穿越。

(4) 综合管廊与立交桥交叉时,其规划原则与情况(1)相同,立交桥基础应远离综合管廊。

(5) 综合管廊与地铁、地下街共构时,应针对防灾、维护管理标准不相同的问题,做出相应的规划。

(6) 对于其他与综合管廊共同建设的工程,应在各单位充分沟通协调后再开始建设。

2.6.5　基础形式和施工方法的初步选择

在线型和断面形式的规划方案确定后,需要根据道路的场地条件和交通情况,规划相应的基础形式和施工方法,以供后期工程设计阶段的参考与技术优化。

(1) 综合管廊结构基础形式的筛选和分析。

(2) 对结构沉陷或上浮等问题的研究及预案。

(3) 地下埋设物(直埋管线)的迁移和防护方法。

(4) 道路直埋管线或邻近建(构)筑物的临时支撑计划。

(5) 邻近工地和综合管廊施工间的相互影响与预防措施。

(6) 道路交通维持计划。

(7) 施工方法及顺序的大致规划。

2.7 特殊段规划

2.7.1 概述

综合管廊的特殊段是与标准段对应的概念,其规划和设计是综合管廊工程中的难点与重点。考虑到综合管廊的功能和内部工作人员的安全,每个舱室都应设置如下的特殊段。

(1) 人员出入口:供综合管廊的工作人员,在日常检修维护及紧急情况下的出入使用,可通过一定的设计兼作自然通风口。

(2) 通风口:可加装风扇,以促进管廊内的排气效果,通风口的大小应根据通风量和风扇的尺寸而定。

(3) 材料投入口:可分为电力线、电信线、燃气管、给水管及其他管线的材料投入口。

(4) 管线的交汇与分歧。

(5) 集水井:从人员出入口或通风口往往会有水流入综合管廊内,因此应将集水井规划在纵断面的较低处,并设置排水泵。

(6) 电力线的连接部位:由于口径较大,应特别规划并加以特别处理。

(7) 其他特殊段:比如各类管线设施的特殊段以及管廊主体结构的伸缩缝等。

1) 特殊段的功能和配置间隔的考虑方法

综合管廊网络构成后,进行综合管廊交叉部位(干、支线管廊间)、纵断面线型急剧变化的部位(垂直弯曲部位)及人员出入口、通风口、材料出入口、管线交会、分歧、集水井、接户口等规划,要考虑它的功能、配置位置、内部空间大小等,在满足必要条件的同时,还要与既有道路结构以及现场施工协调,尽可能避免采用较大的空间或采用较复杂的构造形式。

规划特殊段时,必须确定各种管线的数量和管线所必要的内部空间、维修作业空间,并考虑电缆散热、管线的曲率半径等规范准则,同时也必须考虑邻接既有或将设置建(构)筑物的形状、尺寸等条件。

综合管廊特殊段与其需要考虑的基本工程项目,可参阅表 2-6。

表 2-6 综合管廊特殊段的种类与基本工程项目

区分	特殊段名称	基本工程项目
埋设物方面	① 电线电缆的分支部	分歧位置和数量、管径大小和最小弯曲半径、(配管、电缆)作业空间
	② 电缆接续部位	接续间隔、大小、最小弯曲半径、作业空间
	③ 管路(上、下水道)、阀、闸设置部位	阀的形状、大小、作业(施工)操作空间和最小弯曲半径
	④ 燃气管伸缩部位	设置间隔、伸缩量、形状、作业空间
	⑤ 管线器材出入口部位	设置间隔、每条管线的长度及搬入方法、作业空间
	⑥ 电缆的接引入口部位	设置间隔、接引方法、位置、接引口的形状和大小

区分	特殊段名称	基本工程项目
管理方面	① 出入口兼自然通风口部位	设置间隔、风量(出入口大小)、阶梯及楼梯的设置空间、操作盘的设置空间、操作空间
	② 强制通风部位	设置间隔、通风扇的形状大小和安装空间、风量(换气口的大小)
	③ 排水井部位	排水设备的安装空间、配管的空间

2) 特殊段位置的规划

特殊段的设置位置应根据各种设施的必要间隔和周围的情况决定,规划时要注意下列各点。

(1) 选定最有效的位置。

(2) 通风口、人员出入口、材料投入口等突出地面的设施规划配置应不损及道路的功能和周围的环境。

(3) 与标准段相比,特殊段的主体结构突出地面的情况很多,由于其覆土厚度较浅,因此必须规定最小的覆土厚度。

(4) 与标准段相比,特殊段的形状、面积和深度都较大,所以应充分研究其对周围环境的影响。

对于部分外露于地表的特殊段,比如通风口及人员出入口等,还需要在规划中考虑以下几个问题。

(1) 要与道路环境和周围景观保持和谐,采用景观美化或遮蔽等措施。

(2) 露出部分不能影响道路行车的安全视距以及行人的正常通行。

(3) 设置地点应位于人员不易接近的地方。

(4) 应满足防洪规划中的要求,各开口高于最高洪水水位线或设置水密设施。

(5) 应满足城市规划中对于土地使用类型的相关规定。

2.7.2 干线综合管廊特殊段规划

(1) 人员出入口:干线综合管廊人员出入口每 800～1 000 m 规划设置一处,位于道路人行道上或在不妨碍行车视线安全下,亦可设在道路分隔带(绿化带)上,并兼作自然通风口之用,规划以阶梯设置为原则。若空间不足,亦可考虑采用爬梯方式。

(2) 通风口:通风口分为自然通风口和强制通风口两种,每隔 200 m 设置一处,自然通风口使管廊外的空气自然流入,而强制通风口则是使用风扇设备,强制排出廊内气体。自然通风口与强制通风口,以交互设置为原则。燃气舱室的通风口与其他舱室的通风口应分开设置,并注意管廊内的电器设备应采用防爆装置,以保证安全。

(3) 集水井:集水井应设在干线综合管廊纵断面坡度最低处,每 200～300 m 设置一个,包含沉砂池、沉淀池及油水分离设备。为方便人员的维修工作与抽水设备的安装,一般在集水井上设置格栅式盖板。为了保证安全,燃气舱室的集水井应与其他舱室的集水井分开设置。

(4) 材料投入口:干线综合管廊的材料投入口一般设置在道路下方,每隔 400 m 设置一处,且避免设在道路交叉口等位置。材料投入口与地面的联通处应做好防水措施,以防地表水渗入管廊。

(5)管线分汇室:管线分汇室一般设置在道路交叉口的下方,设置时应考虑附近管线及其他建(构)筑物的相对位置,以避免施工上的困难。

2.7.3 支线综合管廊特殊段规划

视地下空间实际需要,支线综合管廊的特殊段规划应满足安全和经济实用的原则,适宜采用精简的规划模式。支线综合管廊一般需要配备通风设备和监控报警系统,但是如果考虑经济原因而没有设置,则应注意在日后运营维护时,工作人员需要配备相应设备方可进入管廊内工作,且管廊内的工作环境应满足国家相关的规定和要求。以下为支线综合管廊特殊段的规划原则。

(1)人员出入口:出入口主要设置在非机动车道或人行道上,每隔50 m设置一处,采用传统的人孔方式,工作人员利用爬梯进出管廊。人员出入口可以兼作材料投入口和维修时的通风口使用,但是在维修时应使用抽风机进行强制通风。

(2)集水井:一般设置在支线综合管廊特殊段的最低处,使得抽水设备可以及时排除管廊内的积水。

(3)通风口:如果管廊内设置有发热电缆、热力管道等可以使管廊内温度上升的管线,或者设置有燃气管道等可能引发有害气体积聚甚至爆炸的管线,则必须设置通风系统;但是如果没有相关的隐患,通过安全分析,也可以不设置通风设备。

(4)不同市政管线可根据其特性设置专门的特殊段,这些特殊段应根据管线单位的要求,以精简规划为宜。

2.7.4 缆线综合管廊特殊段规划

缆线综合管廊在路口、管线分汇处以及穿越水沟或其他建(构)筑物时,需作特殊段的规划。缆线综合管廊的起点、终点以及弯曲部分也要根据实际需求进行特殊段规划。

经过道路交叉口、穿越水沟时,一般采用多孔管、保护管或箱涵结构;对于管线分汇室和管廊的起终点,可以采用加宽加深断面来处理,并根据实际情况增设抽水设备。

2.8 综合管廊系统安全规划

综合管廊规划除了考虑一般的结构安全外,还要考虑外在因素对管廊运营造成的安全威胁,例如地震、洪水、外力的破坏、外人侵入盗窃、火灾、爆炸等情况。针对这些安全问题,必须在规划阶段进行详细的规划与讨论,以此保证市政基础设施以及综合管廊内的工作人员的安全。

2.8.1 抗震设计

抗震设计的原则是使管廊结构具有良好的强度和延性,针对综合管廊在地震作用下的受力与破坏特征提出相应的措施,提高构件的延性,改善薄弱结构的受力情况,保证结构的整体性。综合管廊工程的结构设计使用年限为 100 年,根据我国《城市综合管廊工程技术规范》(GB 50838—2015),应按乙类建筑物进行抗震设计,以 7 度烈度设防,抗震设计应符合现行国家标准《建筑抗震设计规范》(GB 50011—2010)和《构筑物抗震设计规范》(GB 50191—2012)的有关规定。

综合管廊系统容纳了城市重要的市政服务管线,是城市的生命线工程,因此在管廊选址时就要避开地质条件恶劣的地区,将管廊建设在均匀稳定的地基中,对于条件不好的地基需要进行加固处理,消除振动液化和不均匀沉降带来的影响。地下结构本身存在较好的抗震性能,埋深越深,在地震中受到破坏的程度越轻。根据 1995 年日本阪神大地震中综合管廊的破坏情况,综合管廊管口和接头处容易造成破坏,工程中可以采用柔性接头降低纵向应变,减小破坏程度。

2.8.2　防洪规划

综合管廊整体埋设于地下,因此容易遭受极端暴雨或城市内涝的威胁。综合管廊系统应满足所处地区的防洪标准,与地面连通的部位必须设有防洪闸门和相关防洪预案。其中,管廊的投料口、人孔建议采用密闭式结构,保证地面水不会流入管廊内;地面式通风口设置有通风百叶窗时,其底部标高应该高于防洪高程,地表式通风口内设置防水挡板。缆线综合管廊位于人行道下方,采用统一的盖板覆盖,因此需要保证盖板能够紧闭,且不会由于环境、气候或人为原因而遭到破坏或缺失。

2.8.3　防侵入、盗窃及破坏规划

综合管廊内敷设的是城市生命线工程,未经管理单位的许可不准随意进入综合管廊。根据西班牙 Julian Canto-Perello 等学者的研究[11],外部人员的侵入对综合管廊和容纳管线将带来巨大的威胁,特别是近年来日益增多的恐怖袭击,严重威胁到城市居民的安全和正常的生产生活。因此,在管廊内必须设置有监控警报系统,满足我国《安全防范工程技术规范》(GB 50348—2014)、《入侵报警系统工程设计规范》(GB 50394—2007)、《视频安防监控系统工程设计规范》(GB 50395—2015)和《出入口控制系统工程设计规范》(GB 50396—2007)等的要求。此外,管廊一经建成,其内部情况与各个出入口位置都应该严格保密,未经允许不得轻易进入综合管廊系统内,关于综合管廊的内部介绍和位置坐标等敏感信息不可随意上传至网络,以此杜绝可能发生的侵入、盗窃甚至恐怖袭击的情况。

2.8.4　防火、防爆规划

为防止综合管廊内的收容管线引起火灾,除了使用阻燃电缆或不燃电缆外,管廊内应规划防火及配置消防设备。如果在管廊内设置天然气管道和污水管线,则必须考虑天然气泄漏或沼气浓度过高引发的爆炸,管廊内需要配备相应的防爆灯具、插头等。对于易燃易爆管线所处的舱室需要单独设置通风排气设施,并对舱室内的空气成分进行检测,防患于未然。

2.8.5 管道内含氧量及有毒气体监测规划

为了保证综合管廊内工作人员的安全,必须设置通风系统和空气质量监控系统,且应使监测标准达到国家的相关要求,例如《密闭空间作业职业危害防护规范》(GBZ/T 205—2007)中的规定。

2.9 附属设施规划

2.9.1 附属设施规划及基本项目

综合管廊的附属设施是指用于保证管廊安全和正常运营管理、便于人员出入及廊内设备与管道安装的设备设施。根据不同的功能可以分为以下几个部分。

(1) 电力配电设备:变电站、紧急发电设备、配电设备、电线、电力分电盘等。

(2) 照明设备:一般照明灯具、紧急照明灯具、出入口指示灯等。

(3) 通风设备:换气排烟风扇、消音设备、控制设备等。

(4) 给水设备:用于消防供水的给水设备。

(5) 防水设备:防水墙、防水台阶、防水盖板等。

(6) 排水设备:排水泵(自动交互式运行)以及综合管廊外相连的排水管、集水井。

(7) 防火、消防设备:火灾探测设备、火灾报警设备、联动控制设备、自动灭火设备、辅助灭火设备等。

(8) 防侵入设备:管廊出入口的门禁、视频监控及防入侵设备等。

(9) 标志辨别设备:设备、路线及安全警示标示。

(10) 避难设备。

(11) 联络通讯设备。

(12) 远程监控设备(中央监控)。

2.9.2 附属机电设施规划

2.9.2.1 排水设备

1) 排水设备要求

(1) 电源:三相五线式 220 V/380 V。

(2) 运转及操作:根据液面高低自动启动和停止,同时设置手动控制装置,通过浮球开关和电控柜实现多台泵的交互运行。水位检测装置一般可采用浮球式,分为异常高水位(高于泵机自动启动时的水位)、泵机运转水位(泵机自动启动运转时的水位)和泵机停止水位(泵机自动停止运转时的水位)等 3 个工况。

(3) 泵机形式:沉水式污泥泵,应设置有闸阀、逆止阀、压力表过载跳脱装置及故障时的备用泵机连接。

(4) 异常指示:即泵机异常情况,分为异常高水位、泵机故障和电源故障。排水泵是综合管廊附属系统中的重要设备,在发生故障时应在监控中心自动报告故障信息。

2）排水配管:配管采用固态涂装钢管

2.9.2.2 通风设备

通风设备主要用于排出综合管廊内的有害气体,并具有防潮、调节温度及冷却电缆产生的热量等功能,在发生火灾时可兼具排烟功能。综合管廊的通风系统是利用管廊结构本身作为通风管,根据规定的通风量设置自然通风口和强制通风口的合理距离,交错配置。通风口的间距根据管廊类型不同而有所差异,一般约为200 m。在强制通风口处需安装排风机,将管道内的废(热)气排出(排风机需附有消音设备)。自然通风口处则设计为易使室外空气进入的构造,同时为了方便管线的检修,后者也兼作人员出入口使用,人孔盖可以采用铁质格栅板。具体有关通风设备的设计要求可参见本书3.6.2中的内容。

2.9.2.3 电气设备

电气设备的安装应满足国家相关规范和标准的要求,例如《供配电系统设计规范》(GB 50052—2009)、《爆炸危险环境电力装置设计规范》(GB 50058—2014)、《交流电气装置的接地设计规范》(GB T50065—2011)和《电气装置安装工程电缆线路施工及验收规范》(GB 50168—2016)等。

1）接地系统和防雷保护

防雷和电力接地的目的以安全为主,而电子系统的接地目的应兼顾噪声干扰和安全,其相关规定如下。

(1) 降低接地电阻和维持等电位以达到安全目的。

(2) 接地电阻并不能一味降低,而是要协调,其中防雷接地电极的接地电阻应最低,而电子系统的接地电阻则以减少雷电电流和接地故障电流引入电子系统为目的而设置。

(3) 接地电极的形式:防雷接地电极采用接地网形式,以降低突波阻抗;电力系统接地电极只要能达到所需的接地电阻,不限制采用何种形式;电子系统的接地电极采用接地棒并联的形式,并尽量缩小接地面积,以避免引入杂散电流。

(4) 接地电极的配置:为了降低接地电阻并维持等电位,电力接地电极和防雷接地电极可视情况予以连接成为统一的接地电极;电子系统接地电极、防雷接地电极和电力接地电极应保持足够的距离(10 m以上)或用绝缘材料予以隔离,否则要以避雷器来防止逆闪络。

(5) 接地电阻:电子设备接地系统的接地电阻应在10 Ω以下;电力系统接地电阻应在10 Ω以下;防雷接地系统的接地申阻应在5 Ω以下。

(6) 接地引线:从接地网至少要引接两条接地引线至主接地铜排,这些引线应为绝缘的铜制电线或电缆并穿于非金属管内。

(7) 设备接地:所有的用电设备都应采用设备接地;所有的电子设备都应采用噪声隔离接地,并应与电力和防雷的接地系统予以分开,若无法保持充分的距离,则必须加装避雷器保护,但其电源设备接地应与电力接地系统连接,因为它会产生高压及大故障电流。

2）照明系统

(1) 照明电源:采用交流220 V/380 V三相四线系统供电,灯具以防潮型高功率的直管日光灯为主。

（2）工作照明：由进入管廊的工作人员自行携带工作灯，工作灯连接在插座上，以加强工作地点的局部照明。

（3）开关和控制：照明设备的设计原则是无人时不运转，有人时开启的分段控制原则。由于管廊是一个狭长形空间，为便于工作人员操控所需照明，开关应安装在人员易于接近的位置和看得到灯光的范围内。

3）配电系统

管廊内所需的电力由电力公司的变电所引入，根据综合管廊的用电情况，在管廊内设置变电所作为电力负载中心，再配送至各区域的配电箱，使各分路配管路径减至最小且电力损失降到最低，也可以便于各部分用电情况的统计和管理。安装在室外或地下层的配电箱应采用钢板制作，箱体外表应刨光或烤漆；安装在地面层以上的室内配电箱应采用钢板制作，箱体内外均需进行除锈处理后烤漆。

4）电线电缆的选择

为了使救生及消防设备在紧急时能继续运转，应根据规定使用阻燃电缆或 MI 电缆（Mineral Insulated Heating Cable）。对于紧急供电系统、消防水泵、火灾报警系统、紧急广播系统等都应使用不燃电缆作为电源电缆。

2.9.2.4　消防安全设备

消防安全设备的配置应满足国家的有关规定和规范标准的要求，例如《火灾自动报警系统施工及验收规范》（GB 50166—2016）、《建筑灭火器配置设计规范》（GB 50140—2016）、《火灾自动报警系统施工及验收规范》（GB 50166—2016）等。

1）火警及紧急广播系统

（1）火警探测器应具备的特点：探测部分和底座分离时应立即发出警告，其他应满足国家相关规范或标准。

（2）手动报警器应具备的特点：报警器的外盖能防止意外脱落，每移开外盖一次必须能发出一次警报；不用卸下外盖即可进行测试，具有闭锁装置；直至值班人员令其复位为止。

（3）火灾报警控制器应具备的特点：火灾探测器和报警器都不需要人工编写地址，完全由控制器编写；可以精确地显示探测器的地址包括回路编号、区域编号和探测器编号；更换探测器时不需要重新编码和更换数据。

（4）紧急广播系统：综合管廊内设置有火灾自动报警装置的舱室必须设置紧急广播系统，管廊内可以采用防水型号角喇叭，地面层则可以采用普通挂壁式喇叭。

2）灭火系统

灭火器是综合管廊内必备的灭火器具，其配置场所、数量、种类等应由灭火效率和灭火器的防护距离决定。选择灭火器的类型以简单安全为原则，在灭火器的储存或使用时不能产生有毒有害性气体。

3）出口标示灯

应设置在通向安全楼梯、室外和另一防火分区的防火门上方。

4）避难方向指示灯

在综合管廊内发生火灾或其他事故时，工作人员应该能够依据避难方向指示灯的指示，逃往安全的区域。

5）通信设备

为了便于进出管廊的工作人员相互间联络或与外界的联络,应在管廊内沿线和出入口处设置电话插座和广播。

6）监测系统

主要有气体监测、温度监测和集水井的水位监测。

（1）气体监测:根据我国《密闭空间作业职业危害防护规范》(GBZ/T 205—2007)中的有关规定选择适宜的监测内容,气体监测设备的探测器应能够适应－5℃～38℃或更广的温度范围,能够适应20％～95％或更广的湿度范围,其使用寿命应至少在1年以上。气体监测设备的控制器应自备电源供应器,其显示应具有上、下限的报警指示且可以读数显示。为了防止淹水或受潮,控制器应安装在监控中心或采用挂壁的方法安装在管廊内地势较高的地方,比如楼梯间。

（2）温度监测:由于部分电器设备(例如火警探测器和气体侦测器)在40℃以上的环境温度或90％以上的环境湿度时会发生故障或减少使用寿命,因此需要控制管廊内的温、湿度;对于输电和配电管线、强制通风口附近,应安装温度探测器,将温度信号纳入中央监控系统的监控,并根据温度的变化联动操作通风系统。

（3）集水井的水位监测:应在集水井内设置浮球式开关,水位监测信号应纳入中央监控系统监控。在水位达到下限时,排水泵应停止运转;当水位达到上限时,应先启动一台排水泵;当水位超过异常上限时,则启动第二台排水泵一同运转,并向监控中心发出警报信号。

2.9.2.5　安全门禁管制系统

在进行综合管廊与外界相通的出入口、通风口等设计时,安全问题需作全盘的考虑,而安全门禁管制系统是一种辅助的装置,其设置规定如下列所示:

（1）在人员出入口、通风口和材料投入口的格栅处设置磁性弹簧开关(防水型),以监视其开关状态。

（2）在出入口和通风口内设置红外线感应装置和监控探头,以监视非法入侵者或燃烧投入物,当监控到有异常情况时,其所在区域的附近的感应灯应该自动亮起。

（3）在综合管廊内楼梯口的左右两侧均安装红外线感应器,以监控进入管廊的工作人员的位置。

（4）本系统应与中央监控系统连接,在发现异常状态时,应向监控中心发出警报,并在监控中心的大屏幕上播放拍摄到的影像。

（5）本系统的配管配线,明管施工时应采用镀锌厚钢导线管,以防意外破坏。

（6）在系统设计时应保证在局部设备受到破坏时,仍不影响整体系统的正常运行。

2.9.2.6　中央监控系统

中央监控系统用于监控综合管廊内的所有情况,系统的运行状况将会实时显示在监控中心的显示屏中,如有异常也会在显示屏上显示并通知有关人员来处理。中央监控系统需要监控的系统和设备包括:照明系统、配电系统、消防安全系统、通信和广播系统、监控和报警系统(气体、温度、湿度、水位等)、安全门禁管制系统、紧急供电系统、通风设备、排水设备和其他设施(管线单位要求纳入的监控设备等)。

2.9.2.7 紧急供电系统

为了防止意外的电力中断导致综合管廊内的附属设备停止运作,需要配备紧急供电系统,一般可以采用自备电池和 UPS(Uninterruptible Power System)不间断电源。

(1) 必须配备自备电池和自动电源切换装置的设备:火警报警控制器和监控系统主机。

(2) 必须配备 UPS(Uninterruptible Power System)不间断电源的设备:通信系统主机、中央监控系统主机、安全门禁管制系统主机及监控系统、指引标示灯或标志和有自备电池的设备(火警报警控制器和监控系统主机)。

2.9.2.8 柴油发电机系统

基于安全及运转上的需要,采用一部发电机接上所有的设备,再考虑电量需求来决定发电机容量。

参考文献

[1]陈寿标,王水宝,王璇. 共同沟规划的基本思想及相关原则[C]//全国城市地下空间学术交流会,2004:659-663.

[2]姚大钧,黄金振,秦中天,等. 共同沟之规划与设计[J]. 地下空间与工程学报,2004,24(s1):653-658.

[3]张帆. 地下综合管廊管线收容研究[J]. 福建建筑,2009(11):101-103,114.

[4]王恒栋. 市政综合管廊容纳管线辨析[J]. 城市道桥与防洪,2014(11):208-209,32.

[5]王璇,陈寿标. 对综合管沟规划设计中若干问题的思考[J]. 地下空间与工程学报,2006(4):523-527.

[6]陈志龙,刘宏. 城市地下空间总体规划[M]. 南京:东南大学出版社,2011.

[7]徐培刚,台湾地区都市共同管道路网规划决策模式之研究[D]. 台北:国立台北科技大学,2005:49-108.

[8]童林旭,祝文君. 城市地下空间资源评估与开发利用规划[M]. 北京:中国建筑工业出版社,2009.

[9]刘光富,陈晓莉. 基于德尔菲法与层次分析法的项目风险评估[J]. 项目管理技术,2008(1):23-26.

[10]潘永之,侯冠男,孙奕帆. 对层次分析法中平均随机一致性指标的研究[C]//全国计算机新科技与计算机教育学术大会,2009.

[11]Julian Canto-Perello, Jorge Curiel-Esparza, Vicente Calvo. Criticality and threat analysis on utility tunnels for planning security policies of utilities in urban underground space[J]. Expert Systems with Applications,2013,40(11):4707-4714.

3 地下综合管廊的设计

3.1 基本设计内容

综合管廊的设计需要考虑管廊的整体走向、容纳各种管线所需的空间、主体结构及附属设施的布置方式等,设计的原则是使其达到规划目的,具有安全性、经济性及可行性,同时考虑未来管理、维护及防灾等问题。

根据实际工程经验与相关要求,综合管廊的基本设计内容包括线型设计、建筑设计、结构设计和附属设施设计。

(1) 线型设计:根据规划阶段的基本原则方针,提出管廊的平面线型和纵断面走向。

(2) 建筑设计:确定综合管廊的标准断面形式、内部空间布置、特殊段(包括综合管廊交叉部位、管线引出部位、人员出入口、通风口、材料投入口等)的布置与设计。

(3) 结构设计:确定综合管廊采用的结构形式,准确分析其荷载情况,使结构达到要求的强度与耐久性。

(4) 附属设施设计:包括排水系统、通风系统、电气系统、消防安全系统、监控和报警系统和标识系统等的具体设计方案。

3.2 管廊线型设计

3.2.1 线型设计概述

综合管廊的线型设计包括平面线型设计和纵断面线型设计。在综合管廊的规划阶段,根据城市总体规划、控制性详细规划、城市地下空间规划、市政管线专项规划和道路交通专项规划,基本确定了管廊的所处范围和路网布局。线型设计即是在此基础上,确定综合管廊系统在确定路段下的布局方式和服务区域,根据城市地上、地下的实际情况,划定三维控制线。

根据国内外的一些实践与相关文献,在线型设计时一般需要遵循以下四条原则。

(1) 与管线所属的市政单位共同设计。综合管廊的线型设计需要充分考虑城市道路下方的市政管线设施,其线路走向需要尽可能与纳入管廊的管线设施走向吻合或者尽可能避开不纳入管廊的管线。在线型设计阶段,需要积极与市政设施单位沟通,依照相关管线的特性,进行方案的设计与调整,既能满足入廊管线的服务范围需求,又可以避免重复建设,同时提高综合管廊的服务水平。此外,对于旧城改造项目中的综合管廊,与市政管线单位一同设计的优势在于,可以借此机会摸清已有直埋管线的位置和规模,重新规划该区域的市政管网设施,在施工建设时避免对已有管线造成破坏,以此满足城市更新的市政服务需求。

(2)与相关地下工程共同设计。对于综合管廊与地下工程(例如地铁、车行隧道和地下街等)走向一致的路段,在线型设计时需视情况决定是采取整合建设的方法还是统一划定标高,采取避让的手段。对于已有的地下构筑物,应尽量使综合管廊在平面布局上与其避开。当综合管廊不可避免地与道路下方的其他构筑物相交时,必须先了解构筑物的大小与规模,考虑和其管理单位协商,将构筑物迁移或者在管廊建设时采取保护性措施,从其上方或下方穿越。

(3)预留道路相关附属设施的位置。综合管廊的线型设计决定了其附属工程设施与特殊段的位置与走向,比如人员的地面出入口、通风口的地面风井、投料口的地面开口、人行道上的电力开关箱、配电箱、变压器,甚至行道树必要的根部生长空间等。在线型设计阶段,必须考虑道路是否有足够的空间进行相应的设施配置,在设计时预留空间。

(4)考虑与道路重大建设项目的位置关系。在线型设计时必须充分考虑道路未来可能的重大建设项目,比如立交桥、高架道路、轻轨桥梁等,在设计时避开可能建设结构基础的位置及影响区域,预留足够的空间满足未来道路设施的建设要求,以减小或避免建设活动对于综合管廊产生危害或影响。

3.2.2 平面线型设计

平面线型设计的主要内容是确定综合管廊在道路下方的平面布局位置,应考虑与通过路段已建或计划建设的建(构)筑物基础及地下空间设施的平面位置相协调。综合管廊一般在道路规划红线范围内建设,且平面线型的设计尽可能避免将管廊从道路一侧转到道路另一侧,以免影响道路下方的其他设施。

(1)干线和支线综合管廊的中心线应与道路中心线保持平行(图3-1、图3-2)。考虑到管廊施工作业空间和挡土设施的安全距离,干线和支线综合管廊与邻近的建(构)筑物的间距须保持在2 m以上。

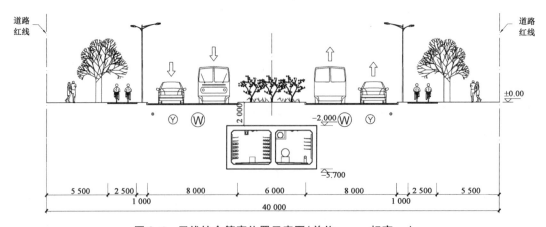

图3-1 干线综合管廊位置示意图(单位:mm 标高:m)

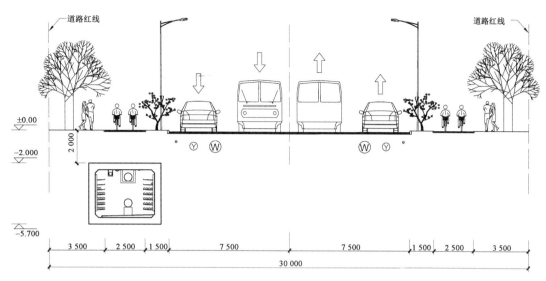

图 3-2 支线综合管廊位置示意图(单位:mm 标高:m)

（2）缆线综合管廊一般布置在人行道下方(图 3-3)，平面线型平行于人行道及非机动车道的交界线，管廊所处的人行道宽度至少需要 4 m。缆线综合管廊因沿线需分出电缆与用户相接，因此其位置应尽量靠近人行道旁的建筑物，但是管廊的结构外壁距离道路用地红线应至少保持 30 cm 以上的空间以利于电缆的布设[1]。

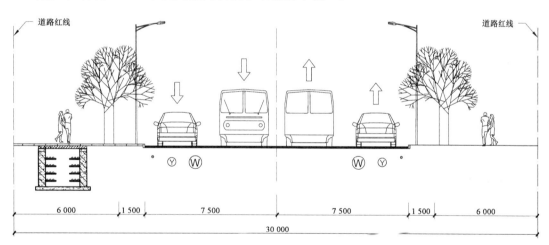

图 3-3 缆线综合管廊位置示意图(单位:mm)

综合管廊的管线分支口应满足预留数量、管线进出、安装敷设作业的要求且预埋管线，以免未来新增扩容施工仍需开挖道路，降低综合管廊的建设效益。

在设计时需要根据规划地区的发展现状以及道路建设情况，在相应的位置区域布置，切不可为生搬硬套其他城市的综合管廊平面布局方式，造成资源的大量浪费。此外，在具体设计中，根据我国《城市综合管廊工程技术规范》(GB 50838—2015)和我国台湾地区、日本设计规范的要求，综合管廊的平面布局应该与城市功能分区、建设用地布局和道路网络规划相适应，其布局应该在城市地下管线现状、城市道路、轨道交通、市政专项规划的基础上确定。

（1）在穿越城市快速路、主干路、铁路、轨道交通、公路时，综合管廊宜采用垂直穿越；受条件限制时可斜向穿越，但是最小交叉角不宜小于60°（图3-4）。

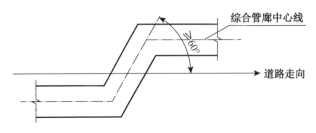

图 3-4　综合管廊最小交叉角示意图

（2）埋深大于建（构）筑物基础的综合管廊，其与建（构）筑物之间的最小水平净距，应符合下列规定：

$$l \geqslant \frac{H - h_e}{\tan \alpha} \tag{3-1}$$

式中　　l——综合管廊外轮廓边线至建（构）筑物基础边水平距离（m）；

H——综合管廊基坑开挖深度（m）；

h_e——建（构）筑物基础底砌置深度（m）；

α——土壤内摩擦角（°）。

图 3-5　综合管廊折线段转弯

（3）综合管廊的最小转弯半径应满足综合管廊内各种管线的转弯半径要求。

① 由于综合管廊内存在直管，因此管廊的弯折不宜采用圆弧形，一般可以将综合管廊划分为若干折线段以满足转弯需求（图3-5）。根据日本国土交通省中部地方整备局的相关规定，折线段的平面折角一般按不超过15°设计，且每段折线的长度不宜太长，以免使综合管廊偏离道路太多而影响其他直埋管线，一般可以采用如下的平面线型折线段设计方法（图3-6、表3-1）。

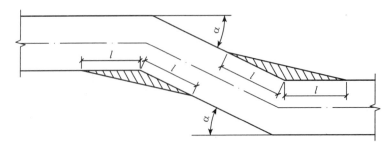

图 3-6　平面线型折线段设计方法

表 3-1　　　　　　　　　　　　　　　　平面线型折线段设计表格

平面角度 α	折线段长度 l/mm	平面角度 α	折线段长度 l/mm
$15°\leqslant\alpha<20°$	650	$25°\leqslant\alpha<30°$	950
$20°\leqslant\alpha<25°$	800	$\alpha>30°$	其他方法

② 综合管廊的折角需满足管廊内管道的最小弯曲半径要求和大型管道的搬运安装要求。一般而言,通信线缆弯曲半径应大于线缆直径的 15 倍且符合现行的行业标准《通信线路工程设计规范》(YD 5102—2010)中的有关规定,而电(光)缆敷设所允许的最小弯曲半径应满足如表 3-2 所示且符合现行国家标准《电力工程电缆设计规范》(GB 50217—2016)。

表 3-2　　　　　　　　　　　　　　　电(光)缆敷设允许的最小弯曲半径

电(光)缆类型			允许最小转弯半径	
			单芯	3 芯
交联聚乙烯绝缘电缆	$\geqslant66$ kV		$20D$	$15D$
	$\leqslant35$ kV		$12D$	$10D$
油浸纸绝缘电缆	铝包		$30D$	
	铅包	有铠装	$20D$	$15D$
		无铠装	$20D$	
光缆			$20D$	

注:D 表示电(光)缆外径。

(4) 干线综合管廊断面变化处须设置渐变段衔接,渐变段的平面弯曲斜率不得大于1:3(横向 1,纵向 3)。

总体来说,平面线型设计需要综合分析综合管廊的服务要求,满足城市的相关规划方案,结合城市道路现在以及未来的发展情况,在充分调查研究后进行方案的确定。

3.2.3　纵断面设计

综合管廊纵断面设计的主要内容是确定综合管廊的标准段与特殊段的埋深分布、纵向坡度设置以及和其他建(构)筑物或设施的三维控制线距离。

根据我国《城市综合管廊工程技术规范》(GB 50838—2015)和中国台湾地区、日本相关设计规范的要求,综合管廊的纵断面设计需要满足以下要求。

(1) 干线和支线综合管廊的纵断面应基本与所在道路纵断面保持一致,以减少土方量,遵循"满足需要,经济适用"的原则;缆线综合管廊的纵向坡度应以配合人行道的纵向坡度为原则。

(2) 考虑到雨水、污水和燃气管道等从管廊顶部穿越的空间要求以及绿化种植的要求,一般认为干线综合管廊的埋深需在 2.5 m 以上,特殊段不得少于 1.0 m(日本相关规范建议在 1.20 m 以上),底部高程以高于平均地下水位面为原则,若低于平均地下水位面,应另加强防水设计,如图 3-7 所示。

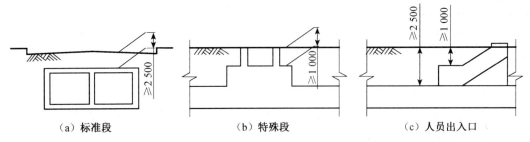

（a）标准段　　　　　　　（b）特殊段　　　　　　　（c）人员出入口

图 3-7　综合管廊埋深要求（单位：mm）

图片来源：日本国土交通省中部地方整备局共同沟设计要求

（3）为满足综合管廊内的排水需要，宜在综合管廊内设置一定的纵断面坡度（除特殊段外）：干线、支线综合管廊的最小纵向坡度为 0.2% 以上，最大坡度一般不超过 20%；缆线综合管廊的最小纵坡为 0.5%，（高落差地段的管廊）最大坡度不宜大于 15%。

当纵向坡度因受地形限制超过 10% 时，应在人员通道部位设置防滑地坪或楼梯。楼梯的净高需要满足人员通行要求并节省空间，日本有如下的楼梯设计要求：当纵坡超过 15% 时设置楼梯，楼梯的踏步高度设置为 200 mm 以下，踏步的宽度与纵坡的大小有关，如图 3-8 和表 3-3 所示。

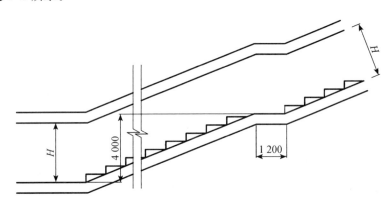

注：H 为必要的内空高度（mm）。

图 3-8　阶梯设计的示意图（单位：mm）

表 3-3　　　　　　　　　　　　纵坡和踏步宽度的关系

纵坡 i/%	踏步宽度/mm	纵坡 i/%	踏步宽度/mm
15.000<i≤26.795	500	46.631<i≤57.735	300
26.795<i≤36.397	450	57.735<i≤80	250
36.397<i≤46.631	350		

（4）综合管廊纵断面变化段位置应避免设在水平面变化段，且需满足管线最小转弯半径的需求。在穿越路口处，为避让重力流管线，考虑采取局部下卧或上抬的方式，其升、降纵坡设计不得大于 1∶3（垂直 1，水平 3）。

（5）综合管廊特殊段一般不宜建在纵坡段。如果在连续纵坡段必须设置通风口、人员出入口等特殊段，则需要在连续纵坡段中设置水平段，且水平段的长度需要大于特殊段的长度范围。在日本的实践案例中常采用如图3-9所示的方式进行纵坡特殊段的纵断面设计。

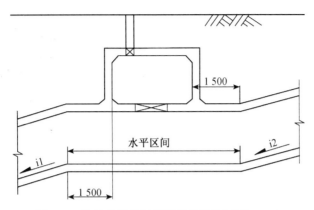

图 3-9　连续纵坡段设置管廊特殊段（单位：mm）

图片来源：日本国土交通省中部地方整备局共同沟设计要求

（6）综合管廊与地下直埋管线交叉时需要遵循一定的避让原则：与非重力流管线交叉时，非重力流管线避让综合管廊；与重力流管线交叉时，综合管廊局部降低埋深并下穿越管线；与埋深差较大的重力流管线连续交叉时，综合考虑降低综合管廊的整体埋深。

（7）为了避开各类管线和地下构筑物，综合管廊一般采用调整整体埋深的方法。当实在无法避让时，可采用立体穿越，但是需要符合前述坡度变化的要求，并且符合表3-4所要求的安全净距。

表 3-4　　　　　　　　　综合管廊与相邻地下构筑物的最小净距

项　　目	明挖施工/m	非开挖施工
综合管廊与地下构筑物水平净距	1.0	综合管廊外径
综合管廊与地下管线水平净距	1.0	综合管廊外径
综合管廊与地下管线交叉垂直净距	0.5	1.0 m

（8）综合管廊可配合各类城市高架道路、地下隧道、地铁车站、地下综合体等城市重大工程项目共同建设。在配合高架道路建设时，如果能够妥善处理不同区段的不均匀沉降问题，则可以将管廊与高架道路的基础共筑；在配合地下隧道（地铁区间隧道、地下道路等）建设时，一般在隧道上方设立专门的区域建设综合管廊；在配合地下综合体、地下街、地铁车站等设施建设时，一般可以设立在其一侧或是其下部，如图3-10、图3-11所示。

但是需要注意的是，含天然气管道舱室的综合管廊不应与其他建（构）筑物合建，且不得从建筑物和大型构筑物（不包括架空的建筑物、大型构筑物）的下方穿越。天然气管道舱与周边建（构）筑物间距应符合现行国家《城镇燃气设计规范》（GB 50029—2006）中关于燃气管线与其他建（构）筑物间距的要求。

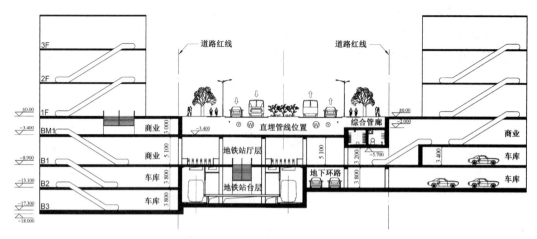

图 3-10　综合管廊与地铁车站同构(单位:mm　标高:m)

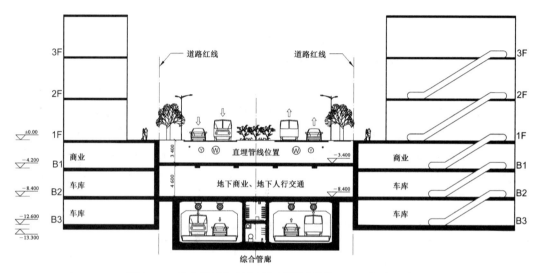

图 3-11　综合管廊与地下道路同构(单位:mm　标高:m)

（9）综合管廊穿越河道时应选择在河床稳定的河段,最小覆土深度应满足河道整治和综合管廊安全运行的要求:

① 在一至五级航道下面敷设时,顶部高程应在远期规划航道底高程2.0 m以下;

② 在六级、七级航道下面敷设时,顶部高程应在远期规划航道底高程1.0 m以下;

③ 在其他河道下面敷设时,顶部高程应在河道底设计高程1.0 m以下。

（10）综合管廊的纵断面线型若有较大差异,在结构设计阶段务必对结构体纵向应力作特别的设计。

3.3　标准断面设计

综合管廊标准断面设计主要包括断面形状,净断面尺寸,通道尺寸,纳入管线的布置位置,管线桥架、支架和管道间距等。标准断面设计应根据纳入管线的种类和数量、管廊的施工方法等综合确定,总体而言遵循"安全、经济、便于施工与检修"的原则,满足未来管线的扩容需求(图 3-12)。

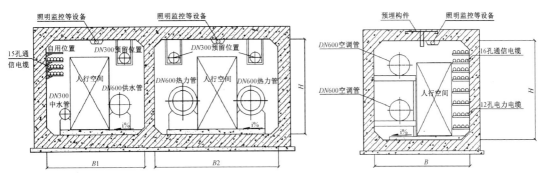

图 3-12　标准断面设计示意图

3.3.1　标准断面形状

1)矩形断面

该断面适用于干线和支线综合管廊,一般采用明挖现浇法或预制装配法施工,布置在道路浅层,常用于软土地区的浅埋综合管廊。矩形断面拥有较大的内部空间,建设成本低,保养、维修操作和空间结构分割容易,管线敷设方便,空间利用率较高。但是,矩形断面的结构受力不好,在相同净断面下对于混凝土和钢材的使用量较大,大尺寸的矩形断面管廊也不适用于顶进工法的施工,限制了其适用范围,如图 3-13 所示。

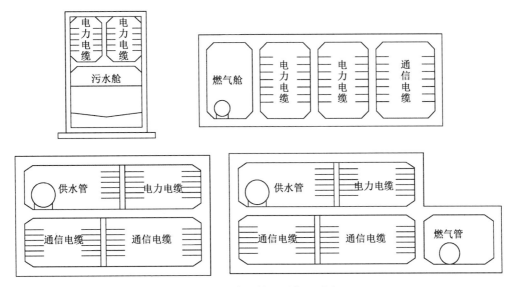

图 3-13　常用的矩形断面形式

图片来源:陈志龙、刘宏《城市地下空间总体规划》

2)马蹄形或圆形断面

该断面适用于干线综合管廊,一般采用非开挖法施工,比如盾构法、钻爆发、顶管法等,适用于城市中心区埋深 6~8 m 或大深层地下空间的综合管廊,也适用于穿越江河或铁路线时使用。马蹄形或圆形的断面结构受力性能较矩形断面更好,材料用量更少,但是布置同样数量的管线时所需断面的面积较大,空间利用率较低,如图 3-14 所示。

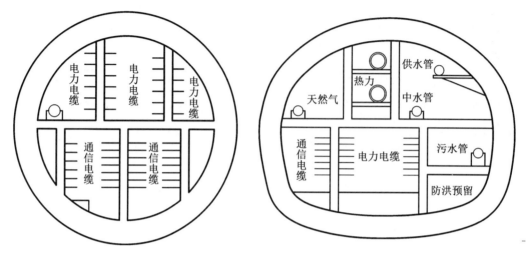

图 3-14　常用的马蹄形或圆形断面形式

图片来源:陈志龙、刘宏《城市地下空间总体规划》

3)U 形断面

该断面适用于缆线综合管廊,布置在人行道下方浅层地下空间内,一般使用明挖现浇法施工或预制装配式构件施工。缆线综合管廊一般设置盖板开启,盖板底座设计为简支结构,须考虑人行道铺面的收边、重复开启等条件。管廊侧壁、盖板及其材质构成,应满足承受荷载和适合环境耐久的要求,可开启的盖板的单块重量不宜超过 50 kg。此外盖板应配合人行道的坡度排水,并防止地表径流水流入管廊,如图 3-15 所示。

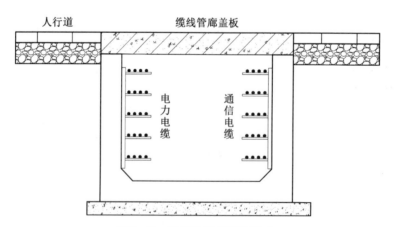

图 3-15　常用的 U 形断面形式

图片来源:《城市综合管廊工程技术规范》(GB 50838—2015)

3.3.2　断面净尺寸与人行通道

净断面尺寸与人行通道的设计需要根据纳入管线的种类、数量、运输与检修方式确定。

一般而言,考虑到结构的简单,施工期和运营期内工作人员进入管廊维修的便利,综合管廊采用较高的断面尺寸。根据我国《城市综合管廊工程技术规范》(GB 50838—2015)和我国台湾地区、日本相关设计规范的要求,一般需要满足如下要求。

1) 干线、支线综合管廊

根据日本和我国台湾地区等地的规定,综合管廊的内部净高根据穿着安全装备的工作人员平均身高 1.8 m,加上顶板照明空间 0.2 m,再加上人行通道铺面厚度 0.1 m,总计至少为 2.1 m。考虑到管廊的新增管线和管线穿行空间,一般规定综合管廊标准段内部净高不宜小于 2.4 m,在与其他地下构筑物相交的特殊区段净高也不应小于 1.4 m,电缆夹层的净高不得小于 2.0 m,也不宜大于 3.0 m。

综合管廊的人行通道一般设置在管廊中部,且必须满足管线的安装和维护,一般对于其净宽有如下规定。

(1) 综合管廊内两侧设置支架或管道时,检修通道净宽不宜小于 1.0 m。

(2) 单侧设置支架或管道时,检修通道净宽不宜小于 0.9 m。

(3) 容纳输送性管道的管廊内可以配备电动牵引车方便运输与维修,国内标准牵引车的最小宽度为 1.4 m,考虑到与两边支架或管道保持至少 0.4 m 的安全距离,因此配备检修车的综合管理检修通道宽度不宜小于 2.2 m。

2) 缆线综合管廊

缆线综合管廊不属于密闭空间的工作场所,因此断面尺寸较小,不配备正常的人行通道,在人员检修时开启相关区段的盖板即可。当人行道下方空间受到限制,遇到诸如横向管线,植物根系或者电气设施等地下障碍物时,可以采用多孔管式电缆支管克服空间限制的问题。

根据我国台湾地区的相关设计规范,断面净深不应超过 1.5 m,断面净宽不应超过 1.2 m,人行通道空间一般设计为 0.8 m。在实际设计中,为了保证一定的作业空间,人行通道的最小净宽不宜小于表 3-5 中所规定的大小。

表 3-5　　　　　　　　　综合电缆沟人行通道净宽要求　　　　　　　　单位:mm

电缆支架配置方式	缆线综合管廊净深		
	<600	600~1 000	>1 000
两侧支架	300	500	700
单侧支架	300	450	600

3.3.3　管线布置原则

断面的布置以经济、安全、便于施工和检查为原则,如果仅仅考虑管理与防灾上的需要,通常一种管线应该布置于同一舱室内,例如北京中关村西区的地下综合管廊系统(图 3-16),全长 1 900 m,标准段断面净尺寸为 12.7 m×2.2 m,分 5 个舱室,将电力、电信、上水给水(DN600)、中水给水(DN300)、天然气(DN400)、热力(2 根 DN500)、冷冻水(2 根 DN500)管线敷设其中。

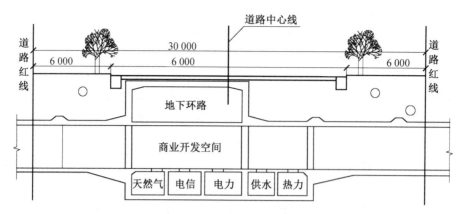

图 3-16　北京中关村西区的地下综合管廊系统横断面(单位:mm)

图片来源:苏云龙《综合管廊在中关村西区市政工程中的应用与展望》(作者有修改)

这种布置方式需要较大的断面空间,在大多数情况下,由于结构、道路红线以及工程造价的限制,这种布置方式既不经济也不常见。因此,在管线布置时应考虑尽量压缩空间,纳入管线的相互间距、敷设空间、维修管理空间尽可能兼用,根据国内的相关研究[2],在管线布置时需满足如下的一些原则和要求。

(1)断面设计之前,应制定配线、配管的基本尺寸大小,以保证各管径的统一性。

(2)相互无干扰的管线可敷设在管廊同一舱室内,相互有干扰的管线应分别敷设在管廊的不同空间内;当管线种类较多时,应把电缆、控制、通信线路设在上侧;横穿管廊的管线应尽量走高处,不妨碍工作人员的通行;当断面受到限制不可能加宽加大而管线又太多,布置不开时,可以将小口径管线并列布置,中间留出一定的人行通道宽度。

(3)先布置管径较大的管线,后布置管径较小的管线。由于小管径管线所占空间位置较小,易于安装,造价相对较低,因此在设计时让小管径避让大管径。

(4)金属管避让非金属管,因为金属管线较易切割、弯曲和连接。

(5)附件少的管道避让附件多的管道,以利于施工操作、维护及更换管件。

3.3.4　管线(管道)的间距要求

管线的类型主要有电力电缆、通信线缆和各类管道,以下为不同管线设施的支架选择要求和间距设计要求。

3.3.4.1　干线、支线综合管廊

1)电力电缆

电力电缆的敷设和安装应按支架的形式设计(图 3-17),并符合现行国家标准《电力工程电缆设计规范》(GB 50217—2016)和《交流电气装置的接地设计规范》(GB/T 50065—2011)。

(1)电力电缆在任何敷设方式及其全部路径条件的上下左右改变部位,均应满足电缆允许弯曲半径要求和绝缘特性的要求,即表 3-2 中所规定的值。

(2)电力电缆与管道之间无隔板防护时需要保持一定的安全距离,除我国《城市综合管廊工程技术规范》(GB 50838—2015)外,还需要满足表 3-6 所示的值。

图 3-17 电力电缆支架示意图

图片来源:网络 http://www.51sole.com/b2c/b2cdetails_92305.html

表 3-6 电力电缆与管道之间无隔板防护时的允许距离 单位:mm

电力电缆与管道之间的走向		电力电缆	控制和信号电缆
热力管道	平行	1 000	500
	交叉	500	250
其他管道	平行	150	100

(3)电力电缆支架的层间距离需要满足表 3-7 所示的值。

表 3-7 电(光)缆支架层间距离最小值 单位:mm

电缆电压等级和类型、敷设特征		普通支架	桥架
控制电缆明敷		120	200
电力电缆明敷	6 kV 以下	150	250
	6~10 kV 交联聚乙烯	200	300
	35 kV 单芯	250	300
	35 kV 三芯	300	350
	110~220 kV,每层 1 根以上		
	330 kV, 500 kV	350	400
电缆敷设在槽盒中		$h+80$	$h+100$
		h 为槽盒外壳高度	

(4)水平敷设时,电力电缆支架的最上层和最下层间距尺寸需要满足:

① 最下层支架距地坪、管廊底部的最小净距如表 3-8 所示;

表 3-8 最下层支架距地坪、沟道底部的最小净距 单位:mm

电力电缆敷设场所及特征		垂直净距
电缆沟		50
隧道		100
电缆夹层	非通道处	200
	至少在一侧不小于 800 mm 宽通道处	1 400

② 最上层支架距其他设备的净距,不应小于 300 mm,当无法满足要求时需要设置防护板。最上层支架距管廊顶板的净距最小值,应满足电力电缆引接至上侧柜盘时的允许弯曲半径要求,且不宜小于表 3-8 中所列数值再加 80~150 mm 的值。

(5) 当电力电缆敷设在同一侧的多层支架上时,应符合下列规定:

① 按照电压等级,由高至低的电力电缆、强电至弱电的控制和信号电缆、通讯电缆进行"由上而下"的顺序排列;当水平通道中含有 35 kV 以上的高压电缆,或为满足引入柜盘的电缆符合允许弯曲半径要求时,宜按"由下而上"的顺序排列;

② 当支架层数受通道空间限制时,35 kV 及以下的相邻电压等级的电力电缆,可排列于同一层支架上,1 kV 及以下电力电缆也可与强电控制和信号电缆配置在同一层支架上;

③ 当同一重要回路的工作与备用电缆实行耐火分隔时,电缆应配置在不同层的支架上。

(6) 同一层支架上电缆排列的配置宜符合下列规定:

① 控制和信号电缆可紧靠或多层叠置;

② 除交流系统用单芯电力电缆的同一回路可采取品字形(三叶形)配置外,对重要的同一回路多根电力电缆,不宜叠置;

③ 除交流系统用单芯电缆情况外,电力电缆水平间距应≥35 mm,且间距不小于 1 倍电缆外径。

2) 通信线缆

通信线缆的敷设安装应按桥架形式设计(图 3-18),并应符合国家线型标准《综合布线系

图 3-18 通信线缆桥架示意图

统工程设计规范》(GB 50311—2016)和《光缆进线室设计规定》(YD/T 5151—2007)的有关规定。

通信线缆的走线托架宽度应视缆线数量决定,宜为300~400 mm。桥架上下层之间距离不宜小于200 mm,尽量采用250 mm。

3) 普通管道

综合管廊可纳入给水、排水、热力和燃气等管道,根据中国台湾地区的相关规定纳入综合管廊的排水管道管径不宜大于2 m。管道的间距及相应的通道宽度需要考虑管材的搬迁以及未来维修淘汰后更换管线的作业,根据我国《城市综合管廊工程技术规范》(GB 50838—2015),综合管廊的管道安装净距一般不宜小于表3-9中的规定(图3-19)。

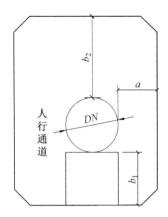

图3-19   管道安装净距示意图

图片来源:《城市综合管廊工程技术规范》(GB 50838—2015)

表3-9   管道安装净距

DN	综合管廊的管道安装净距/mm					
	铸铁管、螺栓连接钢管			焊接钢管、塑料管		
	a	b_1	b_2	a	b_1	b_2
$DN < 400$	400	400	800	500	500	800
$400 \leqslant DN < 800$	500	500				
$800 \leqslant DN < 1\,000$						
$1\,000 \leqslant DN < 1\,500$	600	600		600	600	
$DN \geqslant 1\,500$	700	700		700	700	

4) 天然气管道

由于天然气管道具有泄漏爆炸的风险,因此必须将其敷设于小型的独立舱室,管道与结构体的净距不应小于0.2 m,且应采用干砂填充,并设置活动门和独立的通风口。根据日本、我国台湾地区的相应规定,燃气管道在综合管廊内敷设的空间要求如表3-10所示(图3-20)。

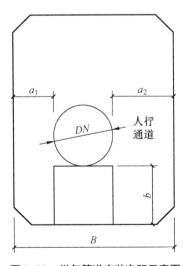

图3-20   燃气管道安装净距示意图

表3-10   燃气管道标准断面安装净距   单位:mm

DN	200 mm	250 mm	300 mm	400 mm	500 mm
a_1	200	250	300	300	300
a_2	800	800	800	800	800
b	600	600	600	600	600
B	1\,300	1\,400	1\,500	1\,600	1\,700

3.3.4.2　缆线综合管廊

缆线综合管廊一般布置有电力电缆、通信线缆、有线电视、道路照明等缆线,其断面净尺寸要求在 3.3.2 节中已经详细说明。对于电力电缆和通信线缆的间距设计要求与3.3.4.1 节中在支线和干线综合管廊中的要求一致。需要注意的是最上层电缆托架与盖板的间距不小于 350 mm,最下层电缆托架与底板的间距不小于 100 mm。

3.3.5　管线(管道)的设计要求

纳入综合管廊的管线应根据我国《城市综合管廊工程技术规范》(GB 50838—2015)中的规定设计管线及其附属的设备设施,包括给水、再生水管道、排水管道、天然气管道、热力管道、电力电缆和通信线缆。其他未在该规范中提及的管道或缆线设计要求可参考我国相应的工程设计规范,本节也不再详细说明。一般而言,管线设计需满足如下的总体要求。

(1)纳入管廊的金属管道应进行防腐设计。

(2)当压力管道进出综合管廊时,应在管廊外部设置阀门井,将控制阀门布置在该阀门井内,以便于在管道运行出现意外情况时,管线维护人员可以快速地通过阀门控制。

(3)管道的三通、弯头等部位应设置支撑或预埋件。

(4)管线的配套检测设备、控制执行机构或监控系统应预留与综合管廊监控与报警系统联通的信号传输接口。

3.3.5.1　给水、再生水管道

给水、再生水管道设计应符合现行国家标准《室外给水设计规范》(GB 50013—2016)和《污水再生利用工程设计规范》(GB 50335—2016)的有关规定。管道材料选用钢管、球墨铸铁管、塑料管等,为保证管道运行安全,减少支墩所占空间,应采用刚性接口。此外,钢管可采用沟槽式连接,使管路具有柔性特点,能够抗震动、抗收缩和抗膨胀,也便于安装拆卸。

管道的支撑形式、间距、固定方式应通过计算确定,并应符合《给水排水工程管道结构设计规范》(GB 50332—2002)的规定。

3.3.5.2　排水管道

雨水管渠、污水管道的设计水量、断面尺寸及形状、坡度、充满度、流速等参数设计设计应符合《室外排水设计规范》(GB 50014—2006)的有关规定。管道材质可采用钢管、球墨铸铁管或塑料管,压力管道的连接方式与给水管道相同。当采用金属管道时应考虑防腐措施,内防腐宜采用水泥砂浆衬里,外防腐宜采用环氧煤沥青、胶粘带等涂料。雨水、污水管道的支撑形式、间距、固定方式应通过计算确定,并应符合《给水排水工程管道结构设计规范》(GB 50332—2002)的规定。

排水管道的管径不宜大于 2 m,雨水管道按满流计算,雨水舱内的雨水渠道超高不得小于 0.2 m,重力流污水管道应按非满流计算。排水管道转弯和交接处的水流转角不应小于 90°。

由于进入综合管廊的排水管道断面尺寸较大,扩容安装施工难度高,应按规划最高日流量时设计流量并确定其断面尺寸,与综合管廊同步实施。同时需按近期流量校核流速,

当值管道流速过缓造成淤积。

雨水、污水管道系统应严格密闭,管道、附件及检查设施等应采用严密性可靠的材料,其连接处密封做法应可靠,并进行功能性试验。排水管道严密性试验参考现行国家标准《给水排水管道工程施工及验收规范》(GB 50268—2008)的相关条文,压力管道参照给水管道部分,雨水管渠参照污水管道部分。

压力流管道高点处设置的排气阀以及重力流管道设置的排气井(检查井)等通气装置排出的气体,应直接排至综合管廊以外的大气中,其引出位置应协调考虑周边环境,避开人流密集或可能对环境造成影响的区域。

管廊内重力流排水管道的运行有可能受到管廊外上、下游排水系统水位波动变化、突发冲击负荷等情况的影响,因此应适当提高进入综合管廊的雨水、污水管道强度标准,保证管道运行安全。条件许可时,可考虑在管廊外上、下游雨水系统设置溢流或调蓄设施以避免对管廊的运行造成危害。

利用综合管廊结构本体排除雨水时,雨水舱结构空间应完全独立和严密,并采取防止雨水倒灌或渗漏至其他舱室的措施。

3.3.5.3 天然气管道

纳入综合管廊的天然气管道压力应小于 1.6 MPa,即中压管道。为了确保天然气管道及管廊的安全,应采用无缝钢管,无缝钢管标准根据《城镇燃气设计规范》(GB 50028—2006)选择,可选择《石油天然气工业管线输送系统用钢管》(GB/T 9711—2011)、《输送流体用无缝钢管》(GB/T 8163—2008),或不低于这两个标准的无缝钢管。

天然气管道的连接采用焊接,为了保证纳入综合管廊后的安全,需对天然气管道的探伤提出严格的要求,即表 3-11 中的规定。

表 3-11　　　　　　　　　　　　　　　　焊缝检测要求

压力级别/MPa	环焊缝无损检测比例	
$0.8 < P \leqslant 1.6$	100%射线检验	100%超声波检验
$0.4 < P \leqslant 0.8$	100%射线检验	100%超声波检验
$0.01 < P \leqslant 0.4$	100%射线检验或 100%超声波检验	—
$P \leqslant 0.01$	100%射线检验或 100%超声波检验	—

注:① 射线检验符合现行行业标准《承压设备无损检测第 2 部分:射线检测》(JB/T 4730.2)规定的Ⅱ级(AB级)为合格。
② 超声波检验符合现行行业标准《承压设备无损检测第 3 部分:超声检测》(JB/T 4730.3)规定的Ⅰ级为合格。

天然气管道的支撑形式、间距、固定方式应通过计算得出,并符合《城镇燃气设计规范》(GB 50028—2006)的要求。

天然气管道的阀门、阀件系统设计压力应按提高一个压力等级设计。在天然气管道分支处应设置阀门,但考虑到减少释放源等原因,应尽可能将其设置在管廊外的阀门井中。当分段阀设置在管廊内时,应设置远程关闭功能,并由天然气管线主管部门负责,同时传一路监视信号至管廊控制中心便于协同。

由于调压装置的危险性高,因此规定调压装置不应设置在管廊内。

天然气管道应设置具有远程关闭功能的紧急切断阀,同样由天然气管线主管部门负责,并将一路监视信号传至管廊控制中心便于协同。

3.3.5.4 热力管道

热力管道作为市政基础设施的供热管网,对管道的可靠性要求比较高,因此对进入综合管廊的热力管道提出了较高的要求,需采用钢管、保温层及外护管紧密结合成一体的预制管,并应符合我国现行标准《高密度聚乙烯外护管硬质聚氨酯泡沫塑料预制直埋保温管及管件》(GB/T 29047—2012)和《玻璃纤维增强塑料外护层聚氨酯泡沫塑料预制直埋保温管》(CJT 129—2000)。热力管道的连接方式可采用法兰连接或焊接连接,螺纹连接仅限于公称直径不大于 40 mm 的放气阀或放水阀上。

为了降低管道附件的散热,控制舱室的环境温度,管道附件必须保温,且管道及附件保温结构的表面温度不得超过 50℃。热力管道及附件的保温材料用采用难燃材料或不燃材料。

当热力管道采用蒸汽介质时,排气管应引至综合管廊外部安全空间,并与周围环境相协调。

关于热力管道的其他设计要求可参考《城镇供热管网设计规范》(CJJ 34—2010)和《城镇供热管网结构设计规范》(CJJ 105—2005)。

3.3.5.5 电力电缆

电力电缆一般成束敷设,为了减少电缆可能着火蔓延导致的严重后果,应采用阻燃电缆或不燃电缆。

电力电缆发生火灾的主要原因是电力线路过载使电缆温度升高超过限制,特别是电缆接头部位。因此需要对电力电缆设置电气火灾监控系统,特别是电缆接头处设置自动灭火装置。

电力电缆支架的设计要求可参见 3.3.4 节,并符合《电力工程电缆设计规范》(GB 50217—2016)和《交流电气装置的接地设计规范》(GB/T 50065—2011)的规定。

3.3.5.6 通信线缆

通信线缆应采用阻燃线缆,采用桥架敷设。桥架的垂直立柱间距宜为 200～300 mm,其他设计要求可参见 3.3.4 节,并符合《综合布线系统工程设计规范》(GB 50311—2016)和《光缆进线室设计规定》(YD 5151—2007)的有关规定。

3.4 特殊段断面设计

综合管廊的特殊段包括管廊交叉部位、管线引出部位、通风口、材料投入口和人员出口等。特殊段的建筑设计较为复杂,设计思路是采用加宽加高断面或者设置夹层以满足人员通行和管线连接的要求,特殊段的形状应尽量简单统一。此外,针对特殊段中露出地面的各类孔口盖板应设置特殊的安全装置,使人员在内部使用时易于开启,而非专业人员在外部难以开启,以实现防盗安保功能与紧急情况下人员的逃生需要。下面将分别叙述特殊段的设计要求,并通过一些设计案例加深读者对于特殊段断面设计的理解。

3.4.1 综合管廊交叉部位

综合管廊的交叉部位是综合管廊特殊段断面设计的重点,一般包括监控中心和干线综合管廊的连接处节点以及综合管廊十字或丁字交叉节点等。

1) 监控中心与综合管廊联络通道节点

综合管廊系统庞大而复杂,其中的各项附属设施及整体运营维护信息都需要监控中心进行收集、反馈并运算处理,可谓综合管廊系统的核心中枢所在。因此监控中心应紧邻综合管廊主线工程,两者间设立联络通道。该通道既是管廊内各种监控信号缆线和电力缆线的通道,也可供巡视和参观人员进出综合管廊时使用。

联络通道的设计应便于控制线缆与电力电缆的布置,通道的具体位置可根据综合管廊系统的路网走向灵活处理。联络通道的断面尺寸与进入监控中心的线缆数量、种类和楼梯尺寸有关,作为日常维护和参观的主要出入口,考虑双向通行,一般认为楼梯宽度宜大于1.5 m。此外考虑到防火分区的要求,综合管廊与联络通道之间应采用防火门与防火墙阻隔。

联络通道和综合管廊的交叉节点一般可分为上入式(图 3-21)和下入式(图 3-22)两种,根据管廊主体结构的埋深情况选择:若管廊主体结构埋深较深,则宜选择上入式,减小联络通道的断面开挖工程量并保证通道较短;若管廊主体结构埋深较浅,则宜选择下入式,保证综合管廊特殊段的最小覆土深度要求。为了保证管线与人员的正常通行,综合管廊在联络通道交叉节点一般会适当加宽。

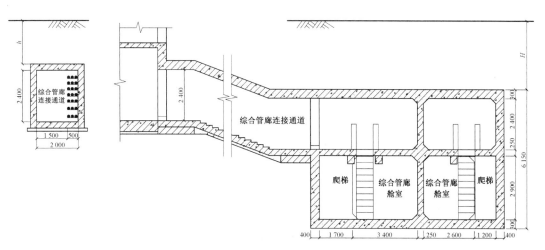

图 3-21　上入式联络通道断面示意图[3](单位:mm)

图片来源:范翔《城市综合管廊工程重要节点设计探讨》

图 3-21 和图 3-22 为南京浦口综合管廊的联络通道与主线管廊的交叉节点断面设计图[3],分别采用上入式与下入式两种。主线综合管廊的横断面均加宽 1.2~1.7 m。工作人员可通过楼梯进入主线管廊的上部夹层或下部夹层,再通过钢梯进入主舱室。

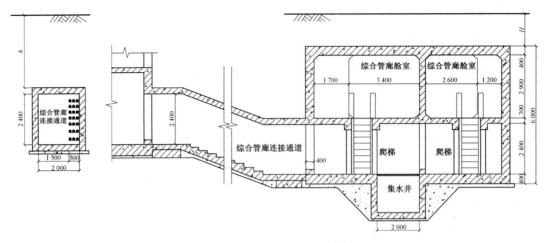

图 3-22　下入式联络通道断面示意图[3]（单位:mm）
图片来源:范翔《城市综合管廊工程重要节点设计探讨》

2)综合管廊与综合管廊的交叉节点

根据 2.5 节的路网规划可知,综合管廊系统的平面线型分为树枝状、环状和鱼骨状。无论选择哪种平面线型,作为一个成熟的、系统的综合管廊网络都会自然形成管廊间的交叉节点。对于交叉节点,最简单的处理方式是保持两条管廊内管线的独立,不做交叉连通。但是在现实生活中,这些交叉节点可能是干线与支线的节点,也可能是干线与干线的节点,必然存在交叉连通的管线,因此交叉节点的断面设计是无法避免的重点与难点。

综合管廊间交叉节点的形状是十字形或丁字形,断面形式一般以单舱—单舱交叉、双舱—双舱交叉和双舱—单舱交叉为主,主要设置在道路交叉口下方。其设计的主要理念基本一致:通过加宽、加高断面,设置管线夹层与楼梯、平台等完成管线之间的连接、转弯、避让,保障工作人员在各舱室之间的巡视通行,满足管线预留数量与安装敷设作业空间。在具体设计时,一般要注意以下几点[3]。

(1)节点处综合管廊加高、加宽的尺寸、管线夹层的大小需要根据管廊内管线的数量和规格决定,特别要注意缆线和管道的最小弯曲半径。节点处的管道布置需要考虑预留安装、焊接、阀门操作的空间,距离管廊内壁应保持至少 0.4 m 的净距,方便工作人员的维修和操作。

(2)节点处管廊内的管线多做上跨或下穿处理,管线通过上层或下层的夹层完成其通行、避让、引出或转向。同时为了便于维护管理,在管线较多或规模较大的管廊舱室内,应尽量保证工作人员可以在舱室内直接通行。无法保证直接通行时,应设置楼梯或爬梯满足通行需求。

(3)各个舱室之间不直接连通,若设置管线夹层,则必须考虑不同舱室间防火分区的完整性,并在夹层的合适位置设置与管廊同等级的防火门以作隔绝。

(4)由于交叉节点的设计是三维空间设计,除了采用二维图纸外,应尽可能采用三维建模的方法检查管线碰撞情况并优化设计方案(图 3-23)。

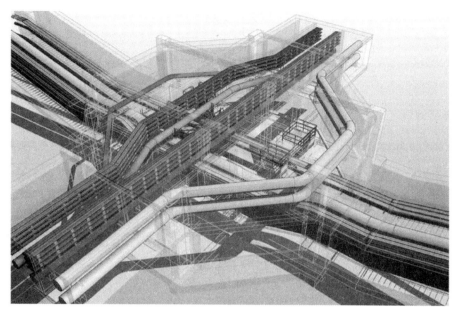

图 3-23　综合管廊交叉口三维设计效果图

图片来源:黄冈市住房和城乡建设信息网 http://www.hgjs.gov.cn/Info_1_3602.aspx

图 3-24 为南京浦口综合管廊的双舱—单舱交叉节点。单舱管廊内布置有 1 根 $DN300$ 的给水管、电力电缆及通信线缆。双舱管廊内的电舱布置有电力电缆,水信舱布置有 1 根 $DN300$ 的给水管、2 根 $DN600$ 的空调回水管和通信光缆[3]。

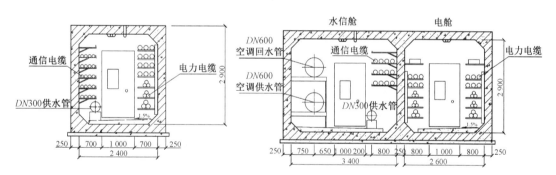

图 3-24　南京浦口综合管廊单舱和双舱标准断面示意图[3](单位:mm)

图片来源:范翔《城市综合管廊工程重要节点设计探讨》

双舱管廊内的电舱保持独立,人员可以直接在舱室内通过。水信舱与单舱相衔接,将水信舱加高 1.7 m,加宽 1.0 m,单舱内的电力电缆下穿至 3 m 高的管线夹层,通信光缆上穿越过双舱管廊。水信舱内空调回水管和给水管上跨预留出人员通道,并与单舱管廊相连通。其中管线夹层设置在标准断面之下,电力电缆通过下穿孔引入下层夹层中,并将电缆下穿孔与钢梯合建,管线夹层又作为单舱管廊的人行通道使用。由于不同舱室之间必须设置独立的防火分区,因此管线夹层处应设置防火门以保证各舱室防火分区的独立性和完整性,如图 3-25—图 3-27 所示。

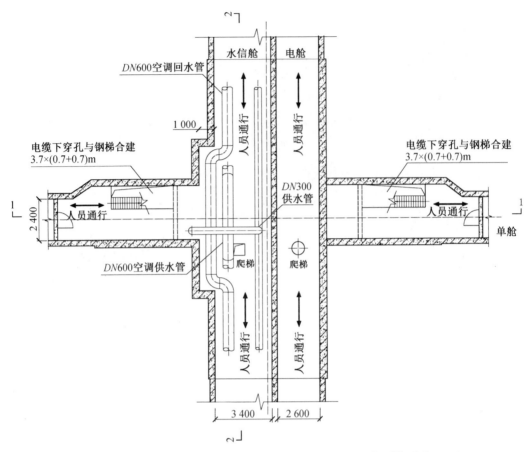

图 3-25　南京浦口综合管廊双舱—单舱十字交叉口平面示意图[3]（单位：mm）

图片来源：范翔《城市综合管廊工程重要节点设计探讨》

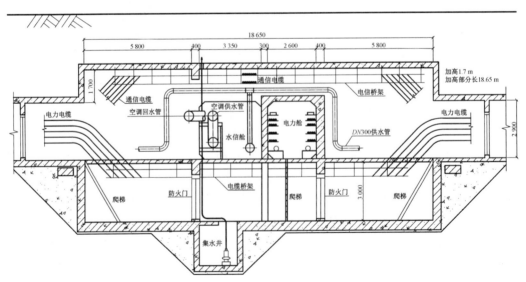

图 3-26　南京浦口综合管廊双舱—单舱十字交叉口 1—1 剖面图[3]（单位：mm）

图片来源：范翔《城市综合管廊工程重要节点设计探讨》

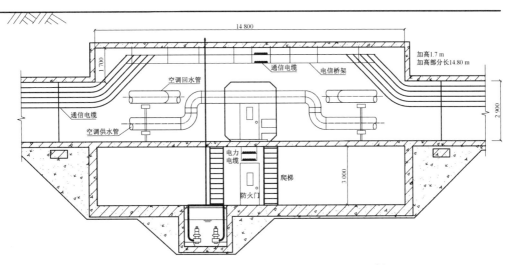

图 3-27 南京浦口综合管廊双舱—单舱十字交叉口 2—2 剖面图[3]（单位：mm）

图片来源：范翔《城市综合管廊工程重要节点设计探讨》

3.4.2 管线引出部位

综合管廊管线引出部位的作用是将管廊内的管线与管廊外的管线相互连接。其设置需要考虑交叉道路的管线接入或是相邻地块的支管连接，主要分布在道路路口下方，一般每隔 100～200 m 就要设置相应的管线分支口。设计的总体思路是将该处的综合管廊断面加宽、加高，使管线可以沿着上部或下部空间横向穿出管廊主舱室，避开管廊内的其他管线，引出部位的尺寸需要满足管线转弯半径的需要，且要满足工作人员的通行要求。

在实际设计时，一般采用直埋出线或支沟出线两种方式进行[4]。

1）直埋出线

直埋出线即在管线拟引出处加高加宽管廊断面，管线通过综合管廊侧壁直接与外部相连接，一般需要在管廊侧壁设置预埋式缆线分支口，如图 3-28 所示。这种方法的形式简单、投资少、施工周期短，但是在管线更换维修时还需进行开挖，影响道路交通，一般适用于现状道路改造并建设综合管廊时管线的引出。

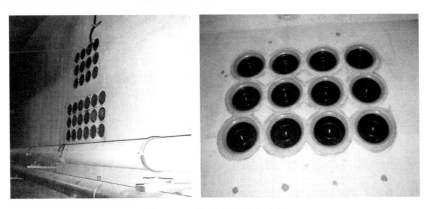

图 3-28 预埋式缆线分支口

图片来源：王恒栋，薛伟辰《综合管廊工程理论与实践》

图 3-29 是青岛华贯路综合管廊管线引出部位的断面设计图,在管廊侧壁设置有电力电缆、通信线缆的预埋式分支口,并设置供水管道的引出孔洞。

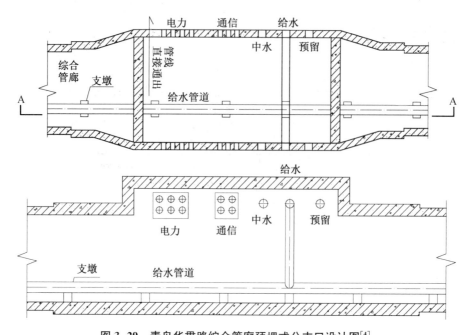

图 3-29　青岛华贯路综合管廊预埋式分支口设计图[4]

图片来源:于丹,连小英,李晓东等《青岛市华贯路综合管廊的设计要点》

2)支沟出线

支沟出线即在管廊交叉出线处分为上下两层,上层与综合管廊主舱直接连通,称为主沟,下层为支沟,在断面设计上类似于 3.4.1 节中的管廊交叉段,即加高加宽断面并设置管线夹层。支沟与主沟呈十字交叉,在上下两层之间的中隔板处设置管道预留洞,拟引出的管线通过预留洞引至下层支沟并通过其端墙与外部相连。这种方法的工程投资较高,施工周期长,但是一旦完工可以很好地解决管线引出或两条综合管廊交叉通过的问题,也为未来管线引出预留了空间,一般适用于综合管廊与新建道路一同建设。

图 3-30—图 3-34 是青岛华贯路某综合管廊管线引出部位的平断面设计图。该综合管廊位于道路的一侧,管线引出采用支沟出线模式。主沟中的拟引出管线下跃至支沟层,之后转向,一端直接进入道路边缘的竖井,另一端经由支沟延伸至道路另一侧的竖井中。管线进入竖井后向上提升,并连接至端墙上的预埋分支口引出综合管廊,与周边用户或直埋管线连接[4]。

图 3-30　青岛华贯路综合管廊管线引出部位平面位置图[4]

图片来源:于丹,连小英,李晓东等《青岛市华贯路综合管廊的设计要点》

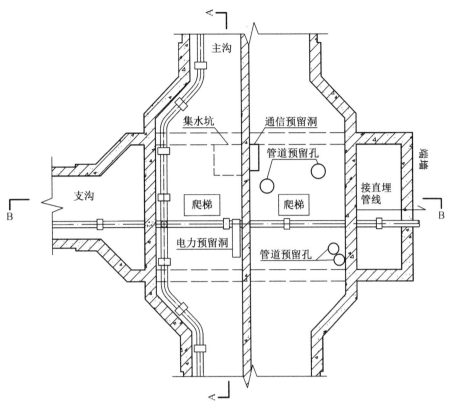

图 3-31 青岛华贯路综合管廊管线引出部位平面断面示意图[4]

图片来源:于丹,连小英,李晓东等《青岛市华贯路综合管廊的设计要点》

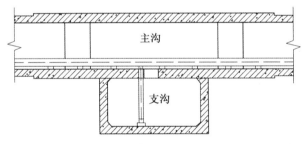

图 3-32 青岛华贯路综合管廊管线引出部位 A—A 断面示意图[4]

图片来源:于丹,连小英,李晓东等《青岛市华贯路综合管廊的设计要点》

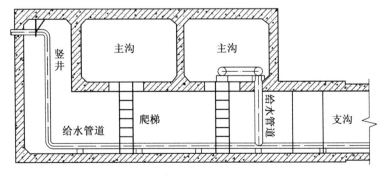

图 3-33 青岛华贯路综合管廊管线引出部位 B—B 断面示意图[4]

图片来源:于丹,连小英,李晓东等《青岛市华贯路综合管廊的设计要点》

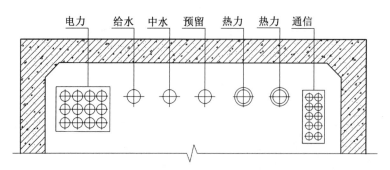

图 3-34 青岛华贯路综合管廊端墙部位放大图[4]

图片来源:于丹,连小英,李晓东等《青岛市华贯路综合管廊的设计要点》

3.4.3 通风口

综合管廊是城市地下隐蔽工程,长期埋设在地下会影响综合管廊内的空气质量。此外,管廊内的管线与管道设施可能会产生灰尘与废气,阴暗潮湿的环境还将滋生各种有害微生物,对管廊内工作人员的健康产生影响。在极端情况下,例如火灾发生时,如果没有通风口,浓烟基本无法自然排出管廊外,给扑救和后期维修带来巨大的困难。由此可见,综合管廊内需要设置通风设施与通风口,使室内外空气交换流通,保证管廊内部工作人员的健康。

通风口一般设置在中央绿化带,如果中央绿化带宽度不足,则可考虑设置在人行道上。由于强制通风口会产生噪音,因此仅可设置在绿化带上。通风口的设计与防火分区有密切联系,一般来说一个防火分区也是一个通风分区。根据《建筑设计防火规范》(GB 50016—2014)的规定:地下、半地下厂房建筑内每个防火分区的建筑面积不大于 500 m²。由于综合管廊内仅有工作人员定期检修,平日里没有人员通行,因此,根据《建筑设计防火规范》(GB 50016—2014)、《人民防空工程设计防火规范》(GB 50098—2009)、《民用建筑电气设计规范》(JGJ/T 16—2008)、《城市热力网设计规范》(CJJ 34—2002)的有关要求,综合管廊内每个防火分区的面积通常控制在 2 000 m² 左右。在设计时,一般以 200 m 为一个防火分区,并在分区内设计相应的通风口、材料投入口和人员出入口等设施,在防火分区两侧采用防火墙相隔,国内普遍采用的布置方式如图 3-35 所示。

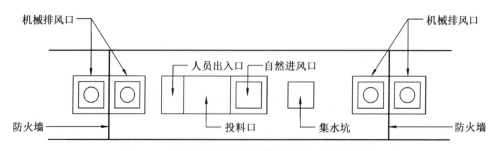

图 3-35 国内常用的防火(通风)分区布置示意图

图 3-36—图 3-39 是综合管廊某一完整防火(通风)区间的通风口、材料投入口、人员出入口和集水井的设计图。该综合管廊是双舱干线管廊,其中一舱室设置维修检修车。该防

———————

————

—————————————————————

——————

———————————————————

火(通风)区间长 200 m,设置 2 个机械排风口、1 个自然进风口、1 个人员出入口、2 个逃生孔和 1 个投料口。

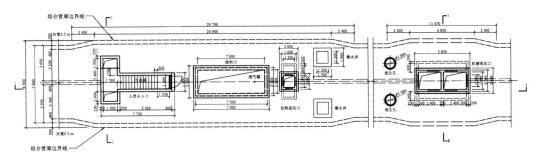

图 3-36 防火(通风)区间平面图(单位:mm)

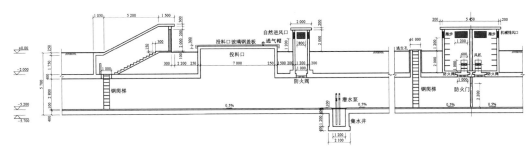

图 3-37 防火(通风)区间 1—1 剖面图(单位:mm)

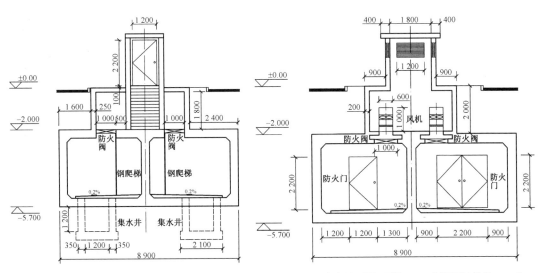

图 3-38 防火(通风)区间 2—2 剖面图(单位:mm)　　图 3-39 防火(通风)区间 3—3 剖面图(单位:mm)

根据我国《城市综合管廊工程技术规范》(GB 50838—2015)的要求,天然气管道舱和含有污水管道的舱室应采用机械进风、机械排风的通风方式,其余舱室宜采用自然进风与机械排风相结合的通风方式,通风系统以不跨越防火分区为设计原则。根据日本的相关设计,一般采取自然进风口和机械排风口以 200 m 左右的间距交替布置(图 3-40)。对此,国内的设计则一般是在每个防火分区的中部设置一个自然进风口,防火分区的两侧各设置一

—111

个机械排风口,且中部的自然进风口可结合人员出入口或投料口共同设计。

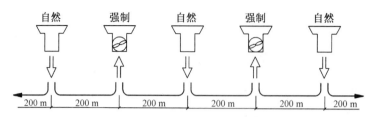

图3-40 日本常用通风口布置示意图

通风口分为地下通风道和地面通风口两个部分[5]。

(1)地下通风道一般为混凝土风道,可根据覆土情况从综合管廊的顶板或侧壁上开口,当覆土较小时,风道可以从侧壁开洞,以降低地上风口高度,满足地面景观的需求。需要注意的是,如果完全采用机械通风,进风口和排风口的间距一般需要大于20 m,否则排风口需要高出进风口6 m,以防出现风短路现象,影响通风效果。此外还需要注意,天然气舱室的排风口与其他舱室的排风口、进风口、人员出入口及周边建(构)筑物口部距离不应小于10 m,且不与其他舱室的任何孔口相连通,防止出现天然气在管廊其他舱室内聚集,造成危险。

(2)地面通风口一般设置在人行道市政设施带、道路两侧绿化带或道路中央绿化分隔带处(图3-41),其外风口的设计要尽量美观,以防影响景观。如果通风口设置在道路中央绿化带中,则需要谨慎设计出风口尺寸,防止影响来往车辆通行的视线。

图3-41 通风口设置

图片来源:学术交流资料

地面通风口主要有两种设计模式,即带有百叶窗的风亭和地表式通风口(图3-42和图3-43)。无论采用何种形式,通风口设计均需设置防止小动物进入的金属网格,网格净尺寸不应大于10 mm×10 mm。此外,还需防止雨水倒灌进入综合管廊,通风口百叶窗底部应高于所在地区防洪排涝水位以上500 mm,地表式通风口内应设置防水挡板或防淹门。

对于通风口的景观设计一般有两种方式,包括独立景观设计和隐藏式设计[6]。

(1)独立景观设计:适用于地面通风口较少的情况,可以将单个的通风口做成独立的主题景观,比如将风口与城市文化雕塑、广告牌、带百叶的座椅等结合设计,采用主题式设计掩盖对于地面景观的破坏(图3-44)。

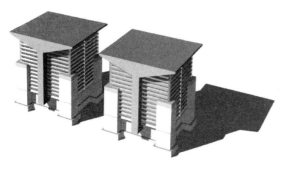

图 3-42 百叶窗风亭

图片来源:白银城区地下综合管廊试点项目总体方案

图 3-43 地表式通风口

图片来源:学术交流资料

(2) 隐藏式设计:在设计时尽量将通风口布置在道路的分隔绿化带或者道路绿化带内,通过一些绿色灌木进行遮挡,也可以采用种植攀爬类植物的方式,给通风口外立面形成立体、绿色的视觉效果(图 3-45)。

图 3-44 通风口景观设计

图片来源:上海市政工程设计研究总院

图 3-45 通风口隐藏式设计

图片来源:上海市政工程设计研究总院

通风口的尺寸设计需满足排风设备进出的最小尺寸要求,其净尺寸大小由通风区段的长度、管廊内部空间、风速、空气交换时间等综合决定。每个风口处(无论自然或机械风口)均需设置电动防烟防火调节阀,平时常开,在火灾情况下可适时关闭或开启。关于通风系统的设计要求和介绍可参见 3.6.2 节。

以下部分将大致介绍 3 个通风口的设计案例,包括干线、支线综合管廊和综合电缆沟,以供读者参考。

(1) 图 3-46 是厦门环东海域美山路综合管廊的通风口断面设计图。该管廊为双舱设计,采用自然进风与机械排风相结合的通风方式,每个通风口的间距约为 200 m。通风口位于人行道下方,为了节省风亭占用的地面空间而在管廊顶部设置 5.4 m×3.2 m×1.9 m 的公用通风间,在通风间与两个舱室之间分别预留了 600 mm×600 mm 的通风洞,并设置风机。地下公用通风间与地面风亭采用竖井连接,风亭高 1.3 m,设置在绿化带中,顶部采用内启式玻璃钢通风罩,侧面采用防雨百叶窗[7]。

(2) 图 3-47—图 3-49 为济南市奥体中心综合管廊的通风口断面设计图[8]。该管廊为

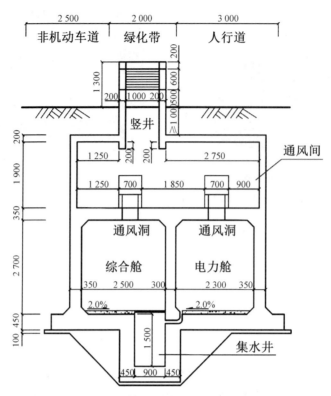

图 3-46　厦门环东海域美山路综合管廊的通风口断面设计图[7]（单位：mm）

图片来源：陈自强《厦门环东海域美山路综合管廊设计要点分析》

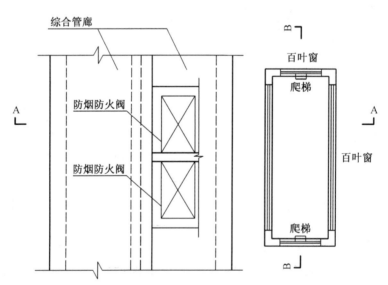

图 3-47　济南市奥体中心综合管廊通风口平面图[8]

图片来源：王胜华，伊笑娴，邵玉振《浅谈城市综合管沟设计方法》

双舱设计，为了保证结构的安全，两舱室的通风口错开设计，该处仅为电信舱的通风口断面示意图。地面风亭与管廊电信舱间设置有爬梯可供紧急情况下的逃生使用。

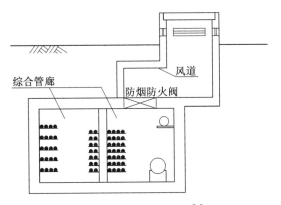

图 3-48　A—A 剖面图[8]

图片来源:王胜华,伊笑娴,邵玉振《浅谈城市综合管沟设计方法》

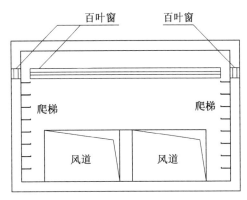

图 3-49　B—B 剖面图[8]

图片来源:王胜华,伊笑娴,邵玉振《浅谈城市综合管沟设计方法》

（3）图 3-50 是缆线综合管廊的通风系统设计示意图[9]。缆线综合管廊的设计标准中对于通风问题没有明确的要求,现有电缆沟的通风主要通过电缆沟检查井盖板预留通气孔来实现。但是盖板通气孔会导致雨水进入廊内并造成积水,特别是在我国南方地区,夏天天气炎热,管廊内的污水蒸发产生蒸汽或其他有害气体,造成廊内温度居高不下,加剧电缆本体老化,容易引发电缆故障。此外,这些有害

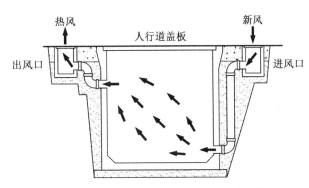

图 3-50　缆线综合管廊通风系统设计图[9]

图片来源:柴琳,胡冉,李思尧等《电缆沟综合治理技术探究》

气体对进入管廊的工作人员将造成健康危害。因此,如今也有此类缆线综合管廊的通风口设计方式,利用空气流通原理,在管廊侧壁安装通气管道,使廊内积水产生的热气及有害气体能够及时排除,降低管廊内的温度和湿度。

3.4.4　材料投入口

材料投入口的主要作用是满足管线和配件进出管廊,应在每个防火分区内分别设置（图 3-51）。为了减少管材和设备的搬运距离,材料投入口应尽量设置在防火分区的中部,

图 3-51　材料投入口的形式

图片来源:白银城区地下综合管廊试点项目总体方案

相邻投入口的最大间距不宜超过 400 m,在实际案例中以 200 m 居多。对于两个及以上舱室的综合管廊来说,材料投入口需错开设置,不能布置在同一变形缝的区间内,以免影响结构的整体性能。

材料投入口通常有两种布置方式[8]:如果管廊位于绿化带或人行道下方,可以直接在综合管廊的顶板上开孔布置,并将其兼作自然进风口和简易的人员出入口(图 3-52);如果综合管廊位于机动车道下方,则需从管廊的侧面开口,并引至道路外的绿化带内,以免妨碍交通(图 3-53)。

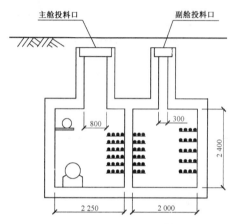

图 3-52　材料投入口布置形式 1[8] (单位:mm)

图片来源:王胜华,伊笑娴,邵玉振《浅谈城市
综合管沟设计方法》

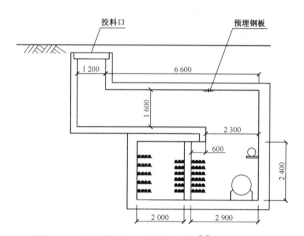

图 3-53　材料投入口布置形式 2[8] (单位:mm)

图片来源:王胜华,伊笑娴,邵玉振《浅谈城市综合
管沟设计方法》

材料投入口的净尺寸应满足管线、设备和人员进出的最小允许限界要求,净尺寸的设计取决于管廊内敷设的最大硬性管道的管径与管长(我国硬性管道的单节管长一般取为6 m)、电力电缆的转弯半径以及其他需要进入管廊的维修检修设备(例如检修车等)。国内的设计标准对净尺寸没有做出明确的规定,可以参考日本的设计要求,针对不同管径和单节管长分别有如下净尺寸要求(图 3-54 和表 3-12)。

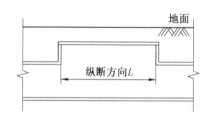

图 3-54　材料投入口净尺寸设计示意图

表 3-12　　　　　　　　　　材料投入口尺寸与最大硬性管道的关系　　　　　　　　　单位:mm

管径	单节管长	纵断方向 L	宽度	管径	单节管长	纵断方向 L	宽度
900	直管 6 000	7 500	2 200	1 500	直管 4 000	5 000	2 850
1 100	直管 6 000	7 500	2 400	1 800	直管 4 000	5 500	3 100
1 350	直管 4 000	5 000	2 650	2 000	直管 4 000	5 500	3 350

材料投入口处吊装管材的方式主要有两种,即水平吊装(图 3-55)和垂直吊装(图 3-56)。根据我国台湾地区的相关规定,材料投入口的净尺寸需要满足长为 6 m 的单节管道以水平吊装进入管廊内,如外界条件限制则需采用垂直吊装的方式进入。因此,若以水平吊装的方式设计,投入口净尺寸的长度应为搬入最长管材的长度 $L+1.0$ m,宽度应为最大管材外径$+0.6$ m。当材料投入口非常深时,需要对管材吊装方法进行分析再决定设计方案。

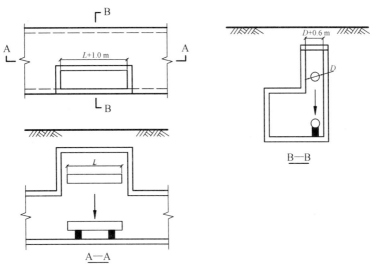

图 3-55　水平吊装管材示意图

图片来源:日本国土交通省中部地方整备局共同沟设计要求

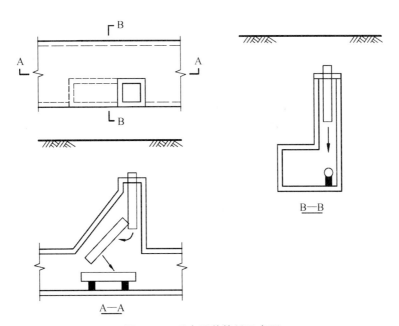

图 3-56　垂直吊装管材示意图

图片来源:日本国土交通省中部地方整备局共同沟设计要求

此外,为了方便管材和设备的运输,材料投入口处的管廊断面可适当加宽处理。为了节省空间,投入口应尽量与人员出入口进行功能整合,设置爬梯,便于维护人员进出。

3.4.5 人员出入口

综合管廊的人员出入口主要分为两种:①供工作人员进入管廊维修检查的普通进出口(图3-57(a));②在紧急情况下使用的逃生孔(图3-57(b))。

(a) 普通进出口   (b) 人员逃生口

图3-57 综合管廊人员出入口

图片来源:网络 http://www.anhuinews.com/zhuyeguanli/   图片来源:网络 www.ahjinzhai.gov.cn
system/2013/06/28/005818395.shtml

1)人员进出口

根据我国《城市综合管廊工程技术规范》(GB 50838—2015),干线和支线综合管廊必须设置人员进出通道且不应少于2个,一般每隔50 m需布置一个。在实际设计中一般将人员进出通道与逃生孔、材料投入口、进风口等共同设计,可以适当扩大此断面的尺寸以满足钢梯或钢爬梯的安排。图3-58为日本某综合管廊的设计,自然进风口与普通进出口相结合,采用地表式通风口,地面采用金属栅格保证自然通风。人员可通过地表先由爬梯进入通道内,再使用楼梯进入综合管廊的通风舱室。

设计时需注意,普通进出口也应满足紧急情况下的逃生口功能,同时又可兼作自然通风口。一般来说其净高设计最小为2.20 m,宽度为1.50 m以上,每隔800~1 000 m设置一处,位于人行道上或绿带上,并考虑防止危险物质的侵入及火灾、防爆的设备,必要时还应加设格栅网。图3-59为延安新区某综合管廊的普通进出口,在设计中除了满足一定的技术要求,还考虑了与当地环境和文化相融合。

2)逃生孔

根据我国《城市综合管廊工程技术规范》(GB 50838—2015)规定,综合管廊逃生孔的设置间距与管廊舱室的敷设管线有关。

(1)敷设电力电缆的舱室,逃生口间距不宜大于200 m。

(2)敷设天然气管道的舱室,逃生口间距不宜大于200 m。

(3)敷设热力管道的舱室,逃生口间距不应大于400 m。考虑到采用蒸汽介质的热力管道发生事故时对人的危险性较大,逃生口间距不应大于100 m。

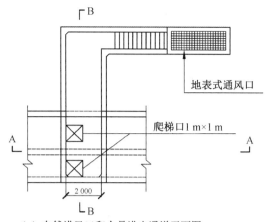

（a）自然进风口和人员进出通道平面图

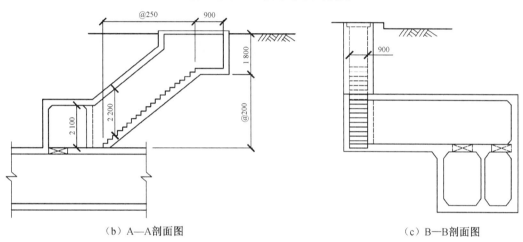

（b）A—A剖面图　　　　　　　　　（c）B—B剖面图

图 3-58　自然进风口和人员进出通道结合设置示意图（单位：mm）

图片来源：日本国土交通省中部地方整备局共同沟设计要求

图 3-59　延安新区综合管廊人员出入口

图片来源：延安新区管理委员会 http://xq. yanan. gov. cn/index. htm

图 3-60　圆形逃生孔

（4）敷设其他管线的舱室，逃生口间距不宜大于400 m。

由于每个防火分区内都要设置人员逃生孔，因此除了特殊情况外（敷设蒸汽介质的热力管道舱室）逃生口间距一般不大于200 m。为了满足消防人员携带装备入廊救援的目的，逃生孔净尺寸不应小于1 m×1 m，当为圆形时，内径不小于1 m（图 3-60）。

人员出入口可采用钢梯或钢爬梯满足人员上下通行的需求，对其设计一般需要根据综合管廊的实际情况决定。图 3-61为日本某综合管廊内的楼梯和钢爬梯，均采用不锈钢材质，楼梯坡度较大以减小占地空间。

图 3-61　人员出入口的楼梯及钢爬梯

3.5　结构防水设计

3.5.1　防水设计概述

3.5.1.1　防水设计的重要性

虽然综合管廊相对于公路隧道和地铁隧道而言埋深较浅，结构断面较小，施工工法较为成熟，但是其防水的重要性却有增无减。综合管廊结构的渗水会引起钢筋锈蚀、混凝土碳化，导致结构的耐久性降低、管线受到腐蚀，特别是对于电力电缆等缆线而言带来巨大的安全隐患。

3.5.1.2　防水设计的原则

综合管廊的防水设计和施工应遵循"防、排、截、堵相结合，刚柔相济，因地制宜，综合治理"的原则，同时也要注意"以防为主"和"多道设防"的基本方针。

综合管廊结构根据施工方式的不同有现浇式、预制装配式和非开挖式三种，总体而言，其防水体系主要分结构自防水、结构附加防水层和管廊细部构造防水三个方面。

（1）无论哪个防水等级，综合管廊的混凝土结构自防水都是整个防水体系的根本保障和根本防线，结构自防水是抗渗漏的关键所在。在设计与施工中应明确地下结构防水混凝土自防水性能的相关因素，严格遵守施工设计的规范，改善并提高混凝土自身的抗渗能力。

（2）为了防止防水混凝土的毛细孔洞和裂缝渗水，进一步保证防水的可靠性，在设计中应考虑在结构混凝土迎水面上设置附加的复合型防水层。相对于结构自防水这种刚性防水措施，附加的防水层应该采用柔性材料，比如卷材和涂料防水层。

（3）综合管廊防水的难点在于细部构造的防水，包括变形缝、施工缝、后浇带、穿墙管（盒）、预埋件、穿模板对拉螺栓等部位。对于预制装配式或者采用盾构法施工的管廊，管段之间或管片之间的接缝也是防水设计的难点和重点。如果不能处理好这些细部，那么必将造成渗漏的现象。地下工程的防水有所谓"十缝九漏"之说，因此无论是现浇式、预制装配式或非开挖式的结构，工程师都必须给予足够的重视。

总体而言，由于综合管廊全部埋设于地下，因此要紧密结合管廊所处区域的工程地质和水文地质条件，针对管廊的埋深采取对应的措施。此外作为一个系统工程，综合管廊的防水设计应该将结构设计、土建施工、通风与给排水等附属工程等相结合，综合考虑并提出相应的方案。

3.5.1.3　防水等级与设防要求

根据我国《地下工程防水技术规范》（GB 50108—2008），地下工程的防水等级共4级，各等级的防水标准如表3-13所示。

表3-13　地下工程防水标准

防水等级	防水标准
一级	不允许渗水，结构表面无湿渍
二级	不允许漏水，结构表面可有少量湿渍； 工业与民用建筑：总湿渍面积不应大于总防水面积（包括顶板、墙面、地面）的1/1 000；任意100 m²防水面积上的湿渍不超过1处，单个湿渍的最大面积不大于0.1 m²； 其他地下工程：总湿渍面积不应大于总防水面积的2/1 000；任意100 m²防水面积上的湿渍不超过3处，单个湿渍的最大面积不大于0.2 m²；其中，隧道工程还要求平均渗水量不大于0.05/(m²·d)，任意100 m²防水面积上的渗水量不大于0.15 L/(m²·d)
三级	有少量漏水点，不得有线流和漏泥砂； 任意100 m²防水面积上的漏水点数不超过7处，单个漏水点的最大漏水量不大于2.5 L/d，单个湿渍的最大面积不大于0.3 m²
四级	有漏水点，不得有线流和漏泥砂； 整个工程平均漏水量不大于2 L/(m²·d)，任意100 m²防水面积的平均漏水量不大于4 L/(m²·d)

根据我国《城市综合管廊工程技术规范》（GB 50838—2015）的要求，综合管廊防水等级标准应为二级。当综合管廊内敷设有高压电缆、弱电线缆时，为了防止潮湿的管廊环境引起缆线连接件的锈蚀和高压电缆打火现象，应将防水等级提高为一级。综合管廊结构构件的裂缝控制等级为三级，最大裂缝宽度限制应≤0.2 mm，且不得贯通。

对于防水等级为一级或二级的综合管廊结构，根据我国《地下工程防水技术规范》

（GB 50108—2008）的标准,需达到表 3-14 和表 3-15 所示的设防要求（仅列出一级和二级标准的要求）。

表 3-14　明挖法综合管廊防水设防要求

工程部位	主体结构							施工缝						后浇带					变形缝					
防水措施	防水混凝土	防水卷材	防水涂料	塑料防水板	膨润土防水材料	防水砂浆	金属防水板	遇水膨胀止水条(胶)	外贴式止水带	中埋式止水带	外抹防水砂浆	外涂防水涂料	水泥基渗透结晶型防水涂料	补偿收缩混凝土	外贴式止水带	预埋注浆管	遇水膨胀止水条(胶)	防水密封材料	中埋式止水带	外贴式止水带	可卸式止水带	防水密封材料	外贴防水卷材	外涂防水涂料
防水等级 一级	应选	应选一至两种						应选两种						应选	应选两种				应选	应选一至两种				
防水等级 二级	应选	应选一种						应选一至两种						应选	应选一至两种				应选	应选一至两种				

表 3-15　暗挖法综合管廊防水设防要求

工程部位	衬砌结构						内衬砌施工缝						内衬砌变形缝				
防水措施	防水混凝土	塑料防水板	防水砂浆	防水涂料	防水卷材	金属防水层	外贴式止水带	预埋注浆管	遇水膨胀止水带(胶)	防水密封材料	中埋式止水带	水泥基渗透结晶型防水涂料	外贴式止水带	可卸式止水带	防水密封材料	外贴防水卷材	遇水膨胀止水条(胶)
防水等级 一级	必选	应选一至两种					应选一至两种					应选	应选一至两种				
防水等级 二级	应选	应选一种					应选一种					应选	应选一种				

3.5.2　结构自防水

结构自防水是指采用防水混凝土浇筑结构主体,是管廊防水设计的核心,无论选择何种施工方式,结构自防水都是最重要的防水保障。防水混凝土通过调整配合比,掺加外加剂、掺合料,配合高质量的施工工艺,抑制并减少混凝土内部产生大量孔隙或改变孔隙的内部特征,以此提高自身密实度,截断渗水通道,以达到较高的抗渗等级。

根据我国《城市综合管廊工程技术规范》（GB 50838—2015）的规定,综合管廊主体结构采用的防水混凝土抗渗等级不得小于 P6 级,根据综合管廊的埋深调整相应的抗渗等级,一般可如表 3-16 所示。施工配合比需要通过试验确定,且试配混凝土的抗渗等级应比设计要求提高 0.2 MPa。为了保证管廊结构的安全,其混凝土的强度等级不应低于C30,对于预应力混凝土结构的混凝土强度等级不应低于C40。

表 3-16 防水混凝土设计抗渗等级

管廊埋置深度 H/m	设计抗渗等级	管廊埋置深度 H/m	设计抗渗等级
$H<10$	P6	$20 \leqslant H<30$	P10
$10 \leqslant H<20$	P8	$H \geqslant 30$	P12

防水混凝土的主要配料有水泥、粉煤灰等矿物掺合料、砂、石子、水、外加剂等。为了控制混凝土的缝隙,提高密实度,工程上一般采用适当增加水泥用量,加大砂率并调整灰砂比,控制水胶比,采用小粒径石子等办法。根据我国《地下工程防水技术规范》(GB 50108—2008),防水混凝土的材料应满足如下要求。

1)以水泥为主的胶凝材料

防水混凝土的胶凝材料一般采用水泥、粉煤灰、矿渣粉和硅粉等,以此提高混凝土的耐久性、抗渗性、抗化学侵蚀性、抗裂性等技术性能,降低成本,其综合作用可以使混凝土充分水化。水泥一般采用硅酸盐水泥,在试验确定配合比的条件下也可以使用火山硅酸盐水泥、矿渣硅酸盐和粉煤灰硅酸盐水泥,但是由于其内部掺有大量矿物掺合料,容易影响水泥的性能稳定,因此近年来地下工程较少使用。其他胶凝材料的使用均需满足国家规范要求,比如粉煤灰级别不应低于Ⅱ级,烧失量不应大于 5%,用量宜为胶凝材料总量的 20%~30%;硅粉比表面积应大于等于 15 000,二氧化硅含量大于 85%,用量宜为胶凝材料总量的 2%~5%。

为了保证良好的性能与强度,水泥用量不应小于 260 kg/m³,胶凝材料的总量不宜小于 320 kg/m³。为了保证水泥仍是主要胶凝材料,水胶比(水与胶凝材料之比)不得大于 0.50,在有侵蚀介质时不宜大于 0.45。

2)砂、石为主的骨料

混凝土沉降缝隙与骨料密切相关,一般采用最大粒径不大于 40 mm 的粒型良好、坚固的石子,吸水率不大于 1.5%,泵送时最大粒径不大于输送管径的 1/4。骨料中的砂优先选用中砂,砂率宜为 35%~40%,泵送时可增加至 45%,灰砂比宜为 1∶1.5~1∶2.5。为了防止氯离子对混凝土和钢筋造成破坏,切不可采用海砂。此外需要控制好砂、石的含泥量,防止黏土降低水泥与骨料的黏结力,对混凝土造成破坏。

3)外加剂

外加剂可以改善混凝土的和易性,提高密实性和抗渗性,一般可以添加减水剂、膨胀剂、防水剂、密实剂、引气剂、复合型外加剂以及水泥基渗透结晶型材料等。需要注意的是,使用引气剂时,混凝土含气量应控制在 3%~5%;使用减水剂时需要配置成一定浓度的溶液;加入膨胀剂后混凝土搅拌时间应比普通混凝土延长 30~60 s。其他外加剂的使用用量及相关注意事项均可查阅我国《混凝土外加剂应用技术规范》(GB 50119—2013)。

4)合成纤维或钢纤维[10-11]

为了提高防水混凝土的抗裂性,一般可以添加合成纤维或钢纤维,有效抑制混凝土早期干缩微裂及离析裂纹的产生和发展,极大地减少混凝土的收缩裂缝,尤其是有效地抑制了连通裂缝的产生。工程上多使用聚丙烯纤维或者采用钢纤维配合膨胀剂一同使用,特别是钢纤维和膨胀剂的联合使用,可以避免混凝土中的微裂缝出现或扩展,在混凝土适度膨胀的同时,内部钢纤维又限制了其膨胀,提高了混凝土的密实度,大大提升了抗裂性能和防水性能。

防水混凝土的性能除了与原料配置有关外,还与其本身混凝土结构厚度有关。为了增加地下水渗透距离,即阻水界面,一般要求主体结构厚度不小于 250 mm,迎水面钢筋保护层厚度不小于 50 mm。对于底板的混凝土垫层,强度等级不应小于 C15,且厚度不应小于 100 mm,在软弱土层中不应小于 150 mm。

为了减少防水混凝土的施工孔隙,在进行浇筑时需要注意以下几点。

(1) 采用明挖现浇式施工的综合管廊,在防水混凝土施工时需要做好基坑排水工作,不得在有积水的环境中浇筑,否则将会增大坍落度,延长凝结时间,影响其结构的防水性能。

(2) 防水混凝土采用预拌混凝土时,入泵坍落度宜控制在 120~160 mm,坍落度每小时损失值不应大于 20 mm,总损失值不应大于 40 mm,初凝时间宜为 6~8 h。拌合物应采用机械搅拌,时间不宜小于 2 min,且有外加剂时应参照相关技术要求调整搅拌时长。

(3) 综合管廊主体结构的模板应拼缝严密、支撑牢固,模板固定一般不宜采用螺栓或铁丝贯穿混凝土墙,结构内部设置的各种钢筋或绑扎铁丝不能接触模板。

(4) 综合管廊主体结构的浇筑应分层连续进行,应少留施工缝,分层厚度不得大于 500 mm。采用机械振捣,避免漏振、欠振或超振。

(5) 主体结构浇筑完成后应立即进行养护,养护时间不少于 14 d,采用标准养护。若在冬季施工,应保证混凝土入模温度不低于 5℃,且采用相应保湿保温和养护措施。

(6) 关于主体结构施工缝的设置位置,浇筑方式和防水构造可参见 3.5.4.2 节。

3.5.3 结构附加防水层

3.5.3.1 明挖式综合管廊

明挖式综合管廊除了结构自防水外还应当选择两道柔性全包防水层作为附加的防水措施。目前工程上较为普遍的做法是在管廊主体结构完成后,在迎水面涂刷涂料防水层并粘贴防水卷材,然后设置隔离层和保护层,再进行回填土(图 3-62)。涂料防水层可以有效黏结基层和卷材,封闭基层的毛孔和裂缝。当结构发生变形时,涂料防水层会吸收开裂应力,保护卷材防水层不被轻易拉裂,提高防水可靠性。

1) 涂料防水层

防水涂料分为无机涂料和有机涂料两种:①无机防水涂料宜用于结构主体的背水面,主要是水泥无机活性涂料,比如水泥基渗透结晶型涂料等;②有机防水涂料宜用于综合管廊主体结构的迎水面,主要包含反应型、水乳型和聚合物水泥等涂料。

综合管廊主体结构的附加防水层一般设置在结构的迎水面上,因此常采用有机防水涂料,比如合成高分子类涂料(包括聚氨酯涂料和 SPUA 喷涂聚脲涂料)和沥青类涂料(包括溶剂型橡胶沥青涂料和喷立凝橡胶防水沥青涂料)。防水涂料可以与基层满粘,但是抗拉能力较弱,考虑到管廊底板基础的变形及沉降,一般将防水涂料设置在管廊的侧墙及顶板,底板不常采用涂料防水[12]。

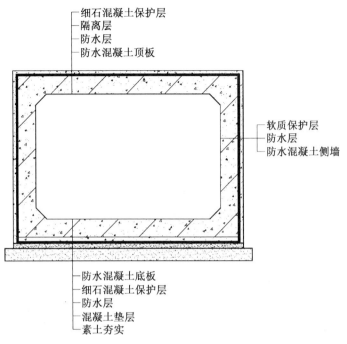

图 3-62　明挖式综合管廊防水层

表 3-17　　　　　　　　　　综合管廊主体结构防水涂膜推荐表[12]

部位	设计材料	产品标准	施工方式	备注
管廊侧墙	2 mm 聚氨酯涂料	GB/T 19250—2013 I 型	喷涂或手工刮涂	耐水性优异,液体卷材
	2 mm SPUA 聚脲涂料	GB/T 23445—2009 II 型	专用机器喷涂	瞬间固化,强度高 非常适合异性面
	2 mm 喷立凝涂料	JC/T 2317—2015	专用机器喷涂	快速固化 超强的延伸性
管廊顶板	2 mm 聚氨酯涂料	GB/T 19250—2013 I 型	喷涂或手工刮涂	耐水性优异,液体卷材
	2 mm SPUA 聚脲涂料	GB/T 23445—2009 II 型	专用机器喷涂	瞬间固化,强庋高 非常适合异性面
	2 mm 喷立凝涂料	JC/T 2317—2015	专用机器喷涂	快速固化 超强的延伸性

表格来源:周子鹄《城市综合管廊防水设计与选材探讨》

　　根据我国《地下工程防水技术规范》(GB 50108—2008)的规定,复合设防时有机防水涂料的厚度不得小于 1.2 mm 且不大于 2.0 mm。综合管廊的阴阳角处较难涂料,因此需要在这些部位增强材料,增加涂刷遍数,确保达到足够的防水效果。采用有机涂料时,基层阴阳角应为圆弧状,阴角直径大于 50 mm,阳角直径大于 10 mm(图 3-63)。如果管廊底板也采用防水涂料,则需要防止后续施工损坏涂层,应在底板转角处增加胎体增强材料,并增涂防水涂料。

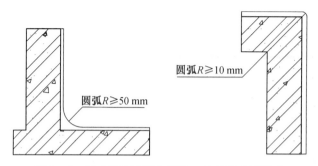

图 3-63 综合管廊阴阳角处防水涂料的涂刷要求
图片来源：《地下工程防水技术规范》(GB 50108—2008)

防水涂料宜涂刷在补偿收缩水泥砂浆找平层上，找平层应保证一定的平整度且基面必须保证基本干燥，没有气孔、凹凸不平、蜂窝麻面等缺陷，以提高防水可靠性。涂料施工时的最佳气温为 10℃～30℃，严禁在 5 级以上大风、雨天、雾天等情况下施工。防水涂料层的涂刷应分层进行，涂层应均匀，接槎宽度不小于 100 mm(图 3-64)。由于综合管廊主体结构施工工序较多，人员走动穿插频繁，为了保护防水涂料层，应设置保护层。

（1）底板、顶板保护层应采用 20 mm 厚 1∶2.5 的水泥砂浆层和 40～50 mm 厚的细石混凝土，在防水层与保护层之间设置隔离层。

（2）侧墙迎水面保护层宜选用软质保护材料或 20 mm 厚 1∶2.5 的水泥砂浆。

（3）侧墙背水面保护层应采用 20 mm 厚 1∶2.5 的水泥砂浆。

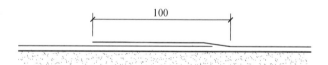

图 3-64 防水涂料接槎宽度要求(单位:mm)
图片来源：《地下工程防水技术规范》(GB 50108—2008)

防水涂料施工的工艺流程主要有：防水材料准备→清理基层并找平→喷涂基层处理剂和底层涂料→在相应位置铺设胎体增强材料→防水涂料施工→设置隔离层和保护层。采用防水涂料的综合管廊防水构造如图 3-65 所示。

2）防水卷材

卷材防水层适用于经常处于地下水环境且受侵蚀介质作用或振动作用的综合管廊工程。卷材一般铺设在迎水面且需要外包成一个封闭的防水层，与涂料防水层联合组成结构附加防水层。

综合管廊防水卷材可采用合成高分子防水卷材或高聚物改性沥青防水卷材两大类，表3-18 为某些工程中推荐采用的防水卷材及相关设计要求。对于不同防水级别作出相应的厚度要求，如表 3-19 所示。防水卷材的设计与性质应满足我国《地下工程防水技术规范》(GB 50108—2008)和其他相关规范的要求。

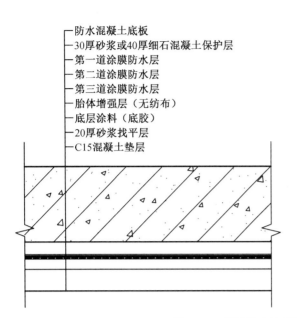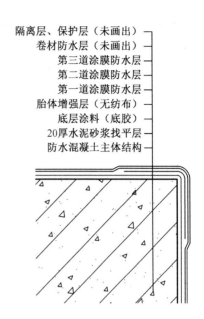

图 3-65　采用防水涂料的管廊防水构造

表 3-18　　　　　　综合管廊主体结构防水卷材推荐表

部位	设计材料	产品标准	施工方式	备注
管廊底	4 mm SBS 改性沥青卷材	GB 18242—2008	热熔空铺	盐碱地区用 RSA 耐盐碱卷材
	3 mm 自粘聚合物改性沥青卷材	GB 23441—2009 PY 类	冷自粘	
	1.5 mm 高分子 HDPE 自粘胶膜	GB/T 3457—2009 P 类	预铺反粘	
管廊侧墙	3 mm 自粘聚合物改性沥青卷材	GB 23441—2009 PY 类	冷自粘	潮湿时采用湿铺法
	1.5 mm 高分子 HDPE 自粘胶膜	GB/T 3457—2009 P 类	预铺反粘	开挖空间受限时优先推荐
管廊顶板	3 mm 自粘聚合物改性沥青卷材	GB 23441—2009 PY 类	冷自粘	潮湿时采用湿铺法
	4 mm SBS 改性沥青卷材＋2 mm 非固化橡胶沥青	GB 18242—2008	热粘法	与非固化热粘施工优先

表 3-19　　　　　　防水卷材厚度表

防水等级	设防道数	合成高分子防水卷材	高聚物改性沥青防水卷材
1 级	三道或三道以上设防	单层:不应小于 1.5 mm 双层:每层不应小于 1.2 mm	单层:不应小于 4 mm 双层:每层不应小于 3 mm
2 级	二道设防		
3 级	二道设防	不应小于 1.5 mm	不应小于 4 mm
	复合设防	不应小于 1.2 mm	不应小于 3 mm

综合管廊主体结构的阴阳角需做成圆弧状或 45°坡角,且一般与防水涂料一同形成复合附加防水层。在结构的特殊部位,比如阴阳角、变形缝、施工缝等位置需要增贴1～2层的

卷材加强层,加强层的宽度宜为300~500 mm。大面积铺设防水卷材宜根据不同材料分别选用热熔法或冷粘法进行,且要根据我国《地下工程防水技术规范》(GB 50108—2008)和实际工程进行多层铺设,增强防水效果。防水卷材铺设完成后需要设置保护层,防止回填土施工损伤卷材防水层。

(1)顶板采用细石混凝土保护层,采用机械碾压回填土时保护层厚度不宜小于70 mm,采用人工回填土时保护层厚度不宜小于50 mm。为了防止保护层收缩破坏卷材及涂料防水层,还需要在防水层与保护层间铺设隔离层,比如采用干铺油毡法。

(2)底板采用细石混凝土保护层,厚度不应小于50 mm。

(3)侧墙宜采用软质保护层,比如沥青基防水保护板、塑料排水板或聚苯乙烯泡沫板等,也可以铺抹20 mm厚1:2.5水泥砂浆层作为保护层使用。

防水卷材施工的工艺流程主要有:清理基层并找平→涂刷基层处理剂→在相应位置铺设防水卷材加强层→定位并大面积铺贴防水卷材→防水层收头并密封→防水层检查验收→施工隔离层和保护层。

3)工程应用

(1)北京中关村西区综合管廊

北京中关村西区综合管廊的防水等级为一级,主体结构附加防水层采用2 mm厚自粘聚合物改性沥青防水卷材(无胎体)和2 mm厚聚氨酯防水涂料的复合防水层设计。图3-66、图3-67和图3-68是平立面接口、阴阳角和施工缝的防水构造设计[13]。

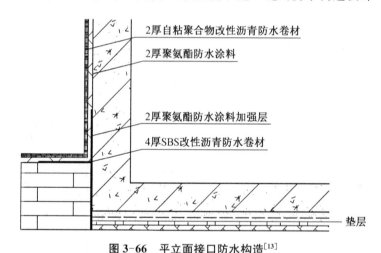

图3-66 平立面接口防水构造[13]

图片来源:王天星,王鹏程《北京中关村西区地下综合管廊防水施工技术探讨》

(2)贵州六盘水某综合管廊

贵州六盘水某综合管廊,结构底板(图3-69)和侧墙(图3-70)的附加防水层采用1.2 mm厚高分子自粘胶膜防水卷材(非沥青基)的预铺反粘技术。粘接时,混凝土中未初凝的水泥浆在压力作用下通过蠕变渗过高分子自粘胶膜卷材表面防粘层,两者进行互穿粘接,使附加防水层与主体结构有效融合。顶板(图3-71)采用2 mm厚白色聚氨酯防水涂料和1.5 mm厚交叉层压膜白粘防水卷材的复合防水构造,其中交叉层压膜卷材延伸率高,能使防水层紧密地包覆混凝土基层,阻止窜水层的产生[14]。

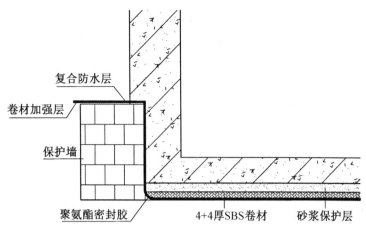

图 3-67　阴阳角防水构造[13]

图片来源：王天星，王鹏程《北京中关村西区地下综合管廊防水施工技术探讨》

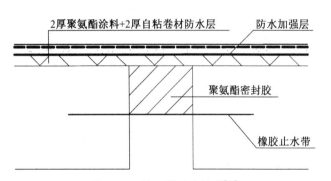

图 3-68　施工缝防水构造[13]

图片来源：王天星，王鹏程《北京中关村西区地下综合管廊防水施工技术探讨》

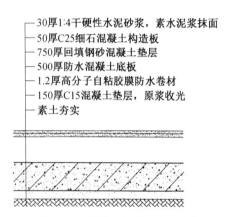

图 3-69　结构底板防水构造[14]

图片来源：况彬彬，陈斌《贵州六盘水地下综合管廊防水设计与施工探讨》

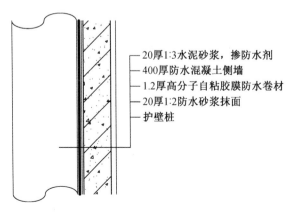

图 3-70　结构侧墙防水构造[14]

图片来源：况彬彬，陈斌《贵州六盘水地下综合管廊防水设计与施工探讨》

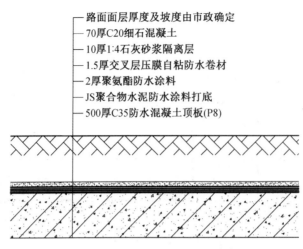

路面面层厚度及坡度由市政确定
70厚C20细石混凝土
10厚1:4石灰砂浆隔离层
1.5厚交叉层压膜自粘防水卷材
2厚聚氨酯防水涂料
JS聚合物水泥防水涂料打底
500厚C35防水混凝土顶板(P8)

图 3-71　结构顶板防水构造[14]

图片来源:况彬彬,陈斌《贵州六盘水地下综合管廊防水设计与施工探讨》

3.5.3.2　暗挖式综合管廊

盾构法施工的综合管廊衬砌一般采用预制式的钢筋混凝土管片或复合管片,应选用防水混凝土制作,并加强管片的制作精度,满足其结构自防水要求。为了满足抗渗性,在管片外可以进行防水涂料的喷涂。

对于其他暗挖法施工的综合管廊,主要采用塑料防水板作为防水层。塑料防水板防水层由塑料防水板和缓冲层组成,铺设在复合式衬砌的初期支护和二次衬砌结构之间,可使用挂铺的形式进行施工,在防水板搭接边进行相应焊接,并在二衬和初衬间构成防水薄膜,初衬结构渗水则可以直接顺着防水板排出。为了防止出现防水板和二衬之间窜水现象,一般可以在防水板上铺设具有预铺反粘功能的高分子自粘类材料,比如 1.5 mm 厚的热塑性聚烯烃(TPO)防水卷材或 1.2 mm 厚的高密度聚乙烯(HDPE)自粘胶膜防水卷材等。具有预铺反粘功能的防水卷材可以解决防水板和二衬结构连接不密实的问题,即使产生渗漏也可以合理控制渗水范围,对二衬结构的正常使用没有影响[14],如图 3-72 所示。

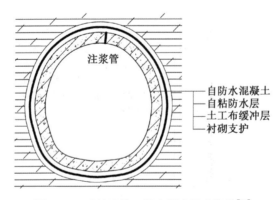

注浆管

自防水混凝土
自粘防水层
土工布缓冲层
衬砌支护

图 3-72　暗挖法施工综合管廊防水构造[15]

图片来源:文凤,肖伟《探讨地下综合管廊结构工程防水技术》

3.5.4 管廊细部构造防水

3.5.4.1 变形缝

为了防止综合管廊相邻部分由于不同荷载、不同地基承载力所引起的不均匀沉陷而被破坏,管廊主体结构需要设置沉降缝;为了防止结构物在施工和使用中由于混凝土干缩和温度变化导致的胀缩而产生裂缝,管廊主体结构需设置伸缩缝。在工程中,为了简化防水施工并减少渗漏的机会,一般将这两种缝合起来一同设置,统称为变形缝。

变形缝一般设置在结构变化处、外荷载明显变化处、地基软硬变化处、温差变化显著处等位置,且其所处位置的结构厚度不应小于 300 mm。变形缝设置的间距不宜过小,否则对于综合管廊结构而言,较多的缝隙增加了防水的难度,在工程中可以采用设置后浇带、加强带、诱导缝等措施以避免或减少设置变形缝。根据不同国家和地区的工程经验与规定,一般有如表 3-20 所示的变形缝间距参考值。

表 3-20 变形缝间距设置参考值

地区	间距	备注
我国大部分地区	30 m	预制装配式间距一般为 40 m; 软土地基区间一般为 15 m
我国宝鸡、沧州、济南等地	60~80 m	采用加强带以增加间距
英国	最小间距 7 m	在露天、连续浇筑下施工
日本	30 m	最小间距 9 m
苏联、东欧、法国	30~40 m	室内和土中
美国	未明确规定	根据温度应力合理确定

变形缝的缝宽根据其用作沉降缝或伸缩缝而分别规定:用于沉降的变形缝宽度宜为20~30 mm,需要注意缝宽不宜过大,否则接缝防水材料在同一水头作用下所受的压力增加,也不宜过小否则将影响施工(图 3-73);用于伸缩变形的缝宽宜小于 20~30 mm,接缝太宽不利于结构受力与沉降控制(图 3-74)。需要注意的是,用于沉降作用的变形缝最大允许沉降差值不应大于 30 mm,否则防水材料可能无法发挥其作用。

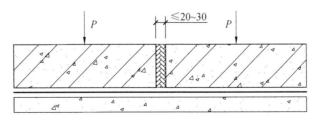

图 3-73 沉降缝的缝宽要求(单位:mm)

图片来源:《地下工程防水技术规范》(GB 50108—2008)

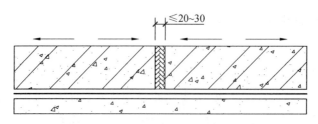

图 3-74　伸缩缝的缝宽要求(单位:mm)

图片来源:《地下工程防水技术规范》(GB 50108—2008)

　　变形缝的防水构造一般采用中埋式止水带、外贴式止水带、可卸式止水带与防水密封材料结合使用,采用复合设计并在迎水面最外侧统一设置结构附加防水层和保护层。变形缝复合防水构造的设计可参考我国《地下工程防水技术规范》(GB 50108—2008)的推荐方式。

　　需要注意的是,中埋式止水带一般采用橡胶止水带,材质主要以氯丁橡胶和三元乙丙橡胶为主,如图 3-75 所示。在施工安装时应将中间空心圆环与变形缝的中心线重合,且按照盆状安设,采用扁钢固定,如图 3-76 所示。施工时先浇筑止水带一侧的混凝土,且保证支撑牢固严防漏浆。此外中埋式止水带在转弯处应做成圆弧形,橡胶止水带的转角半径不应小于 200 mm,转角半径应随止水带的宽度增大而相应加大。

图 3-75　中埋式橡胶止水带

图片来源:网络 http://www.jdzj.com/p32/2015-4-29/157239.html

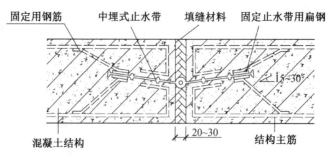

图 3-76　中埋式止水带构造(单位:mm)

图片来源:网络(作者有修改)

　　变形缝与施工缝均采用外贴式止水带时,其相交部位采用十字配件(图 3-77);变形缝用外贴式止水带的转角部位采用直角配件(图 3-79、图 3-78)。

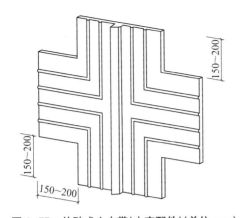

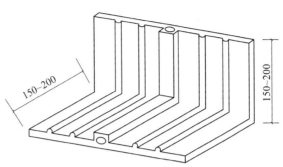

图 3-77　外贴式止水带(十字配件)(单位:mm)
图片来源:《地下工程防水技术规范》
(GB 50108—2008)

图 3-78　外贴式止水带(直角配件)(单位:mm)
图片来源:《地下工程防水技术规范》(GB 50108—2008)

嵌缝材料采用混凝土建筑接缝用密封胶,一般采用高分子密封材料和改性沥青密封材料,它们具有良好的弹塑性、粘贴性、挤注性、耐候性、延伸性和水密性等,能够经受长期粘附构件的伸缩与振动。密封胶根据其位移能力分为 25 和 20 两个级别,根据拉伸模量分为低模量与高模量,在迎水面处一般选用低模量的密封材料,在背水面处一般选用高模量的密封材料。在密封材料嵌填施工,根据材料的不同性质可采用冷嵌法或热灌法。施工时需将缝两侧的基面清理干净,铺设背衬材料,之后涂刷相应的基层处理剂与底料,保证密封材料与基面粘结紧密。嵌填时需要保证材料密实、连续并粘结牢固。根据国内外的工程经验与规范,接缝宽度一般不应大于 40 mm,且不应小于 10 mm,接缝深度的限制在接缝宽度的 0.5～0.7 倍。

变形缝迎水面外侧需要设置 500 mm 宽的防水加强层,之后才能设置结构附加防水层。由于综合管廊变形缝的变形系数相对较大,因此在变形缝上可放置 $\phi(40\sim60)$ mm 的聚乙烯泡沫棒,给外侧的附加防水层以适应变形和释放应力的空间(图 3-79)。

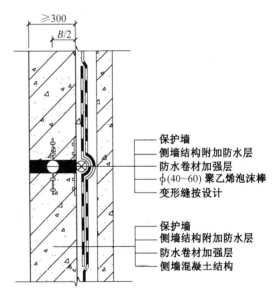

图 3-79　侧墙变形缝防水构造(单位:mm)

3.5.4.2　施工缝

虽然综合管廊主体结构的浇筑要求尽量一次完成,但是由于技术和组织上的原因仍可能产生停顿,如果先后浇筑的时间间隔超过初凝时间,那么就将先后浇筑的混凝土间的结合面称为施工缝,施工缝是综合管廊防水的薄弱部位,需要特别重视。

施工缝主要有水平缝和垂直缝两种,一般应避免采用垂直缝,或将垂直施工缝与变形缝相结合。水平施工缝留置位置应避开剪力最大处或侧墙与底板交界处,一般应留在高出底板不小于 300 mm 的侧墙上。

施工缝的防水构造可以采用中埋止水带、外贴式止水带、外贴防水卷材、遇水膨胀止水条(胶)、注浆等,在实践中都取得了较好的防水效果,具体的防水构造可参考我国《地下工程防水技术规范》(GB 50108—2008)中的推荐设计方案。需要注意的是,迎水面最外侧统一设置有结构附加防水层和保护层,具体做法参照 3.5.3 节中所述。中埋式止水带一般有橡胶和钢板两种,实际工程中宜采用钢板止水带确保防水效果。此外预埋式注浆管的效果也较好,一般在混凝土灌注 28 d 后、结构装饰施工前注浆,在使用过程中若发现漏水也可进行注浆作为堵水措施。

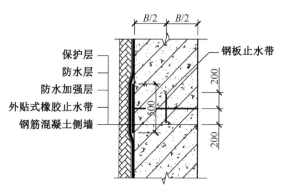

图 3-80 水平施工缝采用中埋止水带与外贴式止水带复合设计[15](单位:mm)

图片来源:文凤,肖伟《探讨地下综合管廊结构工程防水技术》

施工缝的防水设计,一般应采用多道构造措施,比较常见的是中埋止水带配合外贴式止水带、水泥基渗透结晶型防水涂料或膨胀止水条(胶)等,在缝的外侧还需要设置大约500 mm 宽的防水加强层。

(1)图 3-80 是某工程的水平施工缝采用中埋止水带与外贴式止水带的复合设计,为了增强防水性能,在施工缝迎水面处设置了 500 mm 宽的防水加强层,再于管廊迎水面最外层设置结构附加防水层与保护层[15]。

(2)图 3-81 是六盘水市某综合管廊水平施工缝的防水构造,采用中埋钢板止水带和遇水膨胀止水胶的复合设计。主体结构主要采用防水卷材作为附加防水层,在施工缝位置设置有 600 mm 宽的卷材加强层[14]。

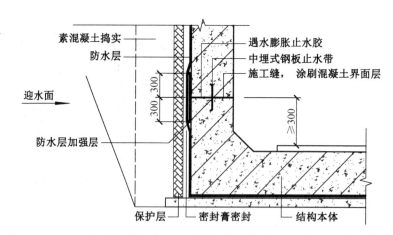

图 3-81 水平施工缝采用中埋钢板止水带和遇水膨胀止水胶的复合设计[14]

图片来源:况彬彬,陈斌《贵州六盘水地下综合管廊防水设计与施工探讨》

(3)图 3-82 是某综合管廊垂直施工缝防水构造设计,采用中埋钢板止水带,在施工缝界面涂有水泥基渗透结晶型防水涂料,保证先后浇筑的混凝土能够牢固结合。在迎水面缝外侧增设 500 mm 宽的防水卷材加强层用以加强防护。

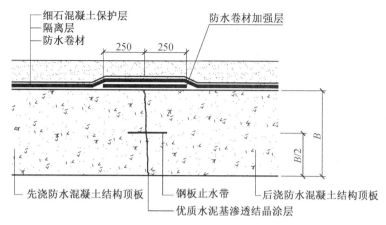

图 3-82 垂直施工缝采用中埋钢板止水带和防水涂料的复合设计

施工缝的防水构造在施工时需要注意保证质量,规范操作,才让防水构造真正产生作用。

(1) 水平施工缝:在施工缝处浇筑混凝土前应将该处的杂物清除,用钢丝刷将表面的浮浆刷除并刷毛界面,边刷边用水冲洗干净,保持湿润。之后铺设净浆或涂刷混凝土界面处理剂、水泥基渗透结晶型防水涂料等材料,再铺 30～50 mm 厚的 1:1 水泥砂浆,待砂浆未凝固前立即浇筑混凝土,使新老混凝土可以紧密结合。

(2) 垂直施工缝:在浇筑施工缝处混凝土前,将其表面清理干净,再涂刷混凝土界面处理剂或水泥基渗透结晶型防水涂料,并及时浇筑混凝土。

(3) 遇水膨胀止水条(胶)应与接缝表面密切接触,常用腻子型和制品型两种。需要保证止水条的缓胀性与膨胀率满足防水的要求,一般 7 d 净膨胀率不宜大于最终膨胀率的60%,最终膨胀率宜大于220%。

(4) 中埋止水带或预埋式注浆管的位置需要埋设准确并牢固固定。

3.5.4.3 后浇带

当综合管廊不允许留设变形缝,但实际长度又超过了伸缩缝的最大间距时,应设置后浇带。后浇带应在两侧混凝土干缩变形基本稳定后(龄期达 42 d 以上)再浇筑施工,相当于形成了两条施工缝。因此,为了减少对结构受力的影响,需将后浇带设置在变形较小的部位。

后浇带一般采用补偿收缩混凝土浇筑,其最大间距为 60 m,宽度一般为 700～1 000 mm。后浇带两侧的施工缝可采用平直缝或阶梯缝,其防水构造可参照施工缝的构造设计,采用复合式设计,以加强防水效果,迎水面最外侧统一设置结构附加防水层和保护层,具体做法参照 3.5.3 节中所述。图 3-83 是采用平直缝的复合防水构造设计,在迎水面设置外贴式止水带和遇水膨胀止水条(胶)。图 3-84 是采用阶梯缝的复合防水构造设计,由于采用错搓留后浇带的做法,仅单独设置遇水膨胀止水条(胶)。

图 3-85 是贵州六盘水市某综合管廊的底板后浇带防水构造连同结构附加防水层的做法,采用中埋式钢板止水带和外贴式止水带的复合设计,附加防水层采用防水卷材,保证了施工缝防水的有效性[14]。

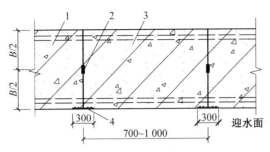

1—先浇混凝土;2—遇水膨胀止水条(胶);3—后浇
补偿收缩混凝土;4—外贴式止水带

图 3-83　平直缝的复合防水构造(单位:mm)

图片来源:《地下工程防水技术规范》(GB 50108—2008)

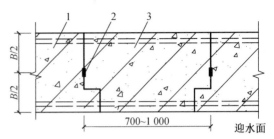

1—先浇混凝土;2—遇水膨胀止水条(胶);3—后浇
补偿收缩混凝土

图 3-84　阶梯缝的复合防水构造(单位:mm)

图片来源:《地下工程防水技术规范》(GB 50108—2008)

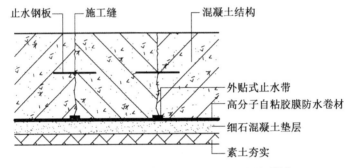

图 3-85　综合管廊的底板后浇带防水构造[14]

图片来源:况彬彬,陈斌《贵州六盘水地下综合管廊防水设计与施工探讨》

后浇带的浇筑需采用补偿收缩混凝土,其主要原理是在混凝土中加入一定量的膨胀剂,使混凝土产生微膨胀,在有配筋的情况下补偿混凝土收缩,提高新旧混凝土之间的粘结。补偿收缩混凝土的抗渗与抗压强度等级应高于施工缝两侧的先浇混凝土。膨胀剂的添加量宜为 6%～12%,需保证水中养护 14 d 后混凝土的限制膨胀率不小于 0.015%。

施工时,需要注意将后浇带内的杂物清理干净,防止影响新老混凝土的结合或损伤外贴式止水带。后浇带混凝土应一次性浇筑完成且及时养护。由于后浇带两侧的缝可以看作是施工缝,因此带两侧接缝的处理与施工缝一致,可参见 3.5.4.2 节中所述。

3.5.4.4　拼接缝

综合管廊拼接缝的防水构造主要针对采用预制装配式和盾构法施工的综合管廊。对于预制装配式综合管廊而言,其接缝防水的重点是预制管段间的接缝防水和预制段与现浇段间的接缝防水;对于采用盾构法施工且埋深较大的综合管廊而言,其防水构造的核心是衬砌的接缝防水。

1) 预制装配式综合管廊[16]

预制装配式综合管廊的接缝宜采用预应力筋连接接头、螺栓连接接头或者承插式接头,特别是在场地条件较差或易发生不均匀沉降时,宜采用承插式柔性接头。承插式柔性接头一般有凹槽式、台式和正压式等形式,柔性连接采用弹性密封橡胶圈或遇水膨胀胶圈,且胶圈需紧贴接口工作面,界面压力不小于 1.5 MPa。采用插承式柔性接口的设计可以使接口发生一定的转动和变形,当地基沉降或发生轻微地震时,可以较好地保证预制装配式综合管廊的防水性能不受影响。

如图 3-86 所示采用正压承插式柔性接头,如图 3-87 所示采用凹槽承插式柔性接头。这两种防水构造的核心都是弹性密封橡胶圈,依靠接触面压应力起到防水作用,其他措施为辅助防水,确保在特殊情况下起到防水效果[16]。

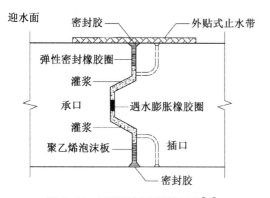

图 3-86 正压承插式柔性接头[16]
图片来源:张迎新,奚晓鹏,许萌等《预制拼装综合
管廊防水系统的设计探讨》

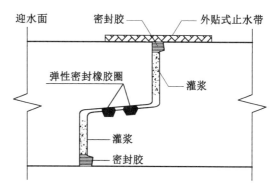

图 3-87 凹槽承插式柔性接头[16]
图片来源:张迎新,奚晓鹏,许萌等《预制拼装综合
管廊防水系统的设计探讨》

除了上述两种接缝企口的防水构造外,预制装配式综合管廊还采用预应力张拉连接,在管廊腋角位置预留有纵向连接筋的孔道与锚固孔(张拉孔),管廊施工时穿入纵向连接筋并张拉锚固,约束锁紧各节管廊使之串联成整体,并保证企口处弹性密封橡胶圈的压应力足够大,保证防水连接的紧密[16],如图 3-88 所示。

对于预制装配式综合管廊的特殊段,一般仍采用现浇法施工,连接位置的预制装配式综合管廊单个构件需要按规定预留一定长度的搭接钢筋,并在企口处预埋橡胶止水带。当与现

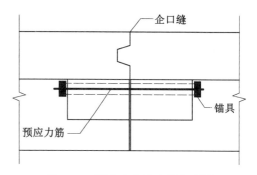

图 3-88 预应力张拉连接构造[16]
图片来源:张迎新,奚晓鹏,许萌等《预制拼装
综合管廊防水系统的设计探讨》

浇综合管廊对接好后,在后浇带处现浇高标号的微膨胀混凝土,并对施工缝采取相应的防水加强措施,具体可参照 3.5.4.2 节中所述。

2)盾构法施工综合管廊

盾构法施工的综合管廊结构,其管片间的接缝防水措施应根据相应的防水等级进行选择,如表 3-21 所示。

表 3-21　　　　　　　　不同防水等级盾构隧道的衬砌接缝防水措施

防水等级	密封垫	嵌缝	注入密封剂	螺孔密封圈
一级	必选	全隧道或部分区段应选	可选	必选
二级	必选	部分区段宜选	可选	必选

（续表）

防水等级	密封垫	嵌缝	注入密封剂	螺孔密封圈
三级	必选	部分区段宜选	—	应选
四级	可选	可选	—	—

密封垫是衬砌防水的第一道防线,可以采用弹性橡胶密封垫(比如氯丁橡胶和三元乙丙橡胶等)或遇水膨胀橡胶密封垫。密封垫选用橡胶的性能需满足我国《地下工程防水技术规范》(GB 50108—2008)中的相关要求,且具有良好的弹性、遇水膨胀性、耐久性与耐水性。根据实际工程经验,在管片环、纵缝沿管廊内侧设置嵌缝槽,深宽比不小于2.5,槽深一般为25～55 mm,单面槽宽为5～10 mm,并在其中嵌填密封材料,这样可以增加管片接缝间的防水性能。对于盾构隧管片道接缝的防水构造国内有较多的工程案例,其设计施工比较成熟,可参考相应的国家规范与实际工程设计,在此不再赘述。

3.5.4.5 穿墙管(盒)

综合管廊每隔一定间距就需要将纳入管线引出管廊,与周边用户相连接。根据3.4.2节中管线引出部位的节点设计可知,应采用管线引出管或预埋式分支口。对于其防水设计,主要采用以下3种构造。

1) 固定式防水法

当管线数量不多,结构变形或管道伸缩量较小时可以将穿墙管直接埋入混凝土内固定,并加焊止水环或环绕遇水膨胀止水圈。在迎水面需注意预留凹槽,并采用密封材料嵌填密实。其中,止水环的作用是延长水的渗透路径,需保证止水环与管满焊密实,为了防止施工时穿墙管因外力转动可采用方形止水环。遇水膨胀止水圈的作用是堵塞渗水通道,应用胶粘剂满贴固定于管上,采用缓胀剂或缓胀型遇水膨胀止水圈,且穿墙管的直径宜小于50 mm。

图3-89和图3-90是我国《地下工程防水技术规范》(GB 50108—2008)中的两种构造设计。如图3-91所示的构造是在主管与管廊结构面的夹角处采用复合防水层,并涂刷150 mm宽的聚氨酯防水涂料以增强防水效果[13]。

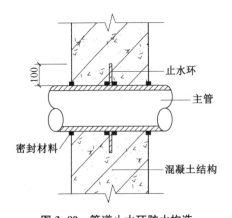

图3-89 管道止水环防水构造

图片来源:《地下工程防水技术规范》(GB 50108—2008)

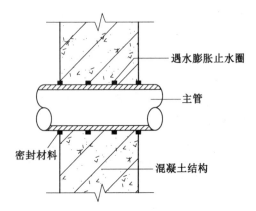

图3-90 管道止水圈防水构造

图片来源:《地下工程防水技术规范》(GB 50108—2008)

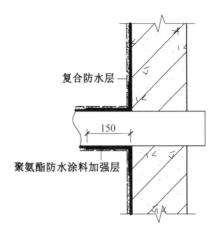

图3-91　北京中关村西区综合管廊管道防水构造[13]

图片来源:王天星,王鹏程《北京中关村西区地下综合管廊防水施工技术探讨》

2)套管式防水法

当结构变形、管道伸缩量较大或有更换需求时,一般采用套管式穿墙管且加焊止水环。为了防止穿墙管与套管之间因相对位移而产生间隙并渗漏,翼环与套管应满焊密实。为了不影响后续防水构造施工,套管内壁需要保持清洁,以提高整体防水质量。图3-92是典型的套管式防水构造。

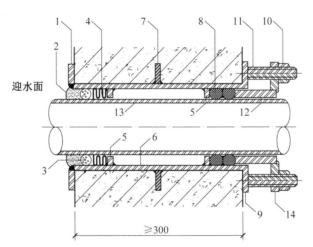

1—翼环;2—密封材料;3—背衬材料;4—充填材料;5—挡圈;6—套管;7—止水环;
8—橡胶圈;9—翼盘;10—螺母;11—双头螺栓;12—短管;13—主管;14—法兰盘

图3-92　套管式穿墙管加焊止水环防水构造

图片来源:《地下工程防水技术规范》(GB 50108—2008)

3)穿墙盒防水设计

对于管线引出密集处可以采用穿墙盒或预埋分支口(图3-93)。在穿墙盒施工时,需将封口钢板与墙上的预埋角钢焊严,并从钢板的预留浇筑孔注入柔性密封材料或细石混凝土。预埋分支口的构造与其类似,需要设置柔性密封材料保证其预埋处的密封。

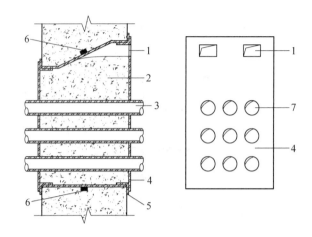

1—浇注孔;2—柔性材料或细石混凝土;3—穿墙管;4—封口钢板;
5—固定角钢;6—遇水膨胀止水条;7—预留孔

图3-93 穿墙盒防水构造

图片来源:《地下工程防水技术规范》(GB 50108—2008)

需要注意的是,为了便于防水施工与管道的安装操作,穿墙管与内墙角、凹凸部位的距离应大于250 mm,相邻穿墙管的间距应大于300 mm。

3.5.4.6 模板对拉螺栓

当综合管廊主体结构浇筑混凝土时,需注意模板螺栓处的防水构造,如果螺栓穿过混凝土结构,则可以采用工具式螺栓或螺栓加堵头的方案,并在螺栓上加焊方形止水环。拆模后需要将留下的凹槽用密封材料封堵,并采用聚合物水泥砂浆抹平。

(1)采用工具式螺栓的防水构造(图3-94),可以较好地控制防水混凝土表面的平整度,确保工程质量,加快施工进度并缩短工期。工具式螺栓可以拆除后重复利用,可以有效节约资源并降低工程成本。安装模板时将防水螺栓固定,拧紧并安装止水环,拆模时将工具式螺栓取下,再用密封材料和聚合物水泥砂浆将螺栓凹槽封堵严密,如图3-95所示。

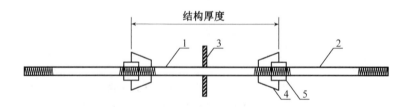

1—内杆;2—外杆;3—止水环;4—锥形螺套;5—内牙六角螺栓

图3-94 工具式螺栓示意图

(2)采用螺栓加堵头的构造,安装模板时在防水混凝土结构的两边螺栓周围设置凹槽,拆模后将螺栓沿平凹底割断,然后用膨胀水泥砂浆将凹槽封堵,如图3-96所示。

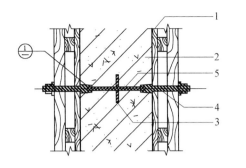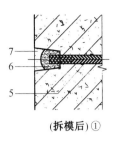

1—模板;2—结构混凝土;3—止水环;4—工具式螺栓;5—固定模板用螺栓;
6—密封材料;7—聚合物水泥砂浆

图 3-95   工具式螺栓的模板构造

图片来源:《地下工程防水技术规范》(GB 50108—2008)

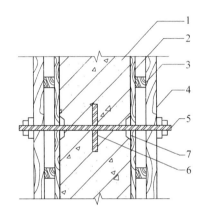

1—混凝土结构;2—模板;3—小龙骨;4—大龙骨;
5—螺栓;6—止水环;7—密封材料堵头

图 3-96   采用螺栓加堵头的模板构造

图片来源:《地下工程防水技术规范》(GB 50108—2008)

3.6   附属设施设计

3.6.1   排水系统

综合管廊内管道维修的放空、发生火灾时水喷雾系统的运作、供水管道的泄漏、外部渗水等因素都可能造成管廊内存在积水,因此需要设置自动排水系统,包括排水边沟、集水坑、潜水泵、排水管等。排水系统主要满足排出综合管廊的渗水、管道检修放空水的要求,但不考虑管道爆管或消防情况下的排水要求[17]。

综合管廊排水系统的主要排水路径为:管廊横断面横向排水→管廊明沟纵向排水→集水井→抽出管廊至公共排水系统(图 3-97)。

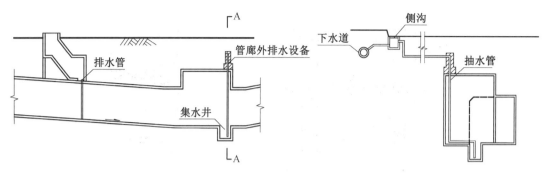

图 3-97　综合管廊排水系统

在设计综合管廊排水设施时,需注意或考虑以下几个方面。

(1) 排水区间同防火分区一致,长度间隔不宜超过 200 m。

(2) 为满足排水需要,管廊横断面底板人行通道的横向坡度控制在 0.2% 左右,使水可以自动流向较低一侧的纵向明沟纵内。干线、支线综合管廊的纵向坡度最小应为 0.2%,缆线综合管廊的最小纵坡为 0.5%。

(3) 综合管廊底板两侧或单侧设置排水明沟,明沟的纵向坡度综合考虑道路的纵坡和管廊埋深设计,一般采用 0.2%~0.5%,断面尺寸可采用 200 mm×200 mm 或 100 mm×100 mm;集水井设置在排水区间的最低处以及连通两个舱室的检修人员出入口兼材料投入口的最低点。

(4) 集水井内可包含集水坑、沉砂池、沉泥池和油水分离设备。集水井的容积宜考虑计算每台抽水泵 10 min 的抽水量,应有 0.5 m³ 以上的沉砂池与 1.5 m³ 的集水量体积,整体达到 2~3 m³ 的使用容积[1],如图 3-98 所示。

集水井内设置 2 台自动水位排水泵(一用一备,互为备用),多采用沉水式污泥泵(图 3-99),工作时应自动交替或并列运转(水位达到异常上限时并列运转),停止时应分段分别停止。排水泵应同时配备自动控制和手动操控方式,排水泵的控制器应安装在地面层或管廊内不易被水淹没的位置。排水泵将廊内积水抽到廊外雨水井内:日常情况下,2 台排水泵自动交

图 3-98　综合管廊集水井

图片来源:杨新乾《共同管道工程》

图 3-99　沉水式污泥泵

图片来源:网络 http://b2b. hc360. com/
viewPics/supplyself_pics/384265021. html

替运行,用于结构渗漏水(渗水标准可制定为 2 L/(m² · d))的排放;管道维修时,2 台泵同时运行,用于管道放空和事故水的排放。排水泵由液位继电器控制,高液位时开泵,低液位时停泵,超高液位时向综合管廊监控中心报警。

图 3-100 是日本某综合管廊的集水井设计,净宽 0.75 m、长 2.60 m、深 1.50 m,井内设计有清水池、沉淀池和排水泵及配水管。

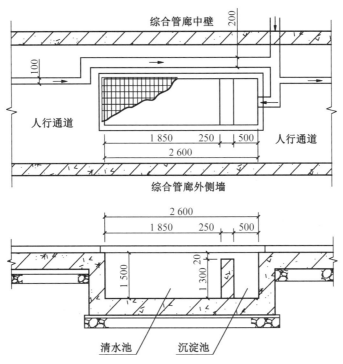

图 3-100 综合管廊集水井设计示意图(单位:mm)
图片来源:日本国土交通省中部地方整备局共同沟设计要求

(5) 排水压力管可采用内外热镀锌钢管,直径≥DN100 时,应采用卡箍连接,其余采用丝扣连接。

(6) 天然气管道所处舱室应设置独立的集水坑。

(7) 排水系统设计应考虑当地最大暴雨的降雨量。

(8) 考虑到管廊舱室地面的冲洗和管道清洁所需,可以在每个舱室内分别设置给水浇洒管。考虑到管廊内管道众多,为了便于不同管道的识别及管理,除了设置标识系统外可以在管道外部涂刷不同的颜色或标记以示区别[18]。

3.6.2 通风系统

综合管廊是地下封闭空间,空气流通不畅。在这种密闭的环境中容易滋生尘螨、真菌等微生物,特别对于敷设排水或污水管道的管廊,生活污水、有机垃圾等生物性有机物在微生物的作用下容易产生有害气体,比如一氧化碳(CO)、氨气(NH_3)等,同时使管廊内的氧气(O_2)含量减少。此外,综合管廊内还敷设有电力电缆、通信线缆,它们在使用中会释放热量,对于天然气管道而言,还可能有燃气泄漏的风险。通风系统的设置能够及时排出有害气体,保证管廊内的温度维持在正常水平,在发生火灾时利用通风系统控制火势蔓延并排出烟雾,为工作人员提供一个安全适宜的工作环境。

3.6.2.1 通风系统的分类与选择

综合管廊的通风系统分为三种,包括自然通风、自然通风辅以无风管的诱导式通风和机械通风[17]。

1) 自然通风

自然通风采用热压或风压通风的原理,使进、排风口的高差及面积达到一定要求,在风口内外产生压力差,在管廊内形成空气流动。这种通风方式可以节省通风系统的初期投资及管理费用,但是由于排风井的需求高度较高,通风区间的长度受到限制,因此可能导致土建费用的增加。此外此种通风方式需要较多的通风口,在困难地段可能无法满足布置要求。

2) 自然通风辅以无风管的诱导式通风

这种方法是在自然通风的基础上,配置无风道诱导通风系统。在管廊内部纵向布置若干台诱导风机(图3-101),风机喷嘴产生定向的高速气流,带动进风口的新鲜空气,以接力的形式流向排风口。这种通风方式初期投资较高,但是通风效果良好,无风管的设计也不会影响管廊内部空间的使用,可以增长通风区间的距离,避免排风风井的高度太高而影响美观。

3) 机械通风

机械通风的方式包括三种:自然进风机械排风、机械进风自然排风以及机械进排风。机械通风需要采用排风扇或轴流风机(图3-102),因此初期投资和运行费用较高,风井处也容易产生噪音。但是该方式可以增加通风分区间的长度,减少进排风竖井的数量,更有利于改善管廊内的空气质量。在火灾时,机械通风可以配合消防系统自动关闭进排风口或进行排烟,以满足综合管廊的排烟要求。

根据我国《城市综合管廊工程技术规范》(GB 50838—2015)要求,综合管廊宜采用自然进风、机械排风的机械通风模式,排风井内安装排风机,利用负压排除余热和有害气体,对于困难地段可以设置无风道诱导风机辅助通风。对于敷设天然气管道和污水管道的舱室应采用机械进排风的通风模式,以防止管廊内形成爆炸性气体混合物或缩短爆炸性气体混合物的滞留时间。

图3-101 诱导风机

图片来源:网络 http://xiaofang.huangye88.
com/xinxi/22115090.html

图3-102 机械通风

图片来源:网络 http://www.360doc.com/
content/16/0902/09/36218123_587699014.shtml

3.6.2.2 通风系统整体设计

综合管廊的通风系统应按照通风区间分别设置进风口与排风口,通风区间一般与防火区间相同,最大间距不超过 200 m。通风系统应能满足除湿、冷却、排出由电缆产生的热量以及管廊内的有毒有害气体,同时在火警时能兼具排烟功能。

在同一区间内进排风口有两种常见的布置方式:①自然进风口与机械排风口交错布置;②每一区间的中部设置自然进风口,两端安装机械排风口。排风扇应设置在风井特殊段,根据排风扇的排风范围及通风换气要求,如发现管廊内风量不均衡的现象时应设置风量调整板以调整风量。通风口的布置方式、布置位置以及地面部分的具体设计方式可参见 3.4.3 节。

1) 通风量的计算

通风量的设计应满足排除管廊内电缆发热量的要求、保证各类管线的正常运作以及满足管廊内工作人员所需新鲜空气的换气要求。综合管廊的通风量一般可由以下公式确定:

$$Q = VA \tag{3-2}$$

式中　Q——综合管廊的通风量(m^3/s);

　　　V——管廊内的断面风速(m/s);

　　　A——管廊的有效断面面积(m^2)。

(1) 当管廊内含有电力电缆时,断面风速 V 可由以下公式确定:

$$V = \cfrac{L}{q \cdot A \cdot Re \cdot \ln\left[\cfrac{1}{\left(1 - \cfrac{\Delta T}{W \cdot Re + T_0 - T_1}\right)}\right]} \tag{3-3}$$

式中　q——空气的定压比热[$\text{W} \cdot \text{s}/(\text{cm}^3 \cdot ℃)$];

　　　A——管廊的有效断面面积(cm^2);

　　　Re——土壤的热阻($℃ \cdot \text{cm/W}$);

　　　ΔT——出入口的温度差($℃$);

　　　W——电缆的发热量(W/cm);

　　　L——管廊的长度(m);

　　　T_0——土壤的基层温度($℃$);

　　　T_1——进气口的温度($℃$)。

其中,土壤的热阻 Re 由以下公式确定:

$$Re = \frac{g}{2\pi}\ln\left[\frac{2l}{D} + \sqrt{\left(\frac{2l}{D}\right)^2 - 1}\right] \tag{3-4}$$

式中　g——土壤的固有热阻($℃ \cdot \text{cm/W}$),干燥地区取 120 $℃ \cdot \text{cm/W}$,普通地取 80 $℃ \cdot \text{cm/W}$,湿地取 40 $℃ \cdot \text{cm/W}$;

　　　l——综合管廊的平均深度(m);

D——综合管廊的水力直径(m)。

（2）当管廊内不含有电力电缆时，断面风速 V 可由以下式子确定：

$$V = \frac{L}{T} \tag{3-5}$$

式中　L——管廊的长度(m)；

　　　T——通风所需时长(s)，一般取 30 min。

2）通风换气的达标要求

综合管廊内的普通舱室(除天然气舱室外)正常通风换气的次数不应小于 2 次/h，事故通风换气次数不应小于 6 次/h；天然气舱室正常通风换气次数不应小于 6 次/h，事故通风换气次数不应小于 12 次/h。舱室内天然气浓度大于其爆炸下限浓度值(体积分数的 20%)时，应启动事故段分区段及相邻分区的事故通风设备。通风系统需将管廊内的温度始终维持在 40℃以下且保证足够的氧气浓度(不低于 19%)，含有电力电缆的舱室应保证内外温差在 8℃以下。通风系统的整体换气时间应控制在 30 min 以内，且管廊内的风速不能超过 1.5 m/s，管廊通风口处风速不宜超过 5.0 m/s。具体要求如下。

（1）含有电力电缆的舱室与室外的温差在 8℃以下。

（2）综合管廊内的温度应保持在 40℃以下。

（3）通风口进出风速应在 5.0 m/s 以下。

（4）管廊内风速应在 1.5 m/s 以下。

（5）通风有效断面积为结构的 80%。

（6）操作方式应为自动、手动及遥控方式，并在进出口处或其他地点设警报、监视器。

3）通风系统的工况

综合管廊通风系统的工况可分为正常状态下通风、排除余热通风、巡视检修通风和事故通风，具体要求如下。

（1）正常状态：综合管廊内温度＜38℃，各防火分区两端防火门常开，各风机关闭，进、排风口处百叶及防火阀常开，形成自然风循环。

（2）排除余热通风：当综合管廊内某防火分区温度≥38℃时，由控制中心自动开启防火分区内的相关风机及风阀，消除管廊内的余热；待该防火分区温度降至 35℃后，自动关闭相应风机及风阀。

（3）巡视检修通风：在巡视检修人员进入综合管廊前，需开启相关区间的风机及风阀，提前完成通风换气工作，以确保工作人员的健康安全。

（4）事故通风：天然气舱室内天然气浓度大于其爆炸下线浓度值(体积分数)20%时，应启动事故段分区及相邻分区的事故通风设备。发生火灾时，应关闭火灾区间及相邻分区的通风设备；火灾熄灭后再行打开，以完成排烟工作。

3.6.2.3　通风设备设计

机械排风口的排风扇控制装置应可以根据管廊内温度、湿度、二氧化碳(CO_2)浓度、含氧率等监控探测器自动控制启动与关闭，并在管廊内配备手动控制系统。所有通风设备的操作管理均需纳入监控报警系统进行远程监控。

通风系统的设备主要有全自动防烟百叶窗(70℃熔断关闭)(图 3-103)、双速排风机(火灾后排风风机,要求能在 280℃下连续有效工作 30 min)、全自动排烟防火阀(280℃熔断关闭,与对应风机联锁)(图 3-104)和止回阀等。需要注意的是,天然气舱室内的风机应采用防爆风机[19]。通风设备的布局方式如图 3-105 所示。

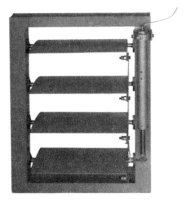

图 3-103　全自动防烟百叶窗

图 3-104　全自动排烟防火阀

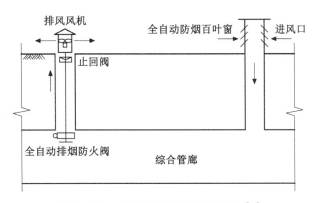

图 3-105　综合管廊通风设备的布置[19]

图片来源:李海新,张琪《综合管廊通风系统设计探讨》

正常情况下,全自动防烟百叶窗、全自动排烟防火阀和排风机呈开启状态,维持适宜的温度、湿度和氧气浓度。当发生易燃易爆气体泄漏且达到允许浓度极限,即将到达爆炸点时,全自动防烟百叶、全自动排烟防火阀维持开启状态,排风机切换至高速模式运行,进行强制通风。

当综合管廊内发生火灾或者温度超过 280℃时,由监视器确认事故防火分区内无工作人员,消防控制室关闭该通风区间内的风机、诱导风机及排风口处的电动防烟防火阀,使管廊内缺氧并配合水喷雾系统自动灭火。当确认火灾熄灭或者温度低于 280℃且氧气浓度降到 19% 以下时,控制系统重新开启排烟防火阀,启动风机进行强制排烟及通风。

综合管廊的风机通常安装在地面的风井内,因此需要控制风机运行时的噪音,以免对周边环境造成影响。一般规定通风口的噪音值应在 3 m 的半径范围内达到 60 dB 以下,以不影响附近居民的生活为原则。对于普通地区一般选用低噪声风机控制噪音,如果管廊位于噪声标准要求较高的区域时,可外接消声器或利用消声室进行消声减噪。

3.6.3 电气系统

3.6.3.1 供配电系统总体设计

供配电系统主要包括电力负荷的分级及供电要求、供电电源及电压级别的选择、常用供电方式及系统接线方式、电气设备的选择和变电所位置的确定等内容。

1）电力负荷分级

根据我国《供配电系统设计规范》(GB 50052—2009)，电力负荷是进行供配电系统设计的主要依据参数，根据电力负荷的性质和停电造成损失的程度，将电力负荷分为三级。

（1）一级负荷指中断供电将会造成人员伤亡、在政治上、经济上造成重大损失、造成公共场所严重混乱的电力负荷。

（2）二级负荷是指中断供电将在政治上、经济上造成较大损失，严重影响重要单位正常工作，造成公共场所秩序混乱的电力负荷。

（3）三级负荷是指不属于一、二级电力负荷的负荷，对供电无特殊要求。

综合管廊内的消防设备、监控和报警设备、应急照明设备为二级负荷供电。天然气管道舱的监控和报警设备、管道紧急切断阀、事故风机按二级负荷供电，宜采用两回线路供电，如果不能达到要求则需设置备用电源。一般照明、检修插座等其他设备采用三级负荷供电。

2）供电方式

综合管廊系统一般呈现网络化布置，涉及的区域较广，其附属用电设备具有负荷容量相对较小而数量众多、在管廊沿线呈带状分散布置的特点。不同电源方案的选取与当地供电部门的公网供电营销原则和综合管廊产权单位的性质有关，方案的不同直接影响到建设投资和运行成本，故需做充分的调研工作，根据具体条件经综合比较后确定最为经济合理的供电方案。按不同电压等级电源所适用的合理供电容量和供电距离，综合管廊的供电方式主要有两种。

（1）直接由沿线城市公网引入多路 0.4 kV 电源进行供电。

（2）从城市公网引入 10 kV 中压电源至监控中心变配电站，划分若干供电分区，并在每个分区的负荷中心位置设置 10/0.4 kV 箱式变电站（每座箱式变电站设置两台变压器），之后引入两回线路进入相应分区内实现供电。

综合管廊的供电方式需采用两路独立的电源作为主电源，柴油发电机作为备用电源，并设置不间断供电装置 UPS(Uninterruptible Power System)作为应急电源。

3）配电系统接线方案[20]

综合管廊一般以每个防火分区为一个配电单元，并在每个单元的总进线处设置电能计量测量装置。配电系统的接线方式主要有三种。

（1）放射式：放射式配电系统从低压母线到用电设备或二级配电箱的线缆是直通的，供电可靠性高，配电设备集中，但系统灵活性较差，有色金属消耗量较多，一般是适用于容量大、负荷集中的场所或重要的用电设备。

（2）树干式：树干式配电系统是向用电区域引出几条干线，供电设备或二级配电箱可以直接接在干线上，这种方式的系统灵活性较好，但干线发生故障时影响范围大，一般适用于用电设备分布较均匀、容量不大又无特殊要求的场所。

(3) 混合式:将放射式和树干式结合设置。如果采用上一段中第(2)种供电方式,一般在变压器 10 kV 侧采用树干式供电方案,0.4 kV 侧采用放射式供电方案。在每个防火分区的投料口处可设置一个配电控制间,主要设置动力配电柜、照明配电箱、风机控制箱、排水泵控制箱等,其中风机电源采用双电源切换,由相邻防火分区的动力配电柜供电,疏散照明设备需设置蓄电作为后备电源。各配电箱通过穿刺线夹接入配电干线,二级负荷同时接入2 回干线,三级负荷仅接入其中 1 回干线,且需注意负荷平衡。

4) 配电系统要求

管廊内的低压配电采用交流 220 V/380 V 系统。为了减少对电子设备的干扰,防止人员的间接点击危害,系统的接地型应采用 TN-S 制(图 3-106),PE 和 N 线分开设置,并宜使三相负荷平衡:TN-S 制又称为三相五线方式,从变配电所引向用电设备的导线由三根相线、一根中性线 N 和一根保护接地线 PE 组成,PE 线平时不通过电流,只在发生接地故障时才通过故障电流,因此用电设备的外露可导电部分平时对地不带电压,安全性最好,但是造价较高。

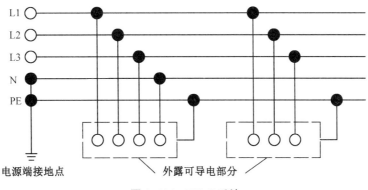

图 3-106　TN-S 系统

受电设备端电压的偏差将导致设备功能无法正常发挥并降低使用寿命,因此对于动力设备的电压偏差不宜超过供电标称电压的 ±5%,照明设备不宜超过 +5%,-10%。此外,需要采用无功功率补偿系统,使电源总进线处功率因数满足当地供电部门要求。

3.6.3.2　电气设备的设计

1) 电气设备的总体设计要求

综合管廊的电源总配电箱宜安装在管廊进出口处,电气设备应采取防水防潮措施,防护等级不应低于 IP54。电气设备的安装位置应便于工作人员的维护和操作,不应安装在低洼、可能受给水浸入的地方。对于天然气管道舱内的电气设备应符合我国《爆炸危险环境电力装置设计规范》(GB 50058—2014)有关爆炸环性气体环境 2 区的防爆规定。

2) 检修插座

为了方便在综合管廊内安装管道和相应设备时的动力要求,综合管廊内应设置 220 V/380 V 带剩余电流动作保护装置的检修插座,插座的沿线间距不宜大于 60 m,采用保护等级不低于 IP54 的防水防潮型插座。检修插座的容量不宜小于 15 kW,安装高度不宜小于 0.5 m。一般来说,为了防止诱发爆炸,天然气管道舱内不应安装检修插座,如果一定需要安装,则应安装防爆型插座,在检修工况且舱室内泄漏气体浓度低于爆炸下限值的 20% 时方可送电。

3）供电电缆、控制电缆

非消防设备的供电电缆和控制电缆应采用阻燃电缆,火灾时需要继续工作的消防设备应采用耐火电缆或不燃电缆。

监控中心变配电站至各箱式变电站的 10 kV 电力电缆应敷设在综合管廊的电力舱内;照明电缆可设置在综合管廊顶部的线槽内;0.4 kV 电力电缆、控制电缆可采用电缆托盘敷设,一般设置在电力、通信舱室最上层支架上方,需满足综合管廊横断面的设计要求。总体而言,不同电压、不同用途的电缆,应尽量不敷设在同一层电缆托盘内,电缆托盘均应采用防火隔板隔开。

对于综合管廊电气系统中的电力电缆和控制电缆而言,纵向穿越防火分区的防火墙位置应预留穿墙孔洞,横向相邻舱室之间应预留穿墙导管。在电缆及其他管线敷设施工完成后均须作防水、防火密封处理。

4）通风、照明系统手动控制开关

综合管廊中的通风和照明系统除了采用自动控制或监控中心远程控制外,还应设置手动控制开关,一般在综合管廊每个分区的出入口处设置本分区的通风、照明系统控制开关。这样的设计可以方便工作人员进入管廊时打开相应分区内的照明和通风设备,并在任一出入口离开时均能及时关闭系统,以利于综合管廊的节能。

3.6.3.3　照明系统

综合管廊的照明系统主要设置在监控中心、机房以及管廊各舱室内,主要分为一般照明和事故应急照明两种。

1）监控中心、机房等管理办公室

正常状态下照明灯具的照度标准为 300 lx,灯具由管理办公室照明配电箱供电,就地手动开关控制;应急照明灯应附带蓄电池,保证应急供电时间不小于 30 min。

2）综合管廊各舱室人行道

正常状态下照明灯具的平均照度不小于 15 lx,最低照度不应小于 5 lx(图 3-107);人员出入口和设备操作处的局部照度应满足工作人员的操作需求,一般需达到 100 lx。疏散应急照明的照度不应低于 5 lx,应急电源的连续供电时间不应小于 60 min(图 3-108)。一般照明系统由每个防火分区的照明配电箱统一配电并控制,在人员出入口、材料投入口和防

图 3-107　综合管廊内照明情况

图片来源:澎湃新闻 http://www.thepaper.cn/
newsDetail_forward_1405508

图 3-108　疏散应急照明标志

火门处设置手动开关,并且可以通过监控系统遥控开关,反馈照明系统的运行情况。

综合管廊的照明灯具应选择防触电保护等级Ⅰ类设备,能触及的可导电部分应与固定线路中的保护(PE)线可靠连接。灯具应采用节能型光源(一般照明可采用荧光型灯具,应急疏散及指示标示可采用 LED 光源),采取防潮防水防外力冲击处理,防护等级不宜低于IP54。天然气管道层照明灯具的选择应满足我国《爆炸危险环境电力装置设计规范》(GB 50058—2014)的要求。

综合管廊照明灯具的安装高度低于 2.2 m 时,应采用 24 V 及以下安全电压供电;当采用 220 V 电压供电时应采取防触电措施,比如在照明回路中设置动作电流≤30 mA 的剩余电流动作保护措施并敷设灯具外壳专用接地线。

照明回路导线应采用硬铜导线,截面面积不小于 2.5 mm²。线路明敷时宜采用保护管或线槽穿线的方式布线,一般可以敷设在电缆支架最上层。天然气管道舱内的照明线路应采用低压流体输送用镀锌焊接钢管配线,并进行隔离密封防暴处理。

3.6.3.4　接地、漏电保护和防雷设计

1) 接地设计

综合管廊的接地系统采用环形接地网设计,接地网与各变电所接地系统可靠连接,组成分布式大接地系统,并保证接地电阻不应大于 1 Ω。

(1) 一般将管廊主体结构的钢筋作为自然接地体:在综合管廊的内壁位置,将各个区间的结构主钢筋连接,构成法拉第笼式的主接地网系统;在综合管廊外壁,每隔 100 m 设置人工接地体预埋连接板,作为后备接地。

(2) 应在综合管廊的侧壁设置通长的热镀锌扁钢(截面不小于 40 mm×5 mm),采用焊接搭接作为接地网。

(3) 综合管廊内的金属构件、电缆金属套、金属管道、电气设备金属外壳以及电缆支架均通过接地线与接地网相互连接。

(4) 含有天然气管道的舱室,其接地系统设计还需要满足《爆炸危险环境电力装置设计规范》(GB 50058—2014)的相关要求。

综合管廊的接地装置接地电阻值应符合我国《交流电气装置的接地设计规范》(GB/T 50065—2011)的有关规定,当接地电阻值不满足要求时,可通过经济技术比较增大接地电阻,并校验接触电位差和跨步电位差,且综合接地电阻应不大于 1 Ω。

2) 漏电保护[20]

漏电保护主要是弥补保护接地中的不足,有效地进行防触电保护,是目前较好的防触电措施。通过保护装置主回路各相电流的矢量和称为剩余电流,正常工作时剩余电流值为零,当人体接触带电体或所保护的线路及设备绝缘损坏时,呈现剩余电流。漏电保护的原理是当剩余电流达到漏电保护器的动作电流时,在规定的时间内自动切断电源。

为了保证工作人员的安全,综合管廊内备用电源开关、插座等都应加装漏电保护器。在人员进出和施工场所应安装漏电探测器和报警器,一旦有漏电报警即可进行处理。

3) 防雷设计

综合管廊变电所和监控中心等地上建(构)物按第二类防雷建筑物设置防雷设施,配电系统中设置避雷器、电涌抑制器等过压保护装置,具体设计要求应满足我国《建筑物防雷设

计规范》(GB 50057—2010)中的有关规定。综合管廊的地下部分可不设置直击雷防护措施,但是应在配电系统中设置防雷电感应过电压的保护装置,并应在综合管廊内设置等电位联结系统。

3.6.3.5 电力、通信线缆相互干扰的防范

通信线路属于弱电信号系统,当采用同轴电缆作为信息传输的介质时,对杂散信号的限制尤为严格。当电力电缆与通信线缆长距离平行敷设时,通信线缆容易遭受电磁干扰。电磁干扰主要来自于磁场的纵向感应电压,此电压与负荷电流、互感阻抗、不平衡率、电力电缆屏蔽系数、通信电缆屏蔽系数及背景磁场屏蔽等成正比,除了负荷电流的不平衡率取决于用电状况,其余各项可通过电缆布置及加强屏蔽等措施加以改善[21]。

(1)通信电缆与电力电缆并行敷设时,相互间距应在可能范围内远离;对电压高、电流大的电力电缆间距宜更远。

(2)敷设于配电装置内的控制和信号电缆,与耦合电容器或电容式电压互感、避雷器或避雷针接地处的距离,宜在可能范围内远离。

(3)沿控制和信号电缆可平行敷设屏蔽线,也可将电缆敷设于钢制管或盒中。增加专用屏蔽导线时应采用多点接地。

(4)需屏蔽外部的电气干扰时,电缆桥架应选用无孔金属托盘回实体盖板。

(5)同回路的单芯三相电力电缆应紧靠布置或采用三角形布置;同回路所有带电导线交叉换位缠绕敷设;尽可能采用三相五芯电力电缆,即同回路所有相导体、中性导体及接地线容纳在同一条电缆内。

(6)为了完全防止电气干扰,屏蔽电力电缆对于通信电缆的影响,可以采用光纤通信。

其他电气干扰防范措施可参考我国《电力工程电缆设计规范》(GB 50217—2007)的规定。

3.6.4 消防安全系统

消防安全系统的构成如图 3-109 所示,本节首先分析综合管廊火灾的危险性,之后对防火分区的设计进行简要介绍,最后将重点说明消防设备和消防报警系统的组成和操作方式。

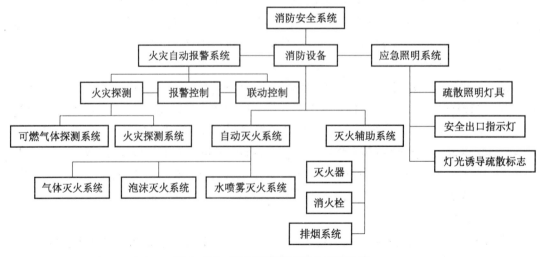

图 3-109 综合管廊消防安全系统构成

3.6.4.1　火灾危险性分析

综合管廊中存在很多可燃物,如电缆、光缆等,干燥引起的电火花、摩擦静电、短路、电热效应等都可能造成缆线火灾,电缆火灾也是综合管廊最主要的危险源。此外管廊内敷设的燃气管道、污水管道外溢的可燃气体,容易封闭在狭小的管廊空间内,形成火灾隐患。综合管廊的火灾成因一般如表3-22所示。

表3-22　　　　　　　　　　　　　综合管廊火灾成因

管线自身损坏	燃气管泄漏,可燃气体聚集
	污水管沼气外溢
	地面沉降、地震使管线受损
	电线短路
引燃	电火花
	维修时的明火引燃
	电热效用引发自燃

综合管廊处于地下密闭空间,发生火灾后火情比较隐蔽,而且不易察觉。由于综合管廊内仅定期有工作人员巡检,因此火灾发生时一般不会造成人员伤亡,其消防设计不用考虑人员疏散的问题。但是管廊内部敷设有众多的市政管线,一旦发生火灾,势必造成管线服务的中断,将会严重影响城市的正常生产生活,需要格外重视消防系统的设计。一般综合管廊的火灾有如下特点[22]。

1)火灾初期不易发现

缆线火灾的进程较为缓慢,初期温度缓慢升高直到缆线过热、阴燃,最终出现火焰。综合管廊属于地下密闭空间,平时仅工作人员进行定期的巡视和维修,除非采用可靠的消防监控系统,否则不易发现火情,待火情发现时一般已经处于剧烈燃烧阶段,错过了最佳扑救时机。

2)火势迅猛且极易蔓延

由于管廊内空间狭小且密闭,缆线敷设密集,当廊道中着火时,火灾会产生大量的热量,并在较短的时间内难以扩散,直接导致综合管廊中的温度快速升高,最高可达到800℃～1 000℃,且剧烈燃烧的时间很长。

电力电缆的布置层叠集中,若上层电缆发生火灾,其外包的聚氯乙烯和橡胶等材料会被高温熔化,滴落而下的熔化物旋即将火焰蔓延至下层光缆、电缆以及其他管线。当管廊下层的电缆着火时,高热烟气以及热辐射会迅速对上层线路造成影响。火灾发生后,电缆会形成火流并迅速蔓延,蔓延方向上的电缆绝缘层被烧毁而导致短路,在短路沿线形成多个火点,扩大蔓延范围。

3)火灾扑救困难

当火灾发生后,管线燃烧产生大量烟雾,初期为白烟,当通风不良氧气不足时变为黑烟。高温烟气迅速向管廊内的多个方向蔓延,导致各通道和洞口相继冒烟,外部观察不能准确定位火灾源头。由于缆线着火而产生的一氧化碳(CO)、二氧化碳(CO_2)、氯化氢

(HCl)等有毒气体、低能见度和高温等都给消防人员深入管廊内部侦查与火灾扑救带来巨大挑战。

4）触电危险及二次危害

综合廊道中若敷设高压电缆，即使在火灾发生并断电后，电缆中仍可能会留有一定的余压，消防人员进入扑救时可能触电，引发人员危险。此外，普通电缆着火后产生的氯化氢（HCl）气体会通过缝隙、孔洞等蔓延至电气装置室内，氯化氢（HCl）气体与水汽结合生成稀盐酸，附着在电气设备上形成一层导电膜，严重降低设备和接线回路的绝缘性，给灾后设备的运营带来安全隐患。

根据我国《城市综合管廊工程技术规范》（GB 50838—2015）的规定，应根据管廊各舱室敷设的管线制定相应的火灾危险性类别，特别对于舱室内敷设有两类及以上管线时，火灾危险性类别按火灾危险性较大的管线确定（表 3-23）。

表 3-23　　综合管廊各舱室的火灾危险性分类

舱室内容纳的管线种类		舱室火灾危险性类别
天然气管道		甲
阻燃电力电缆		丙
通信线缆		丙
热力管道		丙
污水管道		丁
雨水管道、给水管道、再生水管道	塑料管等难燃材料	丁
	钢管、球墨铸铁管等不燃材料	戊

3.6.4.2　防火分区及安全疏散设计[22]

防火分区是指在建筑内部采用防火墙、楼板及其他防火分隔设施分隔而成的，能在一定时间内防止火灾向同一建筑的其余部分蔓延的局部空间。防火分区对于综合管廊的消防安全至关重要，根据我国《城市综合管廊工程技术规范》（GB 50838—2015），防火分区间距不超过 200 m，且每个防火分区的面积通常在 2 000 m² 左右。在综合管廊防火分区分隔处、管廊交叉口和各舱室交叉部位均采用甲级防火门；各舱室采用耐火极限不低于 3 h 的不燃性墙体进行防火分隔；管线穿越防火隔断部位应采用阻火包等防火封堵措施进行严密封堵，缝隙处采用无机防火堵料填塞。

综合管廊的主体结构和不同舱室之间的墙体结构均采用耐火极限不低于 3 h 的不燃性结构，电力电缆采用阻燃电缆或不燃电缆，通信线缆采用阻燃线缆并满足相应的国家规范要求。

一般而言，综合管廊的通风区间和排烟区间与防火分区一致。在每个分区内都要设置独立的通风排烟系统和人员出入口（不少于 2 个），一般可将通风口、材料投入口和人员出入口共同设计，对于通风口、材料投入口和人员出入口的设计要求可参见 3.4.3—3.4.5 节。

综合管廊内的人行通道应当布设应急照明灯具，包括疏散照明灯具、灯光诱导疏散标志和安全出口指示灯。其中部分疏散照明灯具可与一般照明灯具合用,其照度至少应为平均工作照度的 10%,且不低于 5 lx,应急电源持续供电时间需不小于 60 min,灯光诱导疏散标志和安全出口指示灯的平均工作照度不应低于 0.5 lx。

灯光诱导疏散标志沿综合管廊纵向布置,应布设在明显可观处,布设点距地坪高度 1.0 m 以下,间距不能超过 20 m。安全出口指示灯在人员出入口、投料口及各防火门的顶部安装。安全出口指示灯应采用大型或中型的灯光标志,对于通道中的诱导疏散标志可采用中型或小型,在楼梯通道的灯光疏散标志可与紧急照明共同设计。为了保证工作人员在火灾条件下仍可以分辨出管廊的出入口位置,该处标示必须保证简单明确。

3.6.4.3　消防设备[22-23]

1) 灭火器

为了防止工作人员在巡检时遭遇火灾工况,综合管廊内均需设置灭火器,在每个防火区间的人孔、通风口和材料投入口应集中设置手提式灭火器以便扑救初期火灾。灭火器的配置和设计应符合我国《建筑灭火器配置设计规范》(GB 50140—2005)中的要求。由于综合管廊内的火灾主要为线缆火灾,因此火灾种类为 E 类火灾(带电火灾)且为严重危险级,一般采用手提式磷酸铵盐干粉灭火器(考虑大气臭氧层和生态环境保护等原因,在非必要场所应停止配制卤代烷灭火器),保护距离最大不超过 25 m。在每个计算单元(防火分区)内,灭火器的配置数量不得少于 2 具,根据我国《建筑灭火器配置设计规范》(GB 50140—2005)中的相关要求和计算参数,通过以下公式计算得出灭火器的配备数量:

$$Q = K \cdot S/U \tag{3-6}$$

式中　Q——计算单元的最小需配灭火级别(A 或 B);

S——计算单元的保护面积(m^2);

U——A 类或 B 类火灾场单位灭火级别最大保护面积(m^2/A 或 m^2/B);

K——修正系数,如表 3-24 所示。

表 3-24　　　　　　　　　　　　　修正系数

计算单元	K
未设室内消火栓系统和灭火系统	1.0
设有室内消火栓系统	0.9
设有灭火系统	0.7
设有室内消火栓系统和灭火系统	0.5
可燃物露天堆场甲、乙、丙类液体储罐区可燃气体储罐区	0.3

灭火器应设置在位置明显和便于取用的地点,且不得影响安全疏散,如果设置点有视线障碍,则应设置指示其位置的发光标志。手提式灭火器设置在挂钩或托架上,其顶部离地面高度不应大于 1.50 m,底部离地面高度不宜小于 0.08 m,灭火器的摆放应稳固,且铭牌必须朝外(图 3-110、图 3-111)。

图 3-110　灭火器的配置示意图

图 3-111　手提式灭火器

2）自动灭火系统

对于干线综合管廊中容纳电力电缆的舱室,支线综合管廊中容纳 6 根及以上电力电缆的舱室应设置自动灭火系统。自动灭火系统主要有气体灭火系统、泡沫灭火系统和水喷雾灭火系统三种。

（1）气体灭火系统

多采用二氧化碳气体或七氟丙烷气体,可带电灭火,在灭火过程中不会对管廊舱室内的设备及管线造成损坏。由于气体灭火系采用纯物理灭火原理,无论是二氧化碳气体还是七氟丙烷气体灭火都会使人窒息。因此,采用气体灭火系统时,工作人员必须完全撤出综合管廊,火灾扑救后,必须等机械排风将灭火气体彻底排出后工作人员才能再次进入。由于长距离输送气体会使系统压力下降,产生较大的蒸发量,使气体的有效喷射量减少,故为保证整个综合管廊的消防安全,需设置较多数量的气体储存站,投资费用较高。

（2）泡沫灭火系统[20]

泡沫灭火的原理是通过泡沫层的冷却、隔绝氧气和抑制燃料蒸发等作用,达到扑灭火灾的目的。泡沫灭火剂有化学泡沫灭火剂和空气泡沫灭火剂两大类,化学泡沫灭火剂主要用于小型灭火器中,扑救小型初期火灾,而空气泡沫灭火剂多用于大型的泡沫灭火系统。空气泡沫灭火是泡沫液与水通过特制的比例混合器混合而成的泡沫混合液,经泡沫产生器与空气混合产生泡沫,通过不同的方式最后覆盖在燃烧物质的表面或者充满发生火灾的整个空间,致使火灾扑灭。

这种灭火系统的消防用水量较少,绝热性能好,可以排除烟气和有毒气体。但是在实际灭火前必须切断电源,在灭火完成后需对设备进行清洗,增加额外的成本。泡沫灭火系统的组成复杂,需要设置多个泡沫液储存装置和发生装置,因此投资费用较高。

（3）水喷雾灭火系统（图 3-112）

该系统属于自动喷水灭火系统,利用水雾喷头将水流分解为细小的水雾滴来灭火,使水的利用率得到最大的发挥。在灭火过程中,细小的水雾滴可以完全汽化,从而获得最佳的冷却效果,迅速降低火场温度并控制火势。与此同时,水雾滴汽化后在火场中形成水蒸气,可造成窒息的环境条件,更有利于水喷雾系统的灭火作业。该系统的设备简单,对灭火条件没有特殊要。由于水雾自身具有电绝缘性能,可以安全地用于电气火灾的扑救,无须切断电源。但是水喷雾系统在灭火时需要大量的消防用水,在灭火完成后管廊内容易产生积水。

选择综合管廊的自动灭火系统应考虑各舱室的敷设管线以及经济成本:气体灭火系统或泡沫灭火系统的设备比较复杂,需要占用较大空间来存储灭火气体或泡沫液,管理与维护的工作量较大;水喷雾灭火系统的设备较为简单,灭火范围广且对于固体火灾的灭火效率高,同时由于水雾不会造成液体火飞溅,电气绝缘性好,因此在很多综合管廊工程中使用。

水喷雾灭火系统是由水源、管网、雨淋阀组、水雾喷头和火灾探测控制设备组成,利用水喷雾喷头把水粉碎成细小的水雾滴

图 3-112　综合管廊水喷雾系统
图片来源:杨新乾《共同管道工程》

后喷射到正在燃烧的物质表面,通过表面冷却、窒息以及乳化、稀释的同时作用实现灭火,系统水量由室外消火栓或消防泵房供给。水喷雾灭火系统的主要工作原理如图 3-113 所示。

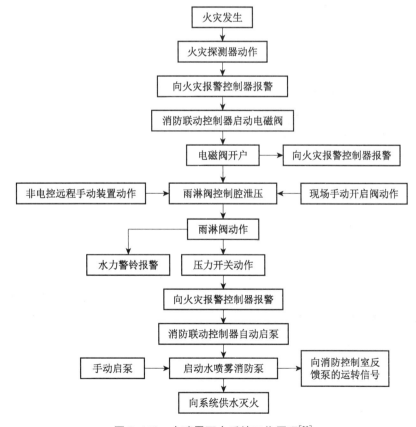

图 3-113　水喷雾灭火系统工作原理[23]
图片来源:季洪金,白海龙《合肥滨湖城市天地综合管廊消防系统设计》

水喷雾系统内一般采用自动控制、手动控制和应急操作三种控制方式。

① 自动控制：火灾信号传输至火灾报警控制器，经由通讯光纤传输至消防控制室，消防控制主机联动开启火灾声光报警器以及区域控制阀和主泵，喷放细水雾灭火。区域阀组内的压力开关反馈系统喷放信号，消防控制主机联动开启对应的喷雾指示灯。

② 手动控制：当工作人员在管廊中确认火灾发生，但是消防报警器还未反应时，可以手动按下对应防火分区和相邻分区的控制按钮，打开区域控制阀，管网降压自动启动主泵，喷放细水雾灭火；工作人员也可以按下手动火灾报警按钮，之后与"自动控制"中的流程类似。

③ 应急操作：当自动控制和手动控制均失效时，应手动操作水喷雾系统的控制阀应急手柄，打开相应的区域控制阀，启动主泵，喷放细水雾灭火。控制阀应急手柄应与消防控制主机联动，反馈水喷雾系统工作信号，启动对应的喷雾指示灯。

水喷雾系统一般分为湿式和干式系统。湿式系统的可靠性较高，灭火系统响应速度较快，但是该类系统雨淋阀前的管道充满压力水，日常维系保养的要求较高。干式系统的管道内一般没有水，火灾时由室外消火栓和水泵结合器供水，构成临时的高压水喷雾系统，因此灭火相应时间相对较长。故而对于较大的综合管廊系统，一般选用湿式系统以保证灭火系统的及时响应。

水喷雾系统按防火分区分组设置，每组系统内设置的喷头数量按将保护区域全覆盖的原则确定，系统水量由室外消火栓或现房泵房供给，每个防火分区内的水喷雾喷头应同时作用。根据我国《水喷雾灭火系统技术规范》(GB 50219—2014)，水喷头流量应按以下公式计算：

$$q = K \times \sqrt{10 \times p} \tag{3-7}$$

式中　q——水雾喷头的流量(L/min)；

　　　K——水雾喷头的流量系数(由厂家提供)；

　　　p——水雾喷头的工作压力(MPa)。

水雾喷头的计算数量按以下公式计算：

$$N = \frac{S \times W}{q} \tag{3-8}$$

式中　N——保护对象的水雾喷头的计算数量；

　　　S——保护对象的保护面积(m^2)；

　　　W——为保护对象的设计喷雾强度[L/(min·m^2)]。

水雾喷头与管线等保护对象之间的距离不能大于水雾喷头的有效射程。水雾喷头的主要平面布置方式为矩形，喷头之间的间距不应大于1.4倍水雾喷头的水雾锥底圆半径。水雾锥底圆半径的计算公式为

$$R = B\tan\frac{\theta}{2} \tag{3-9}$$

式中　R——水雾锥底圆半径(m)；

　　　B——水雾喷头的喷口与保护对象之间的距离(m)；

θ——水雾喷头的雾化角(°)。

合肥滨湖城市天地综合管廊采用圆形断面,其电信舱室设置有水喷雾灭火系统,图 3-114 为其水雾喷头的布置位置与喷射角度,图 3-115 是综合管廊内水喷雾系统喷头的布置情况。

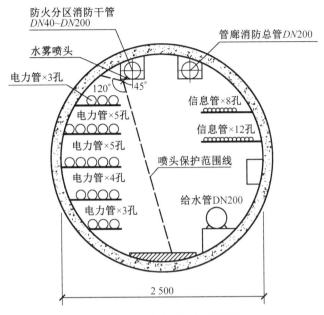

图 3-114 喷头设计示意图[23]

图片来源:季洪金,白海龙《合肥滨湖城市天地综合管廊消防系统设计》

图 3-115 水喷雾系统喷头布置

图片来源:季洪金,白海龙《合肥滨湖城市天地综合管廊消防系统设计》

3)消火栓和消防水管

在综合管廊还应敷设消防水管及消火栓。消防水管的供水量必须充足,且符合综合管廊内消防及清洁用水的需要。消火栓及供水管应设置在综合管廊内的排水沟和集水井附近。排水配管应采用耐冲击性的硬质厚 PVC 管,并符合国家标准规定,较易受到外力冲击的部位应采用不锈钢管或铸铁管。

4)排烟系统

综合管廊排烟系统应采用事故后排烟方式,一般可以与综合管廊的通风系统共用。需要注意的是,当排烟系统和通风系统共用时,应采用双速或变速风机,且排烟风机、防火阀、风道和控制系统等设备的工作性能应符合有关规范的规定。

排烟风机应由监控中心手动或由火灾探测系统联锁自动启停,并与排烟口(阀)联锁启动。排烟风机应在设于风机前的 280℃ 防火阀动作后联锁停机,排烟口或排烟阀应按所负担的防烟分区进行开启控制。

3.6.4.4 消防报警系统

消防报警系统指的是能够探测火灾早期特征、发出火灾报警信号,为人员疏散、防止火灾蔓延和启动自动灭火设备提供控制与指示的监控探测联动系统,包含四大功能:火灾检测功能、可燃气体检测功能、报警功能和火灾处理功能。综合管廊的消防原则是"以防为主,防消结合",因此必须采用完善的消防报警系统,杜绝火灾隐患。

消防报警系统应具有较高的可靠性和稳定性,具有较强的抗电磁干扰能力。此外,该系统应作为独立系统以通信接口的形式与中央计算机建立数据通信,在综合管廊监控中心的显示终端上显示火灾报警及消防联动状态,在火灾发生时可以发出火灾模式指令,启动消防联防设备。

综合管廊的消防报警系统主要有三大部分组成(图 3-109):火灾检测系统、报警控制系统和联动控制系统。以下将针对消防报警系统以及其各组成部分进行详细的介绍。

1)消防报警系统

干线和支线综合管廊的各舱室(特别是含电力电缆的舱室)以及缆线综合管廊内普遍需要设置消防报警系统。消防报警系统主要包括消防控制室、火灾探测器、手动火灾报警按钮、火灾声光警报器、消防应急广播、消防专用电话、消防控制室图形显示装置、火灾报警控制器和消防联动控制器等。

消防报警系统根据规模大小、报警方式主要有区域式报警系统和集中式报警系统两类。

(1)区域式报警系统是最小的系统单元,其控制范围较小,火灾报警控制器的信号来源于火灾探测器,可根据实际情况决定是否配置消防联动控制系统。当检测范围较小时可以单独使用一台火灾报警控制器,并以此为基础搭建区域消防报警系统。

(2)集中式报警系统的原理与区域式消防报警系统类似,它将若干个区域火灾警控制器连成一体,且需具备消防联动控制系统。

由于综合管廊的消防报警系统需要兼顾消防监控、报警和联动控制消防设备,一般可选择集中式报警系统,管廊内不同舱室的每个防火分区为一个报警区域,区域内设置有手动火灾报警按钮和火灾探测器。当综合管廊某区域发生火灾或天然气管道舱的可燃气体浓度异常时,该区域的火灾检测系统通过探测器探测出火灾参数,火灾参数电信号通过线路传输至区域报警控制器,然后通过光纤通信将数据传输至消防控制室内的集中火灾报警控制器。消防控制室内的集中式火灾报警控制器和图形显示装置收集并反馈出火灾信息,通过消防联动控制器使火灾报警系统与自动灭火系统、消火栓系统、防排烟系统、照明和应急广播等进入火灾工况模式,联动运转。集中式消防报警系统的信号传递过程如图 3-116 所示。

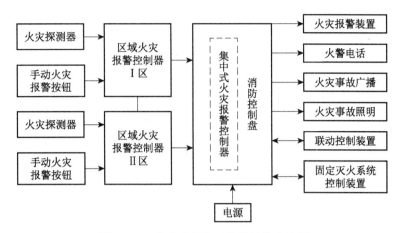

图 3-116　集中式报警系统信号传递流程

图片来源:刘海燕《火灾自动报警系统工作原理及联动应用》

2) 火灾检测系统

火灾检测系统包括各类火灾探测器、手动报警器、自动喷淋系统的水流指示器、消火栓按钮等,其主要作用是检测火灾信号,并将信号传送给火灾自动报警系统。根据管廊内敷设管线以及火灾危险性的不同,火灾探测器又分为可燃气体探测器和火灾探测器。

(1) 可燃气体探测器

含有天然气管道的舱室一般需设置可燃气体探测器,根据探测原理的不同可以分为半导体型和催化型两种。

由于天然气的密度小于空气,探测装置应布置在管廊的顶部,高出释放源 0.5~2 m,廊内最高点气体易于积聚处也应设置,可采用廊顶吊装或侧壁安装,应确保探头安装牢固可靠,同时便于维护、标定。根据布置形态不同,又可以分为点型和线型:点型探测器的保护半径应符合我国《石油化工可燃气体和有毒气体检测报警设计规范》(GB 50493—2009)的有关规定,宜每隔 15 m 设一台检测探头,最远不得超过 50 m,探头应选择管道接口、出气口等易泄漏处,应尽可能靠近,且不影响其他设备操作;线型探测器的保护区域长度不宜大于 60 m。

天然气报警浓度的设定值(上限值)不应大于其爆炸下限值(体积分数)的 20%,当探测器测出浓度超过设定值时,信号应传输至报警控制系统,在该系统确认信息无误后将信息反馈至联动控制系统,启动事故段防火分区及其相邻防火分区的事故通风设备;当可燃气体浓度设定值(上限值)大于其爆炸下限值(体积分数)的 25% 时,应由控制中心紧急切断天然气管道并联动启动通风系统。

天然气管道舱内可燃气体探测器的设计应符合我国现行标准《石油化工可燃气体和有毒气体检测报警设计规范》(GB 50493—2009)、《城镇燃气设计规范》(GB 50029—2006)和《火灾自动报警系统设计规范》(GB 50116—2013)的有关规定。

图 3-117　感烟火灾探测器

图片来源：网络 http://info.
b2b168.com/s168-22018696.html

（2）火灾探测器

火灾探测器是整个报警系统发挥功效的基础部件，可以通过温、烟、光三个参数作为判定火灾发生的依据。对于干线和支线综合管廊含电力电缆的舱室而言，需要在舱室顶部设置线型光纤感温火灾探测器或感烟火灾探测器，在电缆表层应设置线型感温火灾探测器；对于缆线综合管廊而言，需在电缆支架上设置线型感温火灾探测器。

① 感烟火灾探测器（图 3-117）

感烟火灾探测器能够探测出物质燃烧或热介质产生的固体微粒，对于火灾发生初期的阴燃阶段有良好的测出性。在工程中一般采用点式智能烟感型（带防潮底座），主要包括离子型和光电型两种：离子感烟火灾探测器，可以探测任何一种烟，对粒子尺寸无特殊限制，只存在响应行为的数值差异，但是其探测性能受长期潮湿的影响较大；光电感烟火灾探测器对粒径小于 0.4 μm 的粒子的响应较差。

感烟火灾探测器的安装间距，应根据探测器的保护面积 A 和保护半径 R 确定，一个探测区域内所需要的探测数量应根据以下公式确定：

$$N = \frac{S}{K \cdot A} \tag{3-10}$$

式中　N——探测器数量（只），取整数；

　　　S——该探测区域面积（m^2）；

　　　K——修正系数，对于综合管廊可取 1.0；

　　　A——探测器的保护面积（m^2）。

对于宽度小于 3 m 的综合管廊，点式智能感烟探测器宜居中布置，安装间距不应超过 15 m，且探测器至端墙的距离不应大于探测器安装间距的 1/20，至墙壁和高温光源灯具的水平距离不应小于 0.5 m，且在 0.5 m 范围内不能有遮挡物。探测器与防火门的间距应在 1～2 m。

② 线型感温火灾探测器

线型感温探测器通过测定一定长度内各点的温度变化，从而进行火灾的探测，一般采用缆式线型感温火灾探测器和线型光纤感温火灾探测器。布置在不同位置的线型感温火灾探测器的作用有所不同：采用接触式敷设在综合管廊内所有电缆上的探测器可以通过对于电缆表面温度的异常变化，对于火灾进行预警；探测管廊空间温度变化的探测器则主要用于确认火灾发生、判断火灾发展情况并联动灭火系统。

缆式线型感温火灾探测器是一种电信号检测技术，感温电缆具有高阻抗的特性，系统通过连续监测感温电缆的电阻变化来表示电缆的温度变化，由于单根感温电缆监测距离较短，对于综合管廊而言需要大量的信号检测单元和多条感温电缆，为了防止老化需要定期检修更换。线型探测器的布设应尽可能贴近发热的部位，采用"S 形"（正弦波型）布置在每层电缆的上表面，如图 3-118 所示。缆式线型感温火灾探测器的长度估算公式：线型感温火灾探测器长度＝托架长×倍率系数。倍率系数的取值见表3-25。探测器的相关设计及技术要求可参考我国规范《线型感温火灾探测器》(GB 16280—2014)。

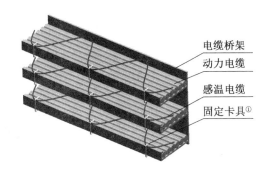

注:①固定卡具数量＝正弦波个数×2+1

图 3-118　缆式线型感温火灾探测器

图片来源:http://jingyan.baidu.com/article/8065f87f9ba04923312498f2.html

表 3-25 　　　　　　　　　　　　　　线型感温火灾探测器长度估算值

电缆桥架宽度/m	倍率系数
1.2	1.75
0.9	1.50
0.6	1.25
0.5	1.15

　　线型光纤感温火灾探测器是一种无电检测技术,其工作原理是入射光在光缆内经过不同温度区域时光线散射率不同,进而影响光线发射端收到散射光的强度,从而计算该处的温度值及温度变化。这种探测器具有高可靠性、高安全性、抗电磁干扰能力强、绝缘性能高、维护简单、免清洗等特点。两根光纤可探测数千米的范围,最小报警长度比缆式线型感温火灾探测器更长,比较适用于较长区域同时发热或起火初期燃烧面比较大的情况。一般可将该探测器布置在综合管廊的舱室顶部或电缆支架上,温度监测精度为1℃,可任意设置多级温度报警值。当用于监测电缆温度变化时,需要注意采用一根感温光缆保护一根电缆的方式,并沿电缆敷设。在电缆接头、端子等发热部位应保证线型感温火灾探测器的有效探测长度,感温光缆的延展长度不应少于单元探测长度的1.5倍。对于其他具体设计及技术要求,可参考我国《线型感温火灾探测器》(GB 16280—2014)。

　　③ 手动火灾报警按钮(图3-119)。综合管廊的每个防火分区应至少设置一个手动火灾报警按钮。综合管廊的人员出入口处一般需设置火灾报警按钮,且须使每一个防火分区内的任何位置到最近报警按钮的步行距离小于30 m。按钮可采用挂壁式设置,离地坪高度一般为1.3～1.5 m,需

图 3-119　手动火灾报警按钮

图片来源:网络 http://www.dnfire.cn/goods-2807.html

要设置明显标识便于工作人员发现并操作。

3）报警控制系统

（1）火灾报警控制器（图3-120）。火灾报警控制器是报警控制系统的中枢，其作用是向火灾探测器提供高度稳定的直流电源，监控连接火灾探测器的传输导线有无故障，接受火灾探测器发送的火灾报警信号，迅速、正确地进行转换和处理，并以声、光等形式指示火灾发生的具体位置，进而发送消防设备的启动控制信号。

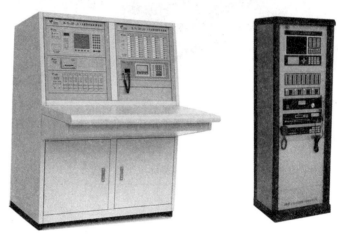

图 3-120　火灾报警控制器

图片来源：网络 http://www.51sole.com/b2b/pd_51433651.htm

（2）消防控制室[24]。消防控制室应布置在综合管廊系统的中心位置，作为管廊控制中枢的一部分，应将其整合进综合管廊的监控中心，统筹设计。消防控制室内应配置集中控制器与分布式光纤测温主机，并设火灾报警系统图形工作站及配套组态软件。火灾自动报警系统、自动灭火系统、防排烟等系统的信号传输线、控制线路等均必须进入控制室内。工作站通过专用的综合布线系统（如光纤环网），将综合管廊内采集到的火灾信息进行分析处理，同时发出各种执行命令，实现计算机自动处理。

（3）消防控制室图形显示装置（图3-121）。消防控制室图形显示装置主要用于火灾报警及消防联动设备的管理与控制以及设备的图形化显示，与火灾报警控制器、消防联动控

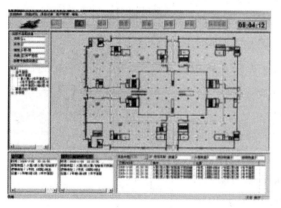

图 3-121　消防控制室图形显示界面

图片来源：网络 http://jt-fire.com/product_view.php? id=64&tid=2

制器、电气火灾监控器、可燃气体探测器等消防设备之间通过专用线路连接。它可以逐区域显示综合管廊的平面图、设备分布情况,对消防信息进行实时反馈、及时处理和长期保存,采用可视化的视图帮助控制室内的决策人员快速了解火情,指挥现场处理火情。

(4)消防专用电话。为了便于在火灾等紧急情况下与控制中心的通讯和联络,管廊内一般配备有独立的紧急电话系统,在火灾情况下可作为消防专用电话网络使用。紧急电话机设置在人孔及每个防火分区内,可呼叫消防控制室以及管廊内的其他电话机。每 50 m 的步行距离内应设置一部紧急电话,可以配合消火栓箱共同设计,同时在监控中心显示发信端电话机所处位置。作为独立的消防通信系统,紧急电话系统也可采用电话插孔的形式,可以设置在手动火灾报警按钮处,在墙上安装时需注意其底边距地面高度宜为 1.3～1.5 m。

(5)火灾声光警报器和消防应急广播(图 3-122)。火灾声光警报器应由火灾报警控制器或消防联动控制器控制,当综合管廊消防监控中心确认火灾发生后,应启动该分区及相邻分区内的所有火灾声光警报器,并结合该区域内的消防广播系统一同发布消防安全警报,提醒管廊内的工作人员及时安全撤离。消防应急广播与普通广播兼用,在火灾发生时,对所有地下管廊各舱室以及监控中心等播报火灾信息并指引避难逃生口。由于综合管廊内平时仅有少量的工作人员进行巡检工作,火灾声光报警器能够满足警报作用时,可不再另行设置消防应急广播系统。

图 3-122　火灾声光警报器

4)消防联动控制系统

消防联动控制器能够控制自动灭火系统、消火栓系统和通风(防排烟)系统、火灾应急广播、火灾警报装置、消防通信设备、火灾应急照明与疏散指示标志等。需要注意的是,在确认火灾发生后,应在消火栓系统和自动灭火系统启动前切断管廊内的非消防电力,以保证综合管廊内供电系统的安全。

消防联动控制器应能按设定的控制逻辑向各相关的受控设备发出联动控制信号,并接受相关设备的联动反馈信号。其电压控制输出应采用直流 24 V,电源容量应满足受控消防设备同时启动且维持工作的控制容量要求。对于通风系统的机械风机以及防火阀、消防水泵等设备应该同时具备联动控制器和手动直接控制装置。

消防联动控制器接收到火灾报警控制器的火灾信息后,联动控制管廊内的各消防设备。需要注意的是,对于联动控制的消防设备,其联动触发信号需采用两个独立的报警触发装置的报警信号"与"逻辑组合,以防出现设备故障、误报等情况。

在每个防火分区内照明配电箱、动力配电箱、雨淋阀等处需设置信号控制模块。在消防控制室和消防水泵房内需设置消防电话、警铃和手动报警按钮和信号模块。

消防联动控制一般采用自动确认模式和人工确认模式。

(1)自动确认模式

在某个防火分区内,如果有一个火灾探测器和一个手动火灾报警按钮同时报警,或者两个或两个以上的火灾探测器同时报警,则消防报警系统自动确认报警。火灾报警控制器发出火灾联动控制指令,启动相应的消防设备。

(2)人工确认模式

在某个防火分区内,如果有一个火灾探测器报警,工作人员前往现场确认火灾发生后,则火灾报警系统确认火灾发生,并由火灾报警控制器启动相应的消防设备。

当消防联动控制器收到火灾报警控制器的联动控制信号后,立即进入火灾工况模式,进行如下的消防设备控制:

① 开启相应防火分区内的火灾声光报警器;

② 切断相应防火分区内的非消防电源;

③ 关闭防烟百叶窗、排烟防火阀和排风机,并确保常开式防火门关闭;

④ 启动消防水泵,打开相应分区内的电控雨淋阀水喷雾进行灭火。待火焰熄灭且温度降低后停止消防泵、关闭电控雨淋阀;

⑤ 打开排烟防火阀,启动风机进行强制排烟或通风。

5)消防报警系统供电

火灾自动报警系统采用消防交流电源并配备有蓄电池备用电源。备用电源可采用火灾报警控制器和消防联动控制器自带的蓄电池电源或消防设备应急电源。当备用电源采用消防设备应急电源时,火灾报警控制器和消防联动控制器应采用单独的供电回路,并保证在系统处于最大负载状态下不影响火灾报警控制器和消防联动控制器的正常工作。

消防控制室图形显示装置、消防通信设备等的电源,宜采用UPS电源装置或消防设备应急电源供电。消防用电设备应采用专用的供电回路,其配电设备应设有明显标志,配电线路和控制回路一般宜按防火分区划分。

消防报警系统的供电线路和控制线路应采用耐火铜芯电线电缆,报警总线、消防应急广播和消防专用电话等传输线路应采用阻燃或阻燃耐火电线电缆。

消防报警系统采用专门的接地干线,并在消防控制室设置专用接地板,接地干线从专用接地板引至接地体。报警系统接地与管廊内的电力、计算机网络、视频监控、各防火分区总部及局部等电位系统共用接地装置,该装置利用管廊底板结构主筋,接地电阻小于或等于1Ω。

3.6.5 监控和报警系统

综合管廊是复杂的系统工程,监控和报警系统需要满足三大需求:运营管理需求、附属设备监控需求和安全防灾需求。监控和报警系统需要全面掌控管廊的运行状态,具体主要有以下几个方面。

（1）对于综合管廊内的空气质量、温度和湿度等实时监测,并将信息及时传递至控制中心,为工作人员和各类管线提供适宜的环境,并对可能发生的灾害进行及时的预警和预处理。

（2）监测并控制管廊内的通风设备、排水设备、照明设施、供电设备和消防设备的运转,节省劳动力并提高管理效率。

（3）监控综合管廊的各个出入口情况,以防非工作人员进入管廊并蓄意破坏管线设施,造成严重后果和财产损失。

（4）通过现场的各类监控系统为控制中心值班人员提供全面的管廊内部信息,适时安排人员现场巡视与检修,提高综合管廊运营管理的信息化和现代化。

综合管廊监控和报警系统可分为统一管理平台、环境与设备监控系统、安全防范系统、通信系统、预警与报警系统和地理信息系统。监控和报警系统的主干信息传输网络介质宜采用光缆,设备防护等级不宜低于IP65,采用在线式不间断电源供电,防雷、接地等要求应符合相应的现行国家标准。

3.6.5.1 监控中心

监控中心（图3-123）是综合管廊正常运行与危机处理的核心和枢纽,管廊的管理、维护防灾、安保、设备的远程控制等都在监控中心完成,其主要监控对象有照明系统、配电系统、火灾报警系统、通风系统、排水系统等。

图 3-123　监控中心内部实景

图片来源:上海市政工程设计研究总院

监控中心的主要功能有监控调度、应急指挥和参观交流。综合管廊的监控、报警和联动反馈信号均需传输至监控中心,使值班工作人员了解管廊实时运行状况,确保管线设施及附属设备正常运行,在发生突发事件时能迅速反应并处理。

监控中心由智能模拟显示系统、解码器、监控与报警系统、远程网络传输系统和计算机操作台等设备组成。在监控中心的设计中需要注意以下几个方面。

（1）监控中心应紧邻综合管廊的主线工程，两者间应设置较短的连接通道，方便工作人员从监控中心进入综合管廊，关于监控中心与综合管廊联络通道节点的设计要点可参见3.4.1节。

（2）监控中心的面积需考虑内部设备的布置要求以及来访者的参观展示需求。

（3）监控中心应提供人性化的智能操作平台，全面覆盖管廊内的人员、管线、设备、环境、安全和运营等方面，充分考虑内部人员定位、监测监控、通信、有毒气体排放、风机监测、防火监测、安全生产监测与综合预警，以及供电集中监控、排水通风监控、管廊输送监控等重要环节，以达到信息化管理。

（4）综合管廊内的显示屏应直观显示管廊各区段的平面图和建筑内部模拟图，直接显示各防火分区排水泵的状态、通风装置状态、照明的状态、火灾检测的状态、环境温度/湿度和氧含量和非法入侵等各种报警信号等。

3.6.5.2　统一管理平台

统一管理信息平台是综合管廊内的各个监控和报警子系统的集成平台，具有数据通信、信息采集和综合处理功能。综合管廊内的各类管线配套检测设备、管线专业监控系统和控制执行机构均通过联通的信号传输接口汇集至该平台。大量数据在此汇集并进行综合分析和交互，将信息通过多功能基站及时、准确地传输到监控中心和相应的专业管线公司，以满足维护管理和安全运行的需要。此外为了实现城市市政系统的数字化管理，应设计预留与城市市政基础设施地理信息系统的通信接口。

统一管理平台的系统特点有以下几点。

（1）综合监控数据的集合。

（2）监控数据实时采集，自动归类并长期存储。

（3）采用统一的权限管理模块，不同员工分属不同权限进行调度分析。

（4）方便灵活地增加新的模块以升级综合管廊监控和报警系统的功能。

（5）采用 GIS 技术，统筹管理综合管廊的所有数据信息。

3.6.5.3　环境与设备监控系统

环境与设备监控系统的主要功能是对管廊内环境和所含设备的参数和状态实施全程监控，宜采用工业级可编程逻辑控制器（Programmable Logic Controller，PLC），各 PLC 之间采用光纤环网连接，PLC 与各分布式扩展模块之间采用总线方式连接，PLC 及扩展模块与现场传感器及监控设备之间采用屏蔽电缆连接。实时监控信息可以通过通信网络准确、及时地传输到监控中心的统一管理平台，便于值班人员及时发现现场环境和设备存在的问题，改善管廊内的工作环境、排除设备故障、对可能发生的警情及时预判并处理，保证管廊正常运行。

环境与设备监控系统主要由智能传感器（环境监控设备、设备监控设备）、多功能基站和智能 LED 显示器等设备组成。

环境与设备监控系统主要包括环境监控系统和设备监控系统两个部分。

1) 环境监控系统

设置环境监控系统的主要原因有以下几点。

（1）防止管廊中的灰尘、废气与有害气体聚集，导致氧气含量过低。

（2）调控管廊内的温度和湿度，以防微生物的繁殖危害工作人员的健康。

（3）通过监测管廊内的环境情况，在正常工况下了解管廊内电缆的运行发热情况，调整通风系统的运行以节约能源，防止过高的湿度影响电气设备和自动化设备；在火灾工况下，掌握电缆火灾的事故区段及相邻分区的环境情况，为救灾和事故处理的决策提供参考数据。

综合管廊内环境参数主要包括空气中氧气含量、有毒气体含量、空气温湿度等，根据我国《密闭空间作业职业危害防护规范》(GBZ/T 205—2007)中的有关规定，需要对表 3-26 内容进行监测。

表 3-26　　　　　　　　　　　　　环境参数检测内容

容纳管线	给水、再生水管道雨水管道	污水管道	天然气管道	热力管道	电力电缆通信线缆
温度	●	●	●	●	●
湿度	●	●	●	●	●
水位	●	●	●	●	●
O_2	●	●	●	●	●
H_2S 气体	▲	●	▲	▲	▲
CH_4 气体	▲	●	●	▲	▲

注：●应监测；▲宜监测。

环境监控设备包括综合气体检测仪、温/湿度检测仪和液位检测仪等，一般按防火分区布置，均采用工业级产品，同时需要注意设备的防水、防潮和防爆性能。温/湿度检测仪、氧气(O_2)探测器需要安装在防火门两侧，靠近人员出入通道的位置；硫化氢(H_2S)和甲烷(CH_4)气体探测器应设置在人员出入口和通风口处。为了避免探测器受潮或意外淹水而损坏，其安装高度应至少离地 100～150 cm 或者悬挂在管廊顶部。气体报警值的设定需符合国家标准《密闭空间作业职业危害防护规范》(GBZ/T 205—2007)的有关规定。环境监控系统应具有实时曲线和历史数据查询功能，显示内容宜包括：①采集时间；②传感器安装位置；③报警门限；④监测值；⑤传感器工作状态；等等。

每个防火分区内的环境监控设备可实现与机械风机、水泵等设备的自动控制系统相联动，传感器监测信号就近传输至附属设施监控系统现场控制单元，通过以太网传输至监控中心计算机，在控制中心显示器上以数字、图像等形式显示每个分区内的氧气浓度、温度、湿度等数据。当传感器监测到危险气体时，该区域会立刻显示报警并用数字显示各种气体的浓度，在管廊监控平面图中指明探测到的位置等报警信息。

2) 设备监控系统

设备监控系统主要对综合管廊的通风设备、排水泵、照明、出入口控制器等电气设备进行状态监测和控制。设备的控制方式一般应采用手动控制、就地自动控制及联动控制模式。

环境监控设备通过相应的多功能基站向统一信息管理平台传送监测数据,之后多功能基站接受监控中心的反馈命令,实现远程控制通风设备的开停、相应防火分区内照明设备总开关的分合、排水泵的转停等操作。设备监控系统应具有良好的人机交互界面,以便于系统维护、参数修改、功能调用及控制命令输入等,针对上述设备的运行状态宜采用模拟动画进行显示,显示内容宜包括:①设备名称;②设备安装位置;③设备开停状态;④设备运行时间统计;等等。

3.6.5.4 安全防范系统

综合管廊是城市生命线工程,敷设的管线为沿线生产生活提供重要的保障。综合管廊全部位于地下,长度较长,平时维修巡视的工作人员较少,存在诸如材料投入口、通风口等安全区域,一旦有人侵入管廊内,肆意破坏管线设施或者进行恐怖袭击,将带来灾难性后果。需要针对性地设计安全防范系统,实现对综合管廊全域内人员的全程监控,将实时视频信息和电子巡查信息通过多功能基站及时、准确地传输到监控中心,便于值班人员及时发现现场问题,排除故障。预防意外侵入等事件的发生,保证管廊正常运行。

安全防范系统主要包含视频监控系统、门禁系统、防入侵系统和可视化巡检系统(电子巡查管理系统)四部分,并将上述子系统集成在一个统一的台下,在管廊人员出入口、投料口等位置安装被动红外探测器,监视入口处的外来入侵情况,一旦发生外来入侵,可联动照明系统开启照明及视频监视系统完成现场确认。关于安全防范系统的设计应符合现行国家标准《安全防范工程技术规范》(GB 50348—2014)、《入侵报警系统工程设计规范》(GB 50394—2007)、《视频安防监控系统工程设计规范》(GB 50395—2007)和《出入口控制系统工程设计规范》(GB 50396—2007)等有关规定。

1)视频监控系统

在综合管廊内设备集中的安装地点、人员出入口、变配电间和监控中心等场所,应设置安全防范系统摄像机(图 3-124);管廊内沿线每个防火分区内至少应设置 3 台摄像机,材料投入口处 1 台,分区两侧的防火门处各 1 台;不分防火分区的舱室,每隔 100 m 应设置一台摄像机。

图 3-124 视频监控设备

图片来源:网络 http://www.sonhoo.com/company_web/sale-detail-4679284.html

综合管廊内监视目标的环境照度不高,但对图像清晰度有较高要求,因而可选择黑白一体化低照度摄像机;若采用彩色摄像机时,需设置附加照明装置。

所有的视频监控画面都可以通过智能安全管控平台控制和显示，实现管廊全范围的监控，并且安防计算机可以按照一定的顺序或指定区间显示现场的图像画面。当有智能传感器监测报警时，视频监控系统应能够将控制中心安防计算机的显示屏自动切换至报警区域的画面。

2）门禁控制系统

综合管廊人员出入口设置统一的门禁控制系统（Access Control System，ACS），门禁处可设置智能 LED 显示器，用以提示管廊内的环境信息。工作人员可通过 ID 感应卡、指纹扫描或面部识别等方式进入，通过系统自动识别后，控制器驱动打开电锁放行，并记录进门时间；当使用者离开管廊时，在门内触按放行开关，控制器驱动打开电锁放行，并记录出门时间，如图 3-125 所示。

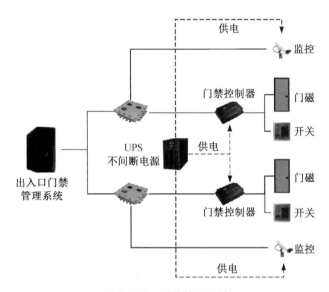

图 3-125　门禁控制系统

系统采用全 IP 通信设计，配备先进的工业级处理系统，具有系统自动修复、自我健康管理和线路质量容错设计等特点，让出入管理更安全和更稳定。

3）防入侵系统

在材料投入口、通风口处设置双光束红外线自动对射探测器（图 3-126）和声光报警器，在材料投入口、人孔井盖处设置门磁开关。一旦探测器发现有非法侵入人员，数据经过系统自动识别和判断后通过多功能基站传送给报警控制装置，监控中心显示屏上会闪烁发出警报，并显示入侵区段及进出人数、进出的时间等信息，防入侵系统声光报警器发出声光报警，起到提醒并震慑入侵人员的作用。

4）可视化巡检系统（电子巡查管理系统）

可视化巡检系统（图 3-127）由多功能基站（Wi-Fi）、便携式巡检仪和无线定位标等设备组成。它是一种基于物联网的巡检系统，将视频监控技术与电子巡检技术有机结合起来，既保证了现场巡检工作有效进行，又充分利用现有的成熟网络，使移动监控成为可能。

便携式巡检仪实时传输沿路巡检画面、巡检员对设备的检查画面、设备的运行画面到

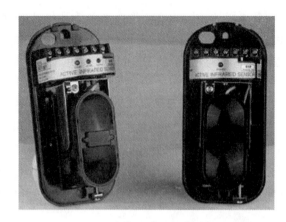

图 3-126　双光束红外线自动对射探测器

图片来源:网络 http://www.afpfw.com/products/product_c_20101109095007465.html

图 3-127　可视化巡检系统

控制中心,图像清晰、位置信息精准、视频数据可备份、存储,由此实现现场巡检与移动视频监控的有效管理。

可视化巡检系统可以对重点部位巡检情况进行全程录像,定时传输到监控中心,实现监控无死角。安全值班长、各级领导可以随时监察现场巡检人员的工作情况,以便及时、直接地掌握各部门、人员、设备的运行情况,及时对发生的情况做出反应,同时又有效提高了巡检人员的责任心。

3.6.5.5　通信系统

综合管廊没有工作人员驻守,为便于管理、巡检、维护、管线敷设施工以及异常报警时的通信联络,管廊内须配备各防火分区工作人员之间、现场工作人员与控制中心值班人员之间的通信系统,以确保前方巡检人员的信息及时上报,监控中心的命令及时下达。通信系统主要分为固定式通信系统和无线对讲系统。

1）固定式通信系统[25]

固定式通信系统采用 IP 网络电话系统,在每个区间投料口现场 ACU(Automatic Calling Unit,自动呼叫装置)箱内设置 IP 电话终端,在控制中心配置 1 台网络综合通信器,引入市话中继线,用于控制中心内部模拟电话通信,并利用贯穿综合管廊始末的监控系统网络和每个区间 ACU 箱设置的以太网交换机传输信号的方式实现控制中心与现场 IP 电话通信。

综合管廊内的工作人员无须拨号,可直接通过 IP 电话终端与监控中心工作人员进行对话,实现报警、应急指挥等功能。通话数据主要通过 IP 网络在监控中心和综合管廊之间传输,监控中心能通过 IP 寻址精准定位通话点。

综合管廊出入口或每个防火分区内应设置通信点;对于不设置防火分区的综合管廊,通信点的设置间距不应大于 100 m。当固定式电话和消防专用电话合用时,应采用独立的通信系统。在 IP 电话终端可同时设置报警按钮,报警信号可同时转换成 IP 数据进行传输,方便报警点的定位。

2）无线对讲系统[26]

除天然气舱室外,其他舱室宜安装用于对讲通话的无线信号覆盖系统。无线对讲系统由基站和天线分布系统组成:基站包括中继转发器、电源供电系统等设备,设置在控制中心内,利用中继台自身信号能量来为了防止该设备被盗用或干扰,转发器均设置亚音频的导频信号,阻止外界频率相同的设备非法启动转发器;分布天线系统由低损耗同轴电缆、功分器和天线组成,在管廊内布放多副天线,形成多个小区覆盖集合,使信号覆盖整个管廊内部。

3.6.5.6　预警与报警系统

预警和报警系统主要为消防报警系统,可详见 3.6.4 节。

3.6.5.7　地理信息系统

地理信息系统(Geographic Information System,GIS 系统)集合了强大的地理信息数据库,在计算机的支持下,对各类地理信息进行采集、储存、管理、运算、分析、显示和描述。它可以实现对综合管廊内的工作人员、设备和巡检车辆等的位置坐标数据的采集、存储、管理、分析和表达,将信息通过多功能基站及时、准确地传输到监控中心,采用 GIS 系统,实现对通风线路、避灾路线、监测设备、巡检人机坐标等信息的可视化浏览。GIS 系统重在表达多尺度的空间对象及其几何拓扑和语义信息,一般应用于采集和处理城市地下空间的开发利用情况、城市水文地质情况、城市社会发展水平、道路拥堵情况等外部宏观的数据,可以为城市的规划与管理提供诸多裨益。

地理信息系统应包含以下几个功能:实现对综合管廊和内部各专业管线的基础数据管理、图档管理、管线拓扑维护、数据离线维护、维修与改造管理、基础数据共享等功能;能为监控与报警系统提供简洁、美观、统一、友好的人机交互界面,具有视觉冲击力;具有丰富的地图展示效果,同时支持二维、三维地图的在线展示、流畅切换,支持旋转、缩放、平移等基本操作,且具有统一坐标系,为监控人员与决策人员提供准确的地理信息,确保信息统一可视,同时在应急救援时提供有效的安全分析链(图 3-128)。

图 3-128　综合管廊 GIS 系统操作界面

图片来源:网络 http://www.stampgis.com/

3.6.6　标识系统

综合管廊标识系统的主要作用是标示综合管廊的基本信息以及管廊内部各种管线的管径、性能以及各种出入口在地面的位置等,标识系统对于综合管廊的日常维护、管理具有重要作用。根据不同用途,一般分为指引标志、管理标志、用途标志和警告标志。

1) 标志的种类

(1) 指引标志:地点方向、地点名称、交汇点名称、出入口、紧急口、位置指引(整体图)、各用途种类指引、各用途分支管指引等。

(2) 管理标志:分电盘、排水泵、换气扇、控制盘(箱)开关、插座、电源供电范围(周边设施的电源供电范围)管理范围等。

(3) 用途标志:各用途的设施表示(如电力、自来水、电信等)。

(4) 警告标志:注意上方、危险、请勿触摸、注意下方、严禁烟火、禁止吸烟、灭火器等。

2) 标志的材质

采用不透明或透明的压克力树脂,厚度在 3 mm 及以上,其中指引标志应采用带有灯光的标志牌,并连接不间断供电系统。

3) 标志的设计要求

标志的形状以长方形、三角形和圆形为主,尺寸依据所需空间的大小选择;标志选用字体和字形根据标志类型和标识内容而有所不同;色彩的标示应分为主要色系与辅助色系,根据需要确定统一的颜色规则。标志的设计可依据使用者和管理者的需要而采用不同的形式设计。

4) 设置方法

标志的设置原则为不占用设施空间,其设置方法主要有如下两种。

(1) 吊挂方式:高度应以底板算起 2.1 m 高度为标准。如果吊挂在廊内设备上时,应采用链条悬挂,且悬挂于四周都可见的位置上。

（2）粘贴方式：可以粘贴在管廊侧壁、天花板及机器设备上。

5）设置位置的原则

首先应考虑综合管廊内工作人员的视线、动线与标志的设置方向。在密闭的地下空间，为了提高标志的识别度，标志设置方向必须与工作人员的视线垂直；指示标志是最为重要的标识，因此需根据工作人员在管廊内的动线优先于其他标志配置。

根据我国《城市综合管廊工程技术规范》（GB 50838—2015），标识系统的设计和配置还需要注意以下几点。

（1）综合管廊出入口应设置介绍牌，标明管廊的建设时间、规模和容纳管线。

（2）综合管廊内的管线需要标明管线属性、规格、产权单位名称、紧急联系电话，且标志间隔不大于 100 m。

（3）设备旁需设置设备铭牌，应标明名称、基本数据、使用方式和紧急联系电话。

（4）人员出入口、逃生口、管线分支口、灭火器材设置处等部位应设置带编号的标识。

（5）综合管廊穿越河道时需要在河道两侧醒目位置设置警示标识。

图 3-131 是由日本国土交通省中部地方整备局提供的标志设计要求。

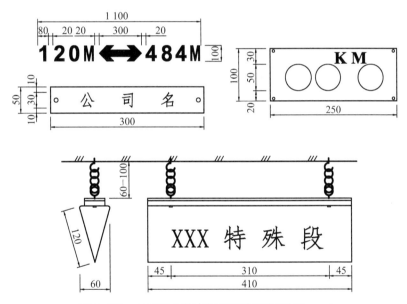

图 3-131　日本综合管廊标志设计要求（单位：mm）

图片来源：日本国土交通省中部地方整备局共同沟设计要求（作者有修改）

参考文献

［1］杨琨.浅谈城市综合管廊的设计［J］.城市道桥与防洪,2013(5):236-239.

［2］陈明辉.城市综合管沟设计的相关问题研究［D］.西安:西安建筑科技大学,2013:29-39.

［3］范翔.城市综合管廊工程重要节点设计探讨［J］.给水排水,2016(1):117-122.

［4］于丹,连小英,李晓东,等.青岛市华贯路综合管廊的设计要点［J］.给水排水,2013(5):102-105.

［5］李德强.综合管沟设计与施工［M］.北京:中国建筑工业出版社,2009.

［6］蔡昊.城市综合管廊通风系统设计刍议［J］.山西建筑,2016(15):116-117.

［7］陈自强.厦门环东海域美山路综合管廊设计要点分析[J].城市道桥与防洪,2014(1):142-146.

［8］王胜华,伊笑娴,邵玉振.浅谈城市综合管沟设计方法[J].城市道桥与防洪,2007(9):178-184.

［9］柴琳,胡冉,李思尧,等.电缆沟综合治理技术探究[J].企业技术开发,2015(17):7-8.

［10］朱江.聚丙烯纤维混凝土的防水性能及其应用[J].新型建筑材料,2000(02):38-39.

［11］刘卫东,从容,刘明.钢纤维膨胀混凝土刚性防水的研究与应用[J].建筑结构,2000(3):63-64.

［12］周子鹄.城市综合管廊防水设计与选材探讨[C]//中国工程院土木、水利与建筑工程学部,中国土木工程学会,等.2015(第二届)城市防洪排涝国际论坛论文集,2015:4.

［13］王天星,王鹏程.北京中关村西区地下综合管廊防水施工技术探讨[J].中国建筑防水,2016(13):29-31.

［14］况彬彬,陈斌.贵州六盘水地下综合管廊防水设计与施工探讨[J].中国建筑防水,2016(10):17-20,25.

［15］文凤,肖伟.探讨地下综合管廊结构工程防水技术[J].建材与装饰,2017(7):18-19.

［16］张迎新,奚晓鹏,许萌,等.预制拼装综合管廊防水系统的设计探讨[J].中国建筑防水,2016(16):26-29.

［17］王恒栋.综合管廊工程理论与实践[M].北京:中国建筑工业出版社,2013.

［18］郑坚.共同沟工艺及给排水设计的几点探讨[J].工业安全与环保,2012,38(3):65-67.

［19］李海新,张琪.综合管廊通风系统设计探讨[J].山西建筑,2015(34):137-138.

［20］陈妙芳.建筑设备[M].上海:同济大学出版社,2002.

［21］马文胜,刘惠河.共同沟设计中的几个电气技术问题[J].建筑电气,2008(9):30-32.

［22］陈武生.地下城市综合管廊抗火构造与消防设计研究[J].江西建材,2016(8):44-45.

［23］季洪金,白海龙.合肥滨湖城市天地综合管廊消防系统设计[J].中国市政工程,2011(4):36-37.

［24］邓德源.横琴新区综合管沟火灾报警设计探讨[J].安防科技,2012(1):3-7.

［25］李蕊,付浩程.综合管廊监控与报警系统设计浅析[J].智能建筑电气技术,2016(3):67-70.

［26］朱雪明.世博园区综合管廊监控系统的设计[J].现代建筑电气,2011(4):21-25.

4 地下综合管廊的施工

4.1 施工前计划

施工前计划的主要目的是在综合管廊工程施工进行前,以细部设计成果、设计施工图等为依据,进行施工组织设计,根据场地条件、现场障碍物和地质勘查结果,拟定施工工期、物料运输路线、交通维持方式、管线迁移方案和环境保护等方案。根据综合管廊的施工情况,一般需要制订道路交通维持计划、工地安全和卫生管理设施计划、废弃渣土堆放计划、既有地下管线或埋设物的保护和迁移计划、邻近建(构)筑物的保护计划、监控测量计划、施工工法选择计划和其他相关事项[1]。

4.1.1 道路交通维持计划

综合管廊位于城市道路下方的地下空间,其建设施工一般会占用一定的道路面积,使道路正常通行受到影响。在施工期间,施工单位应和城市道路交通管理部门一同研究制定相关道路及周边地区道路的交通管理策略,以期将道路交通的影响降至最小。一般而言,施工期间的道路交通维持计划应依据以下原则制订。

(1) 确保施工地区道路使用者、施工人员及施工器械的安全,保证足够的施工操作空间。

(2) 维持施工地区道路车辆与人员的通行,并确保合理的施工进度。

(3) 妥善安排减少施工对邻近地区居民与道路使用者的不便,减少对于道路交通的干扰。

(4) 道路交通维持计划应配合施工计划拟订,以求配合施工进度并维持施工期间交通的顺畅。

综合管廊施工前应对受影响路段及相关道路交叉口的道路标识、道路设施、红绿灯控制系统等进行调整:适当调整交通标志的时相与时制、调整路口平面设计、变更车道的使用方式、禁止路边停车、迁移公交车站牌、缩减人行道或分隔岛的宽度、禁止左转、工地进出管制、高峰期间禁止施工车辆在道路交通繁忙地段通行、采用夜间施工以减少道路封闭时间、采用潮汐式车道或修改施工影响段道路的线形。

若必须完全封闭施工影响区段道路或道路交叉口,则必须进行交通改道规划,可以转借邻近街道替代受影响路段或路口。改道后的道路快车道宽度至少 3 m,混合车道宽度至少 3.5 m。当没有替代道路时,不得封闭施工影响区段道路或路口。

在施工影响区段,必须保证沿线建筑物紧急出入口畅通,沿线两侧商家正常出入不受影响。人行道必须独立于车道设置,宽度一般约 2 m,以满足行人的正常通行需求。在受影响区段,应保证所有交通设施(比如交通信号灯、交通标志、公交车站牌、停车位等)迁移至适当位置。道路交通维持计划应保证车辆驾驶人员、行人、工程人员及施工器械在施工区域内的安全,严防发生意外危险。此外,对于城市道路下方已经敷设的市政管线也应一并考虑迁移方案,与管线单位及市政部门一同研究制定相应的搬迁方案,力求将对城市生产生活的影响降到最低。

4.1.2　工地安全和卫生管理设施计划

综合管廊的施工一般在地下进行,施工深度达到 5～10 m。地下施工的难度较大且不确定因素较多,存在潜在风险,因此必须特别重视施工人员的安全卫生管理,根据有关部门的法律法规制定相应的管理办法与计划。

4.1.3　废弃渣土堆放计划

综合管廊的施工会产生大量的渣土,最佳的施工设计方案是使道路挖填土方量取得平衡,充分利用。但是由于施工技术及其他原因,仍然会产生一定的废弃渣土,必须寻找合适的弃土场或依照相关法律法规处理,不可随意弃置渣土,以防破坏环境或发生其他危险。一般而言,拟定渣土弃土场应满足以下条件。

(1)弃土场的场址坡度要平缓,填土容量体积的范围要大。

(2)弃土场表面种植或自然长草后能与四周环境景观保持一致。

(3)弃土场所处位置的上游汇水区面积较小且对下游水系的影响小。

(4)当渣土堆放高度较高时,应施作相应的挡土设施,防止发生塌方或滑坡现象。

(5)避免在汇水区域的上游或中游地区设置弃土场,防止渣土弃置后由于渣土表面的水流冲刷和土石塌落而造成下游地区河床泥砂淤积,影响区域水文地质环境,造成地区径流特性改变。

4.1.4　既有地下管线或埋设物的保护和迁移计划

综合管廊的施工现场位于道路下方,因此必须采用适当的措施保护并迁移道路下方已有的市政管线或其他埋设物。一般需根据现有地下管线或埋设物的种类、深度、构造尺寸、老化程度和材质等情况,依据最安全和最经济的保护、复原原则,在与所属单位协商达成共识后,采取适宜的保护措施及迁移方案。一般有以下 7 种保护和迁移方案,即利用路面吊梁的悬吊保护、利用专用梁的垂吊保护、临时支承保护、台阶法开挖保护、更换管线材质、临时搬迁并回迁、移设并撤除等措施[1-2]。

(1)利用路面吊梁悬吊保护:开挖中暴露出的地下管线可在原来的位置以路面吊梁悬吊。在工程期间需经常进行检查,保证管线安全。为了防止吊梁震动直接传递至管线而引起管线破坏,应考虑悬吊点的隔震并仔细检查悬吊点的安全。

(2)利用专用梁的垂吊保护:进行路面覆盖时,除了覆盖梁外,须架设埋管线的专用梁,将开挖中暴露出来的管线垂吊在原来的位置。

(3)临时支承保护:大型埋设物的重量较大,利用路面托架进行保护可能会产生危险,因此需要打侧桩、中间桩或专用桩支承埋设物。

（4）台阶法开挖保护：在软弱地层中，为了防止开挖导致地层压密下陷，影响埋设物的安全，可以扩大路面覆盖的范围挖掘成台阶状，除去上层土方，并结合监测进行施工。

（5）更换管线材质：当现有地下管线位于可能发生开挖沉陷的区域内时，可考虑与管线单位协商变更管线材质或采用同一材质的新管，以防止管线在施工过程中发生折断或故障。

（6）临时搬迁并回迁：在施工道路狭窄，综合管廊的占用位置无法变更时，可暂时将原有地下埋设物或管线进行搬迁，待工程结束后再回迁至原来的位置。

（7）移设并撤除：当地下埋设物或管线阻碍到综合管廊的施工进程时，在征得所属单位的同意后，可撤除原有埋设物或管线，将其移设他处实现改道。

4.1.5　邻近建（构）筑物的保护计划

综合管廊的施工邻近道路两侧的既有建（构）筑物，势必会对其结构的安全产生一定的影响，因此必须在施工前针对施工可能造成的影响和破坏作充分的研究，进行保护方案的设计与紧急预案的制定。一般而言，针对既有建（构）筑物的保护措施主要有以下三类。

1）根据保护手段分类

（1）直接保护工法包括基础托换工法和补强工法等。

（2）间接保护工法包括化学灌浆加固工法、隔离保护法、管幕工法和冻结工法等。

2）根据既有建（构）筑物与开挖间的关系分类

（1）在结构物下方施工时可采用化学灌浆加固工法、基础托换工法、管幕工法、冻结工法和其他方法。

（2）在结构物附近施工时可采用化学灌浆加固工法、基础托换工法、隔离保护法和其他方法。

3）隔离保护的方法

隔离保护的方法就是在综合管廊开挖现场与相邻建（构）筑物设置隔离墙进行隔离保护，使周边地层的扰动或下陷所造成的影响不致波及结构物的安全。通常隔离保护的方法主要有以下几种：地下连续墙、钻孔灌注桩、SMW 工法（Soil Mixing Wall，水泥土搅拌墙）、钢板桩等。

4.1.6　监控测量计划

综合管廊在施工过程中常常遇到邻近道路两侧的既有建（构）筑物，为了防止地层开挖使建（构）筑物产生过大的位移或变形，须提前制定相关建（构）筑物的监控测量方案，用以评估保护工作，搜集相应数据，积累工程经验。

4.1.7　施工进度计划

综合管廊施工前需根据工程本身的规模和采用技术特点，制订合理、经济、安全的施工计划与工期目标。由于土木工程的施工受到气候、施工季节、场所、工序和动用人力、机械数量或质量等因素的影响，因此施工工期不能单纯仅以工程目标为对象来片面计算长短，必须综合考虑各种因素和情况，结合现代化的施工信息技术（比如 BIM 技术），制订合理的施工进度计划。

4.2 施工方法

4.2.1 综合管廊按施工方法分类

综合管廊的施工大体包括沿线基坑施工、综合管廊本体施工以及安装工程施工等。由于综合管廊的埋深不大,通常在2~2.5 m,国内已有成熟的施工经验及其相关的施工控制标准。根据综合管廊本体施工方法的不同,一般分为明挖现浇式、明挖预制装配式和非开挖式综合管廊[3]。

1)明挖现浇式(图4-1)

明挖现浇式综合管廊的直接成本相对较低,适用于城市新区的建设,一般仅布置在道路浅层,断面形式通常为矩形,因此内部空间的使用更加高效,浦东张杨路综合管廊即是该种类型。

图4-1　明挖现浇式施工

图片来源:浙江新闻 http://zj.zjol.com.cn/news/525508.html

2)明挖预制装配式(图4-2)

明挖预制装配式综合管廊一般适用于城市新区或高科技园区,最早起源于俄罗斯。它采用标准化和模块化施工技术,在工厂预制标准段,在现场浇筑接出口、交叉部等特殊段,

图4-2　明挖预制装配式工法

图片来源:网络 http://www.sdtmxxjc.com/gongchenganli/85.html

可以有效降低造价和工期,控制管廊结构质量。上海世博园区综合管廊的建设中部分采用了预制段进行施工,取得了良好的效果。

　　3) 非开挖式工法

非开挖式工法一般适用于城市中心区或深层地下空间中的综合管廊建设,采用盾构法、顶管法、浅埋暗挖法等施工,断面一般为圆形或椭圆形。日本的日比谷共同沟即为采用盾构法施工的典型案例(图 4-3),全长 1 550 m,外径约 7.3 m,埋深逾 30 m,穿越多条道路、地铁线路和工程管道。该类型的综合管廊受力性能好,在建设阶段不会影响城市交通,特别适合城市大深度地下空间的开发利用,有效降低管廊建设的外部成本。

图 4-3　日本日比谷共同沟

图片来源:学术交流资料

4.2.2　综合管廊施工方法的选择原则

4.2.2.1　干线综合管廊

干线综合管廊施工工法的选择取决于其工程地质、设计埋深与道路附近建(构)筑物的分布,一般应遵循以下原则选择。

　　(1) 干线综合管廊设置于道路中央,其埋深至少 2.5 m 以上,以保证其他管线的穿行并保证一定的安全距离。

　　(2) 道路地下埋设物或既有市政管线可能对施工造成障碍且无法迁移时,需参考4.1.4 节的内容,选用合适的保护或迁移方案,以保证干线综合管廊的顺利施工。

　　(3) 当干线综合管廊通过道路的交通流量巨大,为了防止在施工期间占用太大的道路面积,可以采用全面覆盖板施工。

　　(4) 如果道路附近没有重大建(构)筑物存在,且管廊设计埋深较浅时,可以采用现浇或预制装配式箱涵结构,选择明挖法施工。

　　(5) 如果干线综合管廊以深埋形式通过,根据当地岩土地质条件,选择盾构法、钻爆法等方法施工,断面可选择圆形或马蹄形等截面。

　　(6) 根据施工现场的地质条件不同,在安全经济的原则下选择合适的施工方式与挡土结构,比如施工地的地层为砾石层,则可以采用钢板桩等挡土措施,回填后将钢板桩拔除。

　　(7) 当干线综合管廊位于城市新区或新辟道路时,如果道路本身没有车辆通行,路幅较宽,道路两侧无高大建(构)筑物,则可以采用明挖放坡工法施工。

4.2.2.2 支线综合管廊

支线综合管廊标准段施工工法的选择应遵循以下原则。

(1)支线综合管廊原则上设置于道路两侧(或单侧)的人行道上或道路两旁绿化带下方,多采用现浇或预制装配式箱涵结构。

(2)支线综合管廊一般采用明挖法施工,当施工不会占用道路面积时可不采用覆盖板作业。

(3)支线综合管廊埋深较浅,一般采用明挖挡土工法施工,挡土工法可采用钢板(轨)桩,回填后应予以拔除。如果人行道旁有重要建(构)筑物,则应在安全经济的原则下考虑其他挡土工法。

支线综合管廊采用明挖挡土工法施工的基本步骤如图4-4所示。

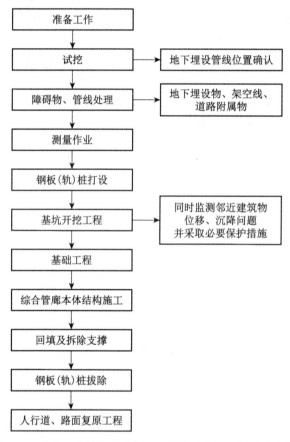

图4-4 支线综合管廊明挖钢板(轨)桩挡土施工的基本步骤

4.2.2.3 缆线综合管廊

缆线综合管廊标准段施工工法的选择应遵循以下原则。

(1)缆线综合管廊原则上设置于道路两侧的人行道下方,埋深较浅。

(2)缆线综合管廊采用预制钢筋混凝土U形箱涵结构,统一由预制工厂完成浇筑和养护,在现场完成拼装施工,以节省工期,提高施工质量。

（3）缆线综合管廊采用明挖法施工,挡土工法可以采用较短的钢板(轨)桩,回填后应予以拔除。

缆线综合管廊采用明挖挡土工法施工的基本步骤如图 4-5 所示。

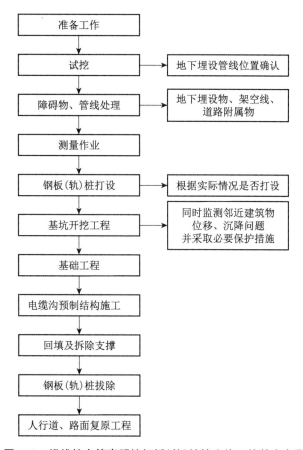

图 4-5 缆线综合管廊明挖钢板(轨)桩挡土施工的基本步骤

4.2.3 综合管廊的施工工法

4.2.3.1 明挖现浇工法[4-5]

明挖现浇工法一般可分为放坡开挖和挡土明挖两种:前者适用于地形开阔,道路内侧无建筑物影响的路段,根据施工现场岩土体的性质选择合适的坡度开挖,并在现场浇筑综合管廊结构体;后者则适用于开挖断面不太大,道路两侧建筑物较多的情况,首先在开挖面两侧施作合适的挡土设施,然后进行结构体的现场浇筑作业(图 4-6)。

明挖现浇工法的施工顺序一般为:测量放线→土石方开挖→基坑施工(基坑挡土结构施工、内支撑施工)→垫层施工→底板防水施工→底板施工→侧墙和顶板施工→防雷接地工程→防水工程→综合管廊内装饰工程→土石方回填。

1) 放坡明挖

开挖深度不超过 4.0 m 的基坑,当场地条件允许,并经验算能保证土坡稳定性时,可采用放坡开挖;开挖深度超过 4.0 m 的基坑,有条件采用放坡开挖时,宜设置多级平台分层开

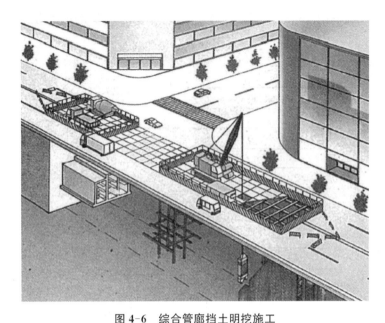

图 4-6　综合管廊挡土明挖施工

图片来源:日本国土交通省关东地方整备局《首都东京之共同管道的现况与课题》

挖,每级平台的宽度不宜小于 1.5 m;采用放坡开挖时,应对基坑稳定性备有周全的应急对策和措施,放坡系数应根据施工现场土体情况,参考相关国家规范确定。

2) 边坡支护

当综合管廊采用放坡开挖时,基坑深度一般较小,但是在水文地质条件或者气候状况不佳时,为了防止出现边坡失稳等情况需要采取一定的防护措施。

(1) 边坡修坡:将边坡修缓或修成台阶形,结合坡顶卸土以减小下滑重力。

(2) 设置边坡护面:控制地表排水经裂隙渗入边坡内部,从而防止土体软化,增加孔隙水压力。可以在边坡表面均匀喷涂水泥砂浆,提高开挖时边坡的整体稳定性,或者遮盖防水雨布,减少强降雨对于边坡的冲刷作用。

(3) 边坡坡脚抗滑加固:采用抗滑桩、旋喷法、分层注浆法、深层搅拌法等工法加固坡脚,加固时需保证加固区穿过滑动面并在滑动面两侧保持一定范围。

3) 挡土明挖

当基坑深度较大,施工现场两侧有较多建(构)筑物而无法采用放坡开挖时,一般采用挡土明挖法施工。挡土结构一般可以采用钢板桩、钢轨桩、地下连续墙等,需要综合考虑基坑开挖深度、工程地质与水文地质条件、周边环境要求、支护结构使用期限等因素选择适合的挡土结构。

4) 基坑降水

基坑降水方法一般采用明排法(图 4-7)或人工降水(图 4-8)的方法。

(1) 明排法适用于不会出现流砂和管涌的浅基坑,通常采用分层开挖排水或分层明沟排水,在基坑内设置集水井和排水边沟,采用离心泵或潜水泵排水。

(2) 人工降水的方法主要有轻型井点、喷射井点、电渗井点、管井井点和深井泵降水等,其选用需要根据土的渗透系数、要求降低水位的深度、工程特点及设备条件决定。

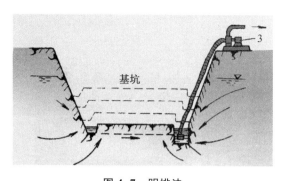

图 4-7　明排法

图片来源:学术交流资料

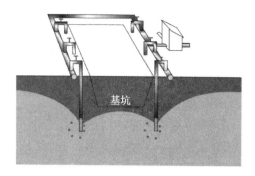

图 4-8　人工降水法

图片来源:学术交流资料

5)明挖覆盖工法

　　明挖现浇工法的施工速度较快,工程造价和施工难度相对较低,但施工时会占用道路空间,造成交通拥堵。因此,当城市道路交通繁忙,施工不可中断道路交通时,一般可以采用明挖覆盖工法,通过增加挡土设施、道路覆盖板等设备,在适当控制道路交通流量的情况下施工。明挖覆盖工法的施工步骤如图 4-9 所示,施工示意图如图 4-10 所示。

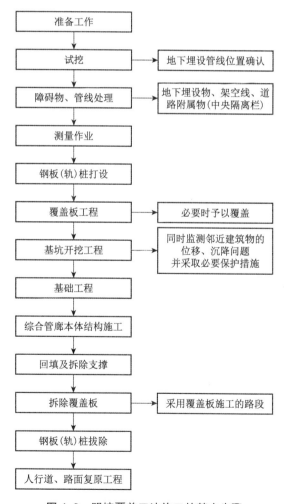

图 4-9　明挖覆盖工法施工的基本步骤

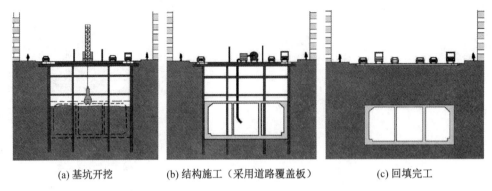

(a) 基坑开挖   (b) 结构施工（采用道路覆盖板）   (c) 回填完工

图 4-10 明挖覆盖工法示意图

图片来源:日本国土交通省关东地方整备局《首都东京之共同管道的现况与课题》

4.2.3.2 明挖预制装配工法[4-5]

明挖预制装配工法是指在明挖施工的基础上,采用预制拼装的施工工艺,将工厂预制的分段构件在现场拼装成综合管廊。采用该工法施工的综合管廊以矩形结构和类矩形的异形结构为主。与明挖现浇工法相比,该工法的主要优点有以下几点。

（1）管廊预制构件在工厂生产,产品质量高、精度好。

（2）预制构件采用流水线生产,现场施工以吊装为主,节省大量人力资源。

（3）工厂预制构件的模具利用率高,构件形状可以任意调整。

（4）施工周期短,现场施工以吊装和现浇相结合,施工速度快,结构整体性好。

（5）施工现场环境影响小,节能环保。

上海世博园区综合管廊总长约 6.4 km,其中 6.2 km 管廊采用现浇工法施工,0.2 km 管廊采用预制装配式工法施工,预制预应力标准管节长度 2 m。预制预应力管节在构件厂制作,可与现场其他施工环节协调进行,不占用现场工期。由于预制结构的现场作业仅有管节吊装、拼装与连接件防腐,这些施工作业的效率较高,所需工期较短。因此,以世博园区综合管廊的工程为例,采用明挖现浇法建造一个标准施工段用时约 40 d,而采用预制装配式工法仅需约 22 d,可以缩短工期约 45%。虽然预制预应力管节的主体结构造价略高于现浇法施工,但是由于预制预应力综合管廊施工周期的缩短使基坑支护时间大幅减少,从而有效降低了基坑支护成本,使最终的土建成本降低约 4%（表 4-1）。此外,预制装配工法可以明显减少现场噪音、污水和废气的排放,预制管节的防水性能较好,抵抗不均匀沉降的能力较强,在环境保护和经济性能方面都有较大优势[6]。

表 4-1   综合管廊标准施工段土建成本对比[6]   单元:万元

项目	明挖现浇工法	明挖预制装配工法	差额（明挖现浇工法—明挖预制装配工法）
主体结构	23.9	25.0	−1.1
基坑开发与支护	7.0	4.5	2.5
土建总成本	30.9	29.5	1.3

表格来源:薛伟辰,王恒栋,胡翔《上海世博园区预制预应力综合管廊的经济性分析》。

明挖预制装配工法的主要施工步骤包括预制构件施工、基坑开挖与支护、素混凝土垫层施工、预制管节吊装与拼装、完全螺栓紧固、构造连接和拼缝处理、螺栓手孔防腐处理、土方回填和支护体系拆除等(图4-11)。

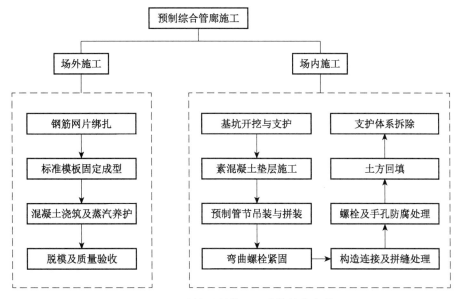

图4-11　明挖预制装配工法的基本步骤

图片来源:薛伟辰,王恒栋,胡翔《上海世博园区预制预应力综合管廊的经济性分析》(作者有修改)

采用预制装配式工法施工的综合管廊是由若干预制构件拼装而成的,拼接缝或拼接接头是结构防水的薄弱点。预制拼装的接头包括横向接头和纵向接头(图4-12),接头防水常采用遇水膨胀橡胶密封垫预压防水法:该方法以橡胶密封垫的静态密封原理为理论基础,认为橡胶密封垫在工作状态下的材料性能与高黏体系类似,具有把压力传递到其接触面的特性,继而可以有效密封,实现防水效果。在施工时需要严格注意接头处遇水膨胀橡胶垫的错位,为了防止在拼装前橡胶垫已经遇水膨胀,可在橡胶垫表面涂刷一层缓膨胀剂。在上海世博园区综合管廊的应用中,这种接头防水方法的效果较好,特别是其长期防水性能明显好于短期防水性能。

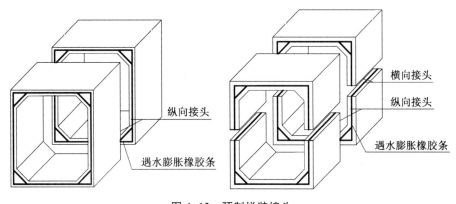

图4-12　预制拼装接头

图片来源:孔祥臣《预制拼装综合管廊接头防水性能研究》

此外,预制装配整体式综合管廊也属于该工法(图 4-13)。它利用装配整体式混凝土技术将预制混凝土构件或部件通过钢筋或施加预应力连接,现场浇筑混凝土或水泥基灌浆料形成整体的综合管廊。各部分的预制、叠合构件均可根据情况采用现场浇筑构件任意替换。这种施工方式特别适用于高寒地区对于施工工期有较强要求的综合管廊项目,其管廊整体性好,施工快,在哈尔滨市的综合管廊建设中发挥了重要作用,其具体的技术要求可参考《哈尔滨市预制装配整体式混凝土综合管廊技术导则(试行)》(2015 年)。

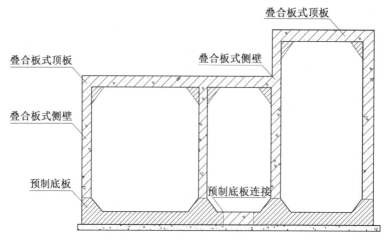

图 4-13　预制装配整体式综合管廊

图片来源:《哈尔滨市预制装配整体式混凝土综合管廊技术导则(试行)》(2015 年)

4.2.3.3　盾构法[7]

当综合管廊埋深较深,或者与城市重要道路、河流相交穿越时多采用盾构法(图 4-14)。盾构法是非开挖工法中一种全机械化施工的方法,它采用盾构机在土层中推进,通过盾构外壳和管片支承四周岩土体,防止发生隧道内坍塌(图 4-15)。盾构机采用切削装置开挖前方土体,通过出土机械将土体运出洞外,千斤顶在后一环管片上加压顶进,机械臂根据预先程序自动完成每环管片的安装。

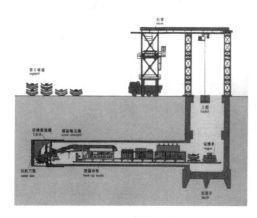

图 4-14　盾构法施工

图片来源:新浪网新闻中心 http://news. sina. com. cn/c/p/2006-11-15/192011526123. shtml

图 4-15　盾构机

图片来源:新浪网新闻中心 http://news. sina. com. cn/c/p/2006-11-15/192011526123. shtml

盾构法施工的自动化程度高、施工速度快、一次成洞、不受气候影响、开挖时可控制地面沉降、对交通和环境的影响小,特别适合在城市中心区域施工。采用盾构法施工的综合管廊一般为圆形,虽然其受力性能较好,但是内部空间的使用率较低。为了解决这一矛盾,近20年来工程技术人员已相继开发了矩形、椭圆形、马蹄形、自由断面形和多圆形(图4-16)等异形盾构,比如宁波轨道交通联合上海隧道股份开发的"阳明号"类矩形盾构(图4-17)就是其中一种。

图 4-16　日本多圆形盾构

图片来源:新民周刊 http://xmzk.xinminweekly.com.cn/News/Content/6987

图 4-17　"阳明号"类矩形盾构

图片来源:新民周刊 http://xmzk.xinminweekly.com.cn/News/Content/6987

根据盾构开挖面支承方式的不同,盾构机可分为土压平衡式盾构和泥水平衡式盾构两种。

1)土压平衡式盾构

土压平衡式盾构适用于含水饱和软弱地层中的施工,其原理是使盾构密封舱内始终充满用刀盘切削下来的土,并保持一定的压力,以此平衡开挖面的土压力。盾构施工时利用全断面切削刀盘上的刀具,在刀盘扭矩和千斤顶推力的作用下,对正面土体进行切削。切削下来的土体经刀盘开口进入刀盘后面的密封舱,必要时通过配备的加泥(泡沫)系统对舱内土体进行改良,使其具有良好的塑流性和较少的黏结力,再通过可控制转速的螺旋输送机和后续皮带输送机连续地进行弃土。其结构示意图如图4-18所示。

土压平衡式盾构的构造主要包括盾构壳体、刀盘及驱动系统、螺旋输送机、管片拼装机、推进系统、集中润滑系统、盾尾密封系统、同步注浆系统、加泥系统、皮带输送系统、液压系统、电气控制系统及配套车架辅助系统等。全断面切削刀盘位于盾构机的前端,用以切削土体;盾构机的中心或下部有一个长筒形螺旋输送机的进入口,其出口在密封舱外,输送机需配合刀盘的切削速度以控制出土量,保证密封舱内充满泥土而又不过于饱和。

2)泥水平衡式盾构

泥水平衡式盾构适用于软弱的淤泥质黏土层、松散的砂土层、砂砾层、卵石砂砾层和砂砾等地层,尤其适用于地层含水量大、上方有较大水体的越江隧道和海底隧道的施工,相较于土压平衡式盾构,泥水平衡式盾构可以更好地控制地表沉降,在城市中心区建筑密集,地表沉降要求高的地段有较好的适应性。

泥水平衡式盾构主要由盾构掘进系统、泥水加压和循环系统、综合管理系统、泥水分离处理系统和同步注浆系统组成,其结构示意图如图4-19所示。

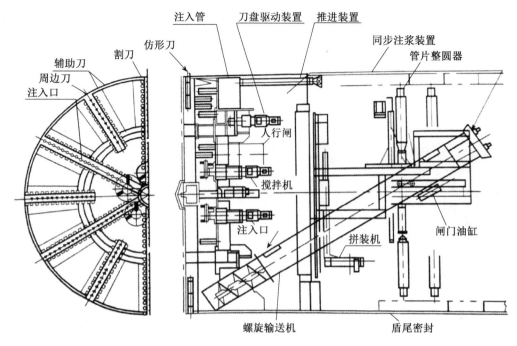

图 4-18　土压平衡式盾构[7]

图片来源:白云,丁志诚《隧道掘进机施工技术》

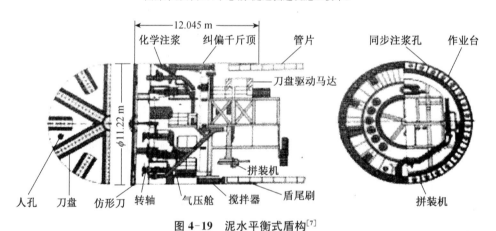

图 4-19　泥水平衡式盾构[7]

图片来源:白云,丁志诚《隧道掘进机施工技术》

泥水平衡式盾构通过在支承环前面装置隔板的密封舱中注入适当压力的泥水,使其在开挖面形成泥膜,支承正面土体。安装在正面的大刀盘切削土体表层的泥膜,进而与泥水混合后,形成高密度泥浆,由排泥泵及管道输送至地面。送到地面的泥水经过一次分离和二次分离设备,再形成优质泥水进入盾构开挖面内循环使用。

盾构法施工的主要步骤有:建造盾构工作井→安装盾构掘进机→出洞口土体加固→初推段掘进施工→掘进机设备转换→盾构连续掘进施工→接收井洞口土体加固→盾构机进入接收井并运出地面。盾构法的施工步骤如图 4-20 所示,施工示意图如图 4-21 所示。

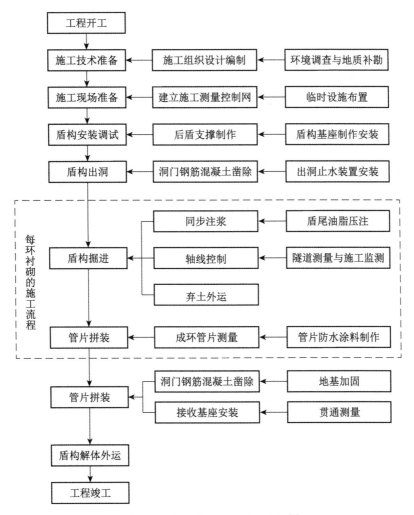

图 4-20 盾构法施工的基本步骤[7]

图片来源:白云,丁志诚《隧道掘进机施工技术》

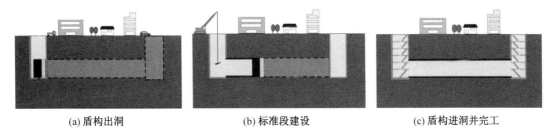

(a) 盾构出洞   (b) 标准段建设   (c) 盾构进洞并完工

图 4-21 盾构法施工示意图

图片来源:日本国土交通省关东地方整备局《首都东京之共同管道的现况与课题》

(1)盾构进洞和出洞

盾构出洞(图 4-22)是指在始发井内,盾构按设计高程及坡度推出预留孔洞,进入正常土层的过程。盾构进洞(图 4-23)是指盾构沿着设计线路,在区间隧道贯通前 100 m 至接收井并被推上盾构基座的整个施工过程。盾构进出洞涉及的施工环节多,工作量大,是盾构法施工的重要工序。

图 4-22　盾构出洞
图片来源:同济大学谢雄耀教授"地下结构施工"
课程资料

图 4-23　盾构进洞
图片来源:同济大学谢雄耀教授"地下结构施工"
课程资料

① 盾构出洞涉及洞门预留块制作、四周土体加固、封门的凿除、盾构后座支撑、顶进等工序,一般在出洞 50 m 后,隧道施工才进入正常的工作状态。盾构出洞的洞口结构形式一般有外封门、内封门、特殊封门、地下连续墙封门、钻孔灌注桩封门、SMW 工法封门和合成纤维混凝土洞门等。为了防止出洞时,土体在临空面产生大量的坍塌或涌水,一般采用高压旋喷桩、深层搅拌桩、SMW 工法、注浆法、冻结法等加固土体。盾构出洞施工流程如图 4-24 所示。

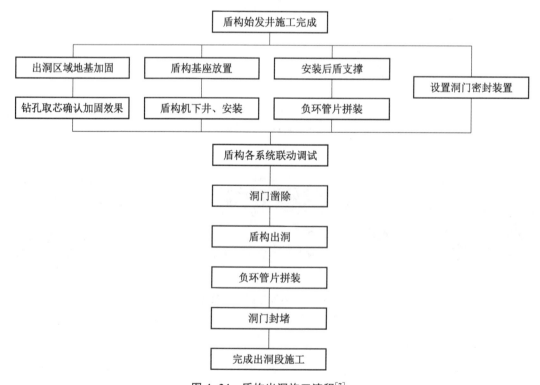

图 4-24　盾构出洞施工流程[7]
图片来源:白云,丁志诚《隧道掘进机施工技术》

② 盾构进洞的工艺流程与出洞时类似,为了防止进洞时地下水和流砂涌入接收井,需要加固进洞区的土体,加固区范围的长度宜在盾构长度的基础上加上管片的宽度尺寸。盾构进洞施工流程如图 4-25 所示。

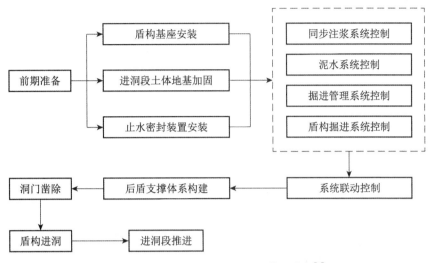

图 4-25　泥水平衡式盾构进洞施工流程[7]

图片来源:白云,丁志诚《隧道掘进机施工技术》

(2) 管片及管片拼装

盾构法施工的管片一般在工厂预制,按不同材质分类主要有钢筋混凝土管片、钢管片、球墨铸铁管片和复合管片,近年来,我国盾构隧道多采用钢筋混凝土管片。钢筋混凝土管片的厚度与隧道直径成正比,一般为 275～650 mm 之间,环宽与直径成正比,一般为 700～2 000 mm 之间。每一环管片一般为 6～8 块,分别为标准块和封顶块,其中封顶管片一般趋向于小封顶(图 4-26)。管片环面外侧设有弹性密封垫槽,内侧设嵌缝槽,保证管片缝隙间的防水(图 4-27)。管片之间采用螺栓连接,环与环间为纵向螺栓,每环中各管片采用环向螺栓,防止结构在特殊工况下出现过大变形和纵缝。

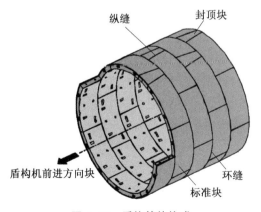

图 4-26　盾构管片构成

图 4-27　盾构管片止水条

图片来源:http://img.co188.com/ivp/images/
product/314/315/384/1437184031217.jpg

盾构管片的拼装一般有通缝拼装、错缝拼装两种形式。

① 通缝拼装(图4-28):拼装时各环管片的纵缝互相对齐,容易定位,纵向螺栓连接较为方便,衬砌环施工应力小。但是,通缝拼装的环面平整度差,由于环缝压密量不通,容易引起拼装误差累计。

② 错缝拼装(图4-29):拼装时纵缝互相错开,相邻圆环的环间错开1/3~1/2管片。采用错缝拼装可以提高管片接头的刚度,加强结构的整体性。错缝拼装时环缝较为平整,环向螺栓连接较为方便,但是纵缝压密性较差,容易造成管片错台或开裂,施工精度要求较高。此外,防水材料也可能因为拼装误差而压密性较差,继而产生渗漏水现象。

图4-28 通缝拼装
图片来源:同济大学谢雄耀教授"地下结构施工"课程资料

图4-29 错缝拼装
图片来源:同济大学谢雄耀教授"地下结构施工"课程资料

盾构管片在尾部盾壳的保护下,利用举重臂拼装。为了防止盾构机旋转,举重臂的拼装一般遵循自下而上、左右交叉,最后封顶成环的顺序。管片的拼装方式主要有先环后纵、先纵后环两种。

① 先环后纵:当盾构后退量较小时采用这种方式施工,施工时先将管片拼装成环,拧紧环向螺栓,将纵向螺栓穿进螺栓孔后采用千斤顶整环纵向靠拢,然后紧固纵向螺栓,完成一环管片的拼接。先环后纵的拼装使管片环面平整,圆环的圆度容易控制,纵缝拼接质量好,但是在容易产生盾构后退的地段不宜采用这种方式。

② 先纵后环:在盾构后退量较大时,为了减少地面沉降可以采用这种方式施工。施工时每一块管片拼装处的千斤顶缩回,之后安装该处管片,其他千斤顶仍支撑在盾构上,逐块轮流进行,直至拼装成环。这种方式拼装的管片环缝压密性好,纵缝压密性较差,圆环圆度较难控制。

对于封顶块的拼装一般先径向2/3插入拼装位置,调准后再沿纵向缓慢插入。施工时不能强行插入封顶块或者大幅上下调整封顶块的位置,以免损坏或松动止水条。

(3)衬砌壁后注浆

盾构机刀盘的开挖直径大于管片外径,因此当管片脱出盾尾后,土体和管片之间会形成一定厚度的圆环空隙。为了弥补这部分空隙中的土体损失,控制地表下沉,改善衬砌的受力状态并增强衬砌防水的效果,需要进行衬砌壁后注浆。衬砌壁后注浆一般有同步注浆和二次压浆两种方式。

① 同步注浆:压浆与盾构推进速度同步,即做到建筑空隙形成的同时立即压入等量的

浆体填充其空隙,压浆出口设在盾尾处。

② 二次压浆:通常称为补压浆,一般作控制地表后期沉降的手段,根据地表观测数据,在沉降有增大处的管片压浆孔压出。

衬砌壁后压浆量一般为理论建筑空隙的 130%～250%,具体压浆量应按地表变形观测数据作调整,压浆压力略大于地层压力。压浆操作应左右对称,从下往上逐步进行,并尽量避免单点超压注浆。在衬砌背后空隙未被完全充填之前,不能中途停止工作,此外一个孔眼注浆应进行到上一个压浆孔出现灰浆为止。

4.2.3.4 顶管法[8]

顶管法借助油缸推力,将顶管机和管段从工作坑顶进至接收坑,是一种非开挖工法。顶管法的施工设备少、工序简单、工期短,对地面影响小,主要用于穿越铁路、公路或河流的综合管廊施工。它适用的土层范围较广,包括卵石、碎石、砂土、粉性土和黏性土等。顶管法主要用于管径为 300～4 000 mm 的综合管廊施工,顶进距离一般不超过 1 000 m,埋深应大于顶管外径的 1.5 倍,且覆土大于 1.5 m,在穿越河底时覆土不宜小于 2.5 m。

采用顶管法施工的隧道早期仅为圆形结构(图 4-30),随着技术的进步,日本率先于 20 世纪 70 年代研制出矩形顶管并应用至东京地下人行通道的建设中。20 世纪 80 年代,日本名古屋和东京采用 4.29 m×3.09 m 的手掘式顶管掘进了 2 条长度分别为 534 m 和 298 m 的综合管廊。2016 年 8 月包头市采用矩形顶管技术修建经十二路和经三路综合管廊,开创了国内采用矩形顶管技术修建综合管廊的先河(图 4-31)。

图 4-30　圆形顶管

图片来源:学术交流资料

图 4-31　矩形顶管

图片来源:学术交流资料

顶管法的施工系统主要由工作基坑、掘进机(或工具管)、顶进装置、顶铁、后座墙、管节、中继间、出土系统、注浆系统以及通风、供电、测量等辅助系统组成。根据顶管掘进机的施工工艺不同可以分为手掘挤压式顶管、半机械式顶管和机械式顶管三种。目前工程中多采用机械式顶管施工,即泥水平衡式顶管和土压平衡式顶管(图 4-32)两种。

1) 泥水平衡式顶管

施工时通过进水管向顶管机刀盘后的泥水舱内供给一定比重、一定黏度、一定压力的黏土及其他添加剂和水混合而成的泥水,让其在顶管机挖掘面上形成一层泥膜,并以泥水舱内泥水的压力来平衡挖掘面上的土压力和地下水压力,同时通过排泥管把顶管机刀盘切削下来的土体变成泥水输送到地面。

图 4-32　土压平衡式顶管法施工现场

图片来源:网络 http://b2b.hc360.com/viewPics/supplyself_pics/433271785.html

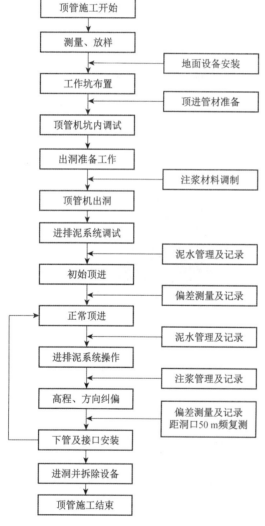

图 4-33　泥水平衡式顶管施工的基本步骤

图片来源:学术交流资料(作者有修改)

泥水平衡式顶管比较适合在覆土深度大于 1.5 倍管外径的条件下施工,它适用的土质范围较广,施工速度较快、精度高,挖掘面稳定,施工时的地面沉降较小,可以用于大、中、小各种口径的长距离顶管施工。但是泥水平衡式盾构的泥水需要进行二次处理,附属设备较多,施工工艺较为复杂,对于电力和水的消耗量较大,也不适用于渗透系数大和卵石含量多的砂卵石地层。泥水平衡式顶管的施工流程如图 4-33 所示。

2)土压平衡式顶管

利用安装在顶管机最前面的全断面切削刀盘,将正面土体切削下来进入刀盘后面的密封舱内,使密封舱具有一定的压力,并与开挖面的水土压力平衡,以减少顶管推进对地层土体的扰动,从而控制地表沉降。出土时由安装在密封下部的螺旋运输机向排土口连续地将土渣排出。

土压平衡式顶管可以在覆土仅达 0.8 倍管外径的浅覆土层中施工,其适用土层范围广,即使在地下水位较低、渗透系数比较大的砂卵石地层中也可以适用。由于土压平衡式顶管受到螺旋输送机的制约,仅能适用于大、中口径的顶管中,受制于出土方式的制约,施工速度比较慢。相较于泥水平衡式顶管,土压平衡式顶管的附属设备少,施工工艺较为简便,对于电力和水的消耗量较少。土压平衡式顶管的施工流程如图4-34所示。

当顶管法施工时,顶管四周的摩阻力越来越大,受制于千斤顶的顶力和千斤顶后背墙体的承载能力,顶管法施工的隧道长度较短。为了进行长距离及超长距离的顶管顶进,仅仅提高管道混凝土的抗压强度(比如采用玻璃纤维管或钢管),或者减小管壁与周围土体的摩擦力(比如采用注浆减摩技术)是不够的,一般还需要采用中继间接力顶进技术。

中继间,又称为中继站或中继环,主要由壳体结构、油缸、密封件等部件组成(图4-35)。采用中继间接力顶进技术就是将一条较长的管道分为多个区段,并在每个区段之间加入中继间进行"接力"推进,总顶力分散在若干管段之间,以减少工作井后背所承受的压力。

中继间的布置要与理论计算得出的顶力相配,还要充分考虑工程的实际情况。考虑到工具管顶进时,其正面的阻力会因土质的变化而发生较大的变化,为了预留足够的顶进推力,第一个中继间应放在比较靠前的位置,且当千斤顶总推力达到中继间总推力的40%~60%时,就应安放。之后的中继间在推力达到中继间总推力的70%~80%时安放。

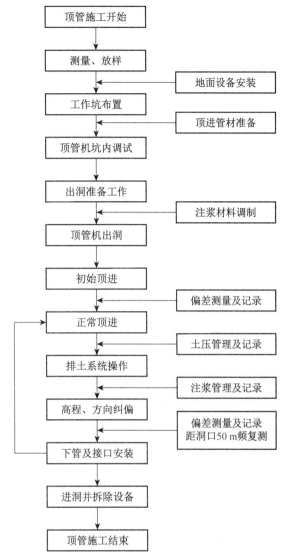

图4-34　土压平衡式顶管施工的基本步骤

图片来源:学术交流资料(作者有修改)

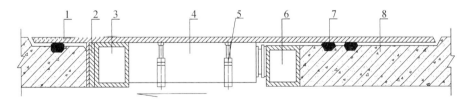

1—中继管壳体;2—垫环;3—均压角环;4—油缸;5—油缸固定装置;6—均压钢环;7—止水阀;8—特殊管

图4-35　中继间构造

图片来源:同济大学谢雄耀教授"地下结构施工"课程资料

中继间的运行可分为联动控制(自动控制)和手动控制。在长距离的顶进中,为了提高顶进效率,可以将中继间编组推进。比如将三个中继间编为一组,则顶进施工时,先从最前方的中继间开始,依次将管段向前顶进一段距离,然后第二、第三个中继间依次顶进。在第四个中继间开始顶进时,第一个中继间也同时开启顶进,这样依次循环进行,直至隧道顶进全部完成。顶管法施工完成后应按一定的顺序拆除中继间,拆除工作从隧道顶进方向最前面的中继间开始向后拆,拆除时遗留下的空间由后面的中继间向前顶进补上,使管口相连接。

4.2.4 其他施工问题

1) 综合管廊的沉陷问题

综合管廊的结构形式一般为矩形或圆形,钢筋混凝土体积占整个空间体积的35%～40%。假设钢筋混凝土的比重为2.5,所挖除土体的比重为2,则综合管廊的整体比重仍小于所挖除土体的比重,因此综合管廊下方土体所承受的荷载小于原始的覆土压力,通常不会发生沉陷现象。

2) 综合管廊的上浮问题

综合管廊钢筋混凝土的体积占整体结构体积的35%～40%,则管廊所占空间的整体比重为0.88～1.0,小于水的比重1.0,因此有上浮的可能性。综合管廊的埋深一般达到2.5 m,上覆土层可以提供一定的荷载,有效抑制上浮力。但是在实际设计和施工中仍要考虑地下水位的变化对综合管廊上浮的影响,设计时需进行上浮验算,并采用相应的抗浮措施。

3) 综合管廊施工对周边建(构)筑物的影响

采用明挖法施工时主要有放坡开挖或挡土开挖两种形式,根据工程所处道路的规模,开挖范围应控制在道路红线范围内。在基坑开挖时,通常会配合进行井点降水,井点降水容易形成陡降式的地下水位。地下水位在较小范围内有较大变化,容易使周边建筑物下方的土层产生不均匀压密沉陷,造成邻近结构物的不均匀沉降或倾斜。为了防止这种情况的发生,一般可以在结构物周围同步井点降水,避免不均匀沉降。

4) 新建建(构)筑物对综合管廊的影响

如果新建建(构)筑物的基础开挖深度小于综合管廊的基础深度,则不会产生影响。如果基础的开挖深度大于综合管廊的基础深度,则须保证开挖基坑与综合管廊的距离大于开挖深度,或者采用刚度较大的挡土结构作为基坑围护结构,以此减轻基坑开挖对于综合管廊的影响。

参考文献

[1] 杨新乾. 共同管道工程[M]. 台北:詹氏书局,1992.

[2] 陈辉. 轨道交通工程中地下管线处理方案探讨[J]. 城市建设理论研究(电子版),2012(3).

[3] 谭忠盛,陈雪莹,王秀英,等. 城市地下综合管廊建设管理模式及关键技术[J]. 隧道建设,2016(10):1177-1189.

[4] 李德强. 综合管沟设计与施工[M]. 北京:中国建筑工业出版社,2009.

[5] 徐伟,吴水根. 土木工程施工基本原理[M]. 2版. 上海:同济大学出版社,2014.

[6] 薛伟辰,王恒栋,胡翔. 上海世博园区预制预应力综合管廊的经济性分析[J]. 特种结构,2009(2):101-104.

[7] 白云,丁志诚. 隧道掘进机施工技术[M]. 北京:中国建筑工业出版社,2008.

[8] 杨林德. 软土工程施工技术与环境保护[M]. 北京:人民交通出版社,2000.

5 综合管廊建设与管理模式

5.1 建设管理流程

综合管廊的建设管理流程主要包括三个阶段(图 5-1):发起与筹备阶段、规划设计与施工阶段、运营管理阶段[1]。

(1)在综合管廊项目的发起与筹备阶段,应该充分考虑本地区的经济、社会等情况,判定是否有必要进行综合管廊项目的建设。综合管廊项目的初期投资巨大,并非每一座城市或者城市中每一个区域都有建设的必要和资金实力。此外需要充分考虑综合管廊的建设模式,根据本地区的财政实力,研究最适合的投融资模式。最后,为了保障综合管廊投资、规划、设计、施工及运营维护等过程,应该着力领会国家相关政策与法规,并研究制定适宜本地区的综合管廊建设的法规及技术标准。

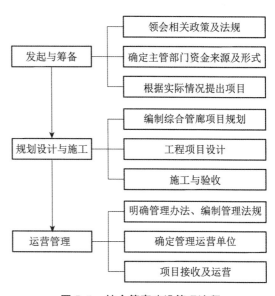

图 5-1 综合管廊建设管理流程

(2)在综合管廊项目的规划设计与施工阶段,应该在充分借鉴国内外已有案例和可行性研究的基础上,按照从面到线再到点的思路,层层深入综合管廊项目的系统规划和布局,即进行:综合管廊适建区分析→综合管廊线路网络分析→纳入管线分析→确定断面形式→管廊工程项目设计→管廊工程施工。

(3)在综合管廊项目的运营管理阶段,应研究制定综合管廊运营管理办法和条例,明确综合管廊的专门管理机构与管理内容,完成管廊项目的接收和运营。

5.2 建设管理模式

总体来说,我国大陆地区的综合管廊建设由政府主导进行:各地区政府在综合管廊项目的启动前制定一系列的法规与政策,为其提供一个政策上的保证;城市建设管理部门的决策者们根据城市实际发展的需要以及国家宏观政策的方向,推动综合管廊项目的规划和实施。根据我国大陆地区已有的相关案例,综合管廊的建设管理模式大体分为四种[2]。

5.2.1 政府或国有企业全权负责模式

政府或国有企业全权负责模式(图5-2),简而言之就是"政府投资,企业租用"的建设管理模式,由政府、政府出资组建的国有投资公司或直接由已成立的政府直属国有投资公司负责综合管廊的投资建设,将综合管廊视为公益性市政基础设施。投资资金的来源主要包括政府财政的无偿投入、经营资源融资(比如土地批租)或政府主导的负债融资(比如银行贷款)等。在项目建成后由政府或国有企业作为主导,组建项目管理公司,负责管廊的运营工作。各专业管线单位根据自身的需要,选择是否进入管廊,并向管理公司交纳一定的入廊及运营维护费用。

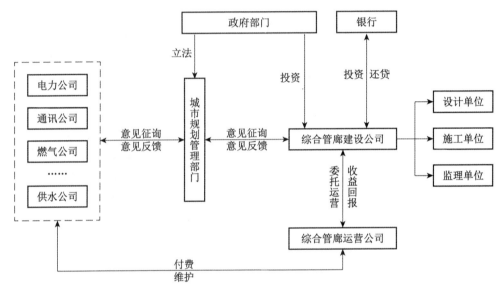

图5-2 政府或国有企业全权负责模式

由于综合管廊属于重点基础设施项目,投资数额较大,外部效应突出,对城市的发展具有重大的作用,因此采用政府或国有企业全权负责模式可以避免由于资金筹措困难、投资不足等导致的项目拖延。建成后其产权归国家所有,权属明晰,充分保证了政府对综合管廊的有效控制以及服务质量。但是这种模式大大增加了政府的财政负担,完全将民间资本排除在外,不利于开拓管廊的融资建设渠道。由于国家尚未出台管线强制纳入综合管廊的政策,容易造成建设单位难以收回建设、运营成本的局面。

广州大学城综合管廊项目由政府主导建设,广州市政府授权大学城建设指挥部组建广州大学城投资经营管理有限公司(国有公司)。综合管廊建设资金由政府财政提供,管廊的运营管理由广州大学城投资经营管理有限公司聘请的广钢物业管理公司进行,并根据建设成本分摊及实际运营费用对入廊管线单位收取一定的费用,如图5-3所示。

英国、法国等欧洲国家,由于政府财政实力雄厚,综合管廊的建设资金由政府全权负责,产权归政府所有,政府则通过出租管廊空间的形式实现投资的部分回收,通过完善的法律程序以及行政约束力保证管线单位必须使用综合管廊(图5-4)。

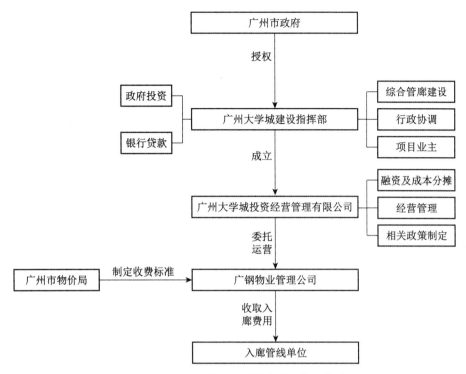

图 5-3 广州大学城综合管廊建设管理模式

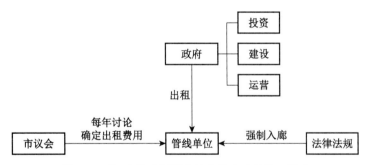

图 5-4 英、法等欧洲国家综合管廊建设管理模式

在新加坡,国家发展部(Ministry of National Development)作为唯一的业主,主要负责综合管廊建设资金的筹措,即综合管廊的建造费用由新加坡政府承担;市区重建局(Urban Re-development Authority)作为综合管廊管理的政府代表,负责综合管廊建设行政与质量管理工作;新工产业管理服务有限公司 CPG FM(CPG Facilities Management)是新加坡综合管廊运营管理方面唯一的主导公司,负责管理综合管廊内的设备并收取管理费用;各管线单位作为综合管廊的使用者,分担综合管廊的运营与维修费用[3](图 5-5)。

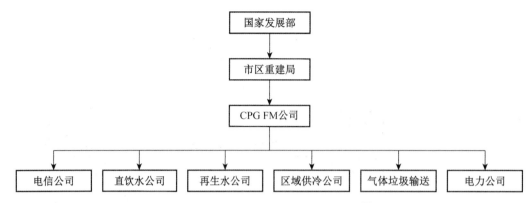

图 5-5　新加坡综合管廊建设管理模式[3]

图片来源:李春梅《全生命周期管理:地下综合管廊的新加坡模式》

5.2.2　政府与专业管线单位联合负责模式

政府和各参与投资的管线单位共同成立项目公司,政府通过划拨专项资金作为综合管廊的建设基金,而各管线单位则以自有资金出资或向银行贷款筹措相应的投资经费。在建成运营后,由项目公司自行组建物业管理公司或者委托专业的运营公司负责管廊的运营和日常维护,运营管理费用则由政府和各管线单位共同分担(图 5-6)。在这种模式中,政府和管线单位的投资比例一般采用以下两种方式进行合理划分[4]。

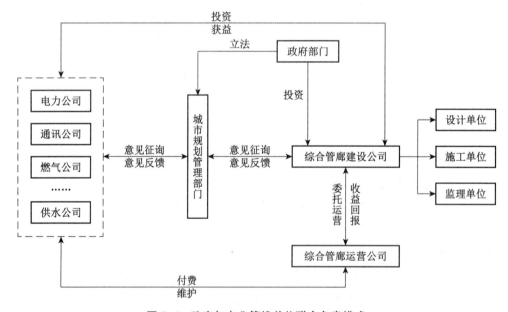

图 5-6　政府与专业管线单位联合负责模式

(1)管线单位出资,政府补足:联合项目公司成立后,政府将各管线单位用于直埋敷设管线的资金集中起来,该资金与综合管廊初期投资费用的差额部分由政府补足。

(2)比例分摊:政府根据一定的比例分摊部分投资经费,而各管线单位再通过一定的比例分摊剩余的投资费用。

综合管廊工程不应只专注于管廊主体结构的建设,而应该将管线和主体结构共同考虑,明确管廊主体结构不是独立的个体,它存在的意义就是收容市政管线,提高市政服务水平。因此,采用政府与专业管线单位联合负责模式既可以减轻政府的财政负担,在综合管廊建成后也不会有无人租赁、无人使用的局面产生,综合管廊的规划和设计完全由市政管线的敷设决定,保证了管廊走向和合理性与空间断面的适用性。但是对于各管线单位而言,这将大大增加其财务负担,在缺乏国家层面综合管廊法律法规的前提下,如何界定综合管廊的产权归属,如何确定综合管廊投资经费的分摊方式也是不小的难题。

日本和我国台湾地区就采用这种建设管理模式。

1)日本

日本综合管廊的规划、建设、运营(图5-7)由都市建设局统一负责,其下设16个共同管道科,在前期主要负责相关政策和具体方案的制定,在建设过程中负责投资、建设的监控,综合管廊建成后负责工程验收和运营监督。

综合管廊是道路的附属工程,根据《关于建设共同沟的特别措施法》,综合管廊的建设资金由道路管理者与管线单位共同承担(但是日本对这两者的承担比例没有明确的法律规定,初期政府投资40%,管线单位投资60%,随着政府财力的提升,政府的投资比例也在不断加大),各个管线单位根据其管线在综合管廊标准断面

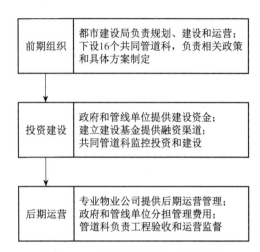

图5-7 日本综合管廊建设管理模式

中所占比例承担相应的建设费用。其中道路如果为国道,则道路管理者为中央政府,综合管廊的建设费用由中央政府承担一部分;当道路为地方道路时,地方政府承担部分的综合管廊建设费用,同时地方政府可申请中央政府的无息贷款用作管廊的建设费用。后期运营期间,也由政府和各管线单位一同管理,并分摊相应的管理维护费用,具体分摊方式可参见5.3.3节。

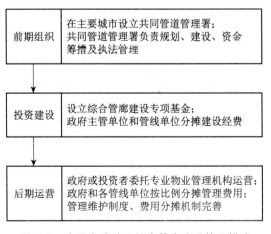

图5-8 中国台湾地区综合管廊建设管理模式

2)中国台湾地区

中国台湾地区在各主要城市成立了共同管道管理署,负责综合管廊的规划、建设、资金筹措及执法管理(图5-8);成立综合管廊建设专项基金,专款专用,并通过各层级的法规来对基金的保管和使用进行限制,以保证综合管廊建设的顺利开展;各级政府都制定了完善的法规和管理制度,涉及管理工作的方方面面,如收费标准、申请使用和许可的发放、修缮注意事项、公告制度等。为了鼓励各管线单位与政府一同出资兴建综合管廊,管线单位还可以享受一定的政策性

资金支持。2004年,台湾地区通过了"规费法",开征"道路使用费",规定采用直埋敷设的管线也要缴纳一定的费用,进一步引导管线单位进入综合管廊。根据台湾地区的建设经验,在综合管廊寿命期内管线传统埋设的成本大约占综合管廊建设成本的60%。根据上述的建设资金分摊模式,管线单位基本负担了传统埋设的建设成本,主管机关补足了缺额,这种模式容易被管线单位所采纳,也减轻了主管机关(政府)的资金压力。

我国台湾地区的综合管廊建设资金由主管部门承担1/3,各管线单位承担另外的2/3。各管线单位采用"传统体积值法"分摊出资,根据式(5-1)计算得到各自的分配比例。

$$R_j = \frac{V_j \times C_j}{\sum_{j=1}^{n}(V_j \times C_j)} \tag{5-1}$$

式中　R_j——第 j 类管线单位应负担比例值;

　　　C_j——第 j 类管线之使用体积(m^3);

　　　V_j——第 j 类管线每挖方的传统敷设成本(新台币/m^3),由主管机关会商相关管线事业机关制定;

　　　$V_j \times C_j$——第 j 类管线的传统敷设成本总值;

　　　n——综合管廊的参与管线数量。

综合管廊的后期运营维护由政府或投资者委托相应的物业管理机构运营,政府和各管线单位按照一定的比例分摊管理费用,具体分摊方式可参见5.3.3节。

5.2.3　政府和民间资本组建股份制公司模式

政府授权国有资产管理公司代表政府,以地下空间资源或部分带资入股的方式,通过招商引资引入社会投资商,共同组建股份制项目公司。项目公司以股份公司制的运作方式进行项目的投资建设,政府对综合管廊的项目具有较大的控制权,在综合管廊建成后委托专业的物业管理公司进行运营和维护(图5-9)。

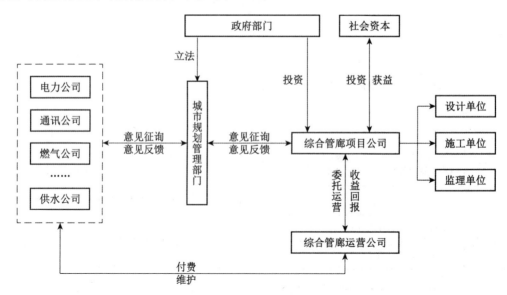

图5-9　政府和民间资本组建股份制公司模式

这种模式将民间资本引入综合管廊的建设中来,有利于缓解政府的财政压力,同时引进了民营企业先进的管理经验与技术,提高了股份制公司的运行效率,实现了政府与企业的互惠互利。但是企业进行投资是为了获得回报,而政府部门作为基础设施的提供者其更看重社会效益,所以企业与政府的经营目标存在一定差别,在企业运行过程中存在一定的矛盾。因此在实际操作中可以将综合管廊这种特殊的公共基础设施进行分割,分为公益性部分和可经营性部分,对于公益性部分由政府进行投资,对于可经营性部分引入民间资本并使其获得一定的盈利。

昆明市综合管廊的建设即采用了这种模式(图 5-10),由昆明城建投资开发有限责任公司(出资 30%)和民营资本(出资 70%)合资成立了昆明城市管网设施综合开发有限责任公司,负责综合管廊的建设。项目采用市场化运作的融资方式,通过银行贷款、发行企业债券等方式筹集建设资金 12 亿元,综合管廊建成后仍由昆明城市管网设施综合开发有限责任公司负责运营,回收的资金用于偿还银行贷款和赎回企业债券。由于股份制公司模式对于综合管廊的产权归属问题比较模糊,昆明城投最终回购了民营资本的份额,民营资本退出综合管廊项目。

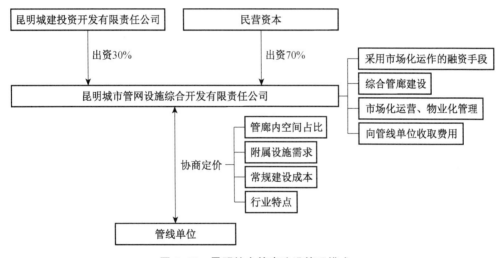

图 5-10　昆明综合管廊建设管理模式

5.2.4　特许经营权模式

在一定年限内,政府通过授予特许经营权的方式给予社会资本以综合管廊的运营权和收费权,具体收费标准由政府在通盘考虑社会效益以及企业合理合法的收益率等前提下确定,而运营商一般通过政府竞标的形式确定。在期限末,根据政府与企业签订的合同约定,由政府收回综合管廊项目。由于综合管廊社会经济效益的实现往往需要一个非常漫长的周期,因此特许经营权的期限相较于其他基础设施项目更长,一般不低于 25 年,比较合理的期限长度是 28～30 年(图 5-11)。

在特许经营权模式下,政府不承担综合管廊的具体投资、建设以及后期运营管理工作,所有这些工作都由被授权委托的社会投资人负责。在经营期内综合管廊的所有权归运营公司所有,政府的职能就是对综合管廊项目的具体运作加以监控,并通过与私人投资人签

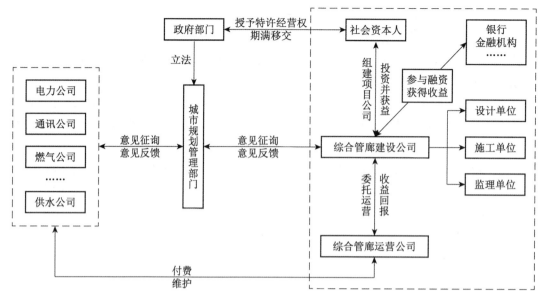

图 5-11　特许经营权模式

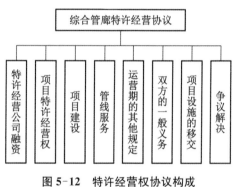

图 5-12　特许经营权协议构成

订特许经营协议,规范双方责任范围,共同分担风险。在特许权协议中,规定了特许权协议的有限权限问题,即如果当签订的合同或其他协议与特许权协议产生冲突时,要以协议为准,任何其他规定都不得违背协议的条款,否则该协议无效。同时,政府可以辅以土地补偿以及其他政策倾斜等方式给予投资运营商补偿,使运营商实现合理的收益。特许经营协议的具体构成如图 5-12 所示。

　　这种模式同样因为引入了民间资本,减轻了政府的财政压力,提高了运营管理效率。社会投资商通过自身合理的管理和政府激励等手段,有效降低了项目的建设成本。通过与政府签订合同条款,约定了项目中的风险分担情况。但是在这种模式下,政府不参与综合管廊的投融资、建设、运营等具体过程的操作,对于项目的控制主要体现在特许经营协议中,如果合约有缺陷,很可能造成政府对于项目短期或者长期失去控制。此外,社会投资商以投资回报为着眼点,这与公共基础设施的公益性相矛盾。如果在管廊的运营过程中,私人投资商发现没有得到预期的收益,其积极性会降低,可能会降低综合管廊项目的服务水平和经营效率,损害公共利益。由于我国的法律法规尚不完善,在法律环境待改善且缺乏技术支持的条件下,特许经营模式在操作上也存在一定的障碍。

5.3　运营维护管理

　　综合管廊的运营、维护和管理要达到高效、安全的目标,必须选择适合的运营管理模式,成立或委托专门的管理机构,对管廊内的机械、电力、照明、消防、管廊结构体等设施设备进行日常巡检(修),维护管理以及进行 24 小时全天候的监控作业,包括管廊内的温度、有害气体、水位、火警等安全监测及门禁管制等,以确保综合管廊内的安全及所有设备正常的运作。此外,为了保证综合管廊管理的可持续化与常态化,政府部门必须制定相应的管理法规,通过管理费用测算,确定适合的收费机制和收费标准。综合管廊的运营管理主要涉及图 5-13 中的几个方面。

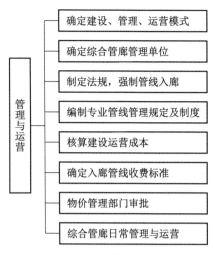

图 5-13 运营管理内容

目前,国内综合管廊比较典型的运营管理模式是由产权单位组织或委托专门的运营公司,形成以"协作型构建,公司化运作,物业式管理"为原则的运营管理方式[5]。

在综合管廊建成的初期,产权单位可以与综合管廊承租单位共同组建城市物业管理单位,或者采用招标的方式委托相应的企业法人单位对综合管廊进行管理,该管理需做到独立经营、自负盈亏。经过成本测算后,管理公司基于综合管廊能够在政府配套政策支持下实行管线入廊收费,并在管廊内的管线达到一定容量时略有盈利的假设,向进入综合管廊的管线单位收取经政府管理部门核定的费用,以独立经营的方式自负盈亏。管理公司负责综合管廊的日常运行和维护管理工作,对管廊内的管线只负责监管运行。专业管线单位负责自身管线的敷设和维修,并向管理公司支付综合管廊使用费和维护费等,当然也可以单独委托管理公司对管廊内的管线进行维修,费用由双方自行商定。

5.3.1 组织架构[6]

综合管廊的运营维护管理采用物业化管理模式,由综合管廊运营管理公司组织设置相应的职能部门,各职能部门应在管廊建设和运营过程中承担结构主体与设施设备的维护管理、技术管理等任务,与各管线单位签订管线入驻协议并收取一定的管理费用,保证综合管廊的良性发展。图 5-14 为青岛某综合管廊运营管理公司的组织架构。

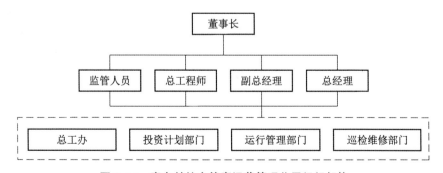

图 5-14 青岛某综合管廊运营管理公司组织架构

公司管理层包括董事长、总经理、副总经理、总工程师和隶属于公共部门的监管人员等,依照公司章程并依据政府授权和相关法律法规履行公司的管理职责。综合管廊管理公司的运营实行总经理负责制,由总经理领导公司总部,并领导各个管理部门。公司的主要职能机构一般包括总工办、投资计划部门、运行管理部门和巡检维修部门等。

1) 总工办

总工办人员编制主要有副总工程师和行政人员。总工办的主要职能是制定综合管廊的技术标准、安全操作规程,在管廊的建设和运营过程中进行技术管理;负责管廊主体、管廊内专业管线的设计方案审核、主持竣工管廊的接收工作;负责管廊内部设施更新升级,维修养护等计划的审核、提报,管理控制;负责管廊管理公司的工作计划和调度等。

2) 投资计划部门

投资计划部门的人员编制主要有部门主任、财务人员和成本控制人员等。其主要职责是负责公司日常财务工作,年度资金计划的编制和提报,资金筹措、拨付;负责实施管廊维修、设施升级等建设工程预决算;负责综合管廊建设与运行成本统计分析;组织编制综合管廊内各管线单位应缴纳的入廊费、新工程实施发生的管廊占用费、管廊运行物业管理费等费用的收取标准;负责与管廊内各专业管线公司之间协议的签订和管理,收取管线入管廊的各项费用。

3) 运行管理部门

运行管理部门即综合管廊的监控中心,包括主控中心与各分监控站。该部门的主要职责是监护各控制中心内设备;监控综合管廊内排水、通风、电气、消防安全和监控报警系统的正常运行;操作主控室内远程控制的设备;做好监控和自动控制系统设备运行分析及检修保养计划;办理出入管廊手续等。

该部门的在岗人员必须为自动控制系统与网络、硬件维护方面的专业技术人员,其人员编制主要有运行部长、系统技术主管、主控中心监控值班员(主值、副值)和各分控站监控值班员等。其中主控中心与各分控中心的值班人员采取倒班制,保证 24 小时值班员在岗,每班需保证至少 2 人在岗,且不得同时离开监控岗位。

4) 巡检维修部门

巡检维修部门的主要职责是巡检综合管廊内的各类管线是否正常运行,发现问题及时上报并通知管线单位进行维修;巡检管廊内各附属设备设施,比如水泵、照明灯具、风机、配电箱、控制箱和控制柜等是否正常运行;排查管廊内铁质构件的锈蚀、脱落、变形等情况,管廊内积水、渗漏水情况,并按程序进行处理;填写排查记录、缺陷记录、检修记录,编制管廊设施、设备的台账;实施维修养护计划,进行管廊及内部设施的优化改造;进行管廊出入管理、告知书、整改单的控制下发,对管廊安装工程的施工安全、消防、工作面清洁等工作进行管理。

该部门的主要人员编制有检修部长、安全副部长、检修副部长和巡检员。根据综合管廊的实际长度与范围进行巡检分区,每区域一般保证 3 人值守,根据既定巡检计划,对管廊内外均进行安全巡查。

5.3.2 管理内容和流程

综合管廊是地下隐蔽工程,其管理维护对象基本限于管廊内部,由综合管廊管理公司负责结构本体和附属设施设备的运营维护,各管线单位派遣工作人员完成纳入管线维护工作。综合管廊管理单位与入廊管线单位在签订入廊协议时应明确双方日常管理维护的具体责任和权利等,并约定滞纳金计缴等相关事项,确保管廊及入廊管线正常运行。综合管廊的行政管理与运营维护管理内容及职责如图 5-15 所示。

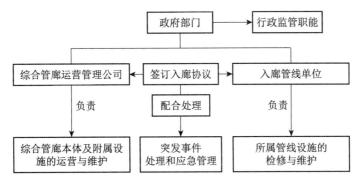

图 5-15 综合管廊的行政管理与运营维护管理内容及职责

综合管廊管理公司保持管廊结构安全与内部环境良好,进行安全监控和巡查,配合管线单位的巡查、养护和维修工作,制定综合管廊紧急状态下的预案,在发生险情时采取措施并通知管线单位抢修(图 5-16)。

针对干线、支线和缆线综合管廊的特点,其主要的运营管理流程有:

1)干线、支线综合管廊

(1)巡回检查:巡回检查是最基本也是最重要的管理内容,建立定期定时的巡回检查制度是综合管廊安全运营的保障,检查内容主要包括:

① 综合管廊结构本体:管廊本体的结构安全状况、沉降、上浮、渗漏水等,以及换气通风口、出入口等的情况。

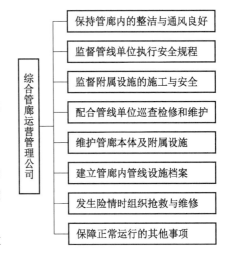

图 5-16 综合管廊管理公司职能

② 电气、机械设备:检查附属设施的使用状况,比如照明系统、排水泵、风机等设备是否正常运转,监测报警系统的各探测器数据是否正确,排除各种可能的故障或隐患,并定期进行系统运行测试。

③ 收容物件:检查各类管线的运行状况,比如线缆外护套的防水、防腐情况,管道是否有渗漏、腐蚀的情况等。

(2)维护工程:定期清扫管廊,保持干燥、清洁,当有积水、淤泥时,应根据实际情况定期进行抽水清淤;管廊内的金属构架定期进行地阻测试和防锈处理;对机电设备进行保养维护,对部分动力设备按照规定加装润滑油;对管廊漏水处进行维修等。

(3)修缮工程:机电设备、出入口(人员出入口、材料投入口、通风口等)进行经常性的修缮。

(4)进出管廊的管理:综合管廊不得随意进出,对于进出管廊的人员实行严格的审查与管理,管廊的门禁及监控安保系统需随时保持开启状态。

（5）监控管理：综合管廊实行 24 h 全天候的监控，保障监控的连续与高效是管理的重要内容，应对综合管廊内部的状况，如火灾、水位、氧气浓度、温度、擅闯误入情况、机电设备、临时停电等进行监控管理。

（6）设备运转及管理：每日、每月上报设备的故障记录，设施的维修记录，管线的布设记录，电量的使用、累计及收费情况等。

（7）紧急时的应变处置：针对紧急状态制定相应的措施预案，并定期进行演练。

（8）维护与管理费用的征收。

（9）与相关单位的协调工作。

2）缆线综合管廊

（1）巡回检查：由缆线综合管廊的管理者定期检查结构本体及其附属设施的功能是否正常，巡回检查时必须同时注意盖板的完好、路面的损坏、排水等情况，以免影响行人的正常通行。

（2）清洗工作：定期或不定期对缆线综合管廊内的泥土或尘埃进行清洗，保证廊内干燥和清洁，并留意管廊主体结构及收容缆线的功能是否受损。

（3）修补工作：依照管理区分任务的规定，主体结构、盖板、排水设施等由管廊管理部门负责，廊内所收容的缆线则由各管线单位负责。

（4）进出管廊的手续：办理入沟手续的目的在于清楚进入管廊的目的和要从事的作业内容，防止破坏及防灾，以确保管廊的安全。

（5）维护与管理费用的征收。

（6）与相关单位的协调工作。

管线单位制定严格的管线使用与维护安全技术规程；编制综合管廊内管线维护和巡检计划；制定紧急状态下的应急预案；定期巡查管线，记录巡查时间、地点（范围）、发现问题与处理措施、上报记录等；如果在管廊内实施明火作业则应严格执行消防要求并制定完善的施工方案，同时采取安全保证措施。

由国家发改委、公安局、监察局、财政局、国土规划局、住建局、交通局、水务局、国资委、物价局、人防办等单位组成综合管廊建设管理办公室，作为综合管廊的行政管理部门。建设管理办公室的主要职能是进行综合管廊建设的行业管理，指导综合管廊的规划、设计、建设和运行管理，推动新技术的应用，促进地下管线行业技术进步和智能化网络运行管理。其具体的管理内容包括以下几项：

① 负责综合管廊管理维护细则的制定、修正及解释；

② 负责综合管廊管理维护、协调、推动、督导、考核及奖惩事项；

③ 负责综合管廊管理维护经费账户的设立及管理；

④ 负责综合管廊管理维护经费分摊方式的制定；

⑤ 负责综合管廊预留和备用空间使用费收费标准的制定；

⑥ 负责综合管廊主体及其附属设施的管理维护；

⑦ 负责进入或使用综合管廊的许可证的核定发放；

⑧ 负责综合管廊禁挖范围内道路禁止挖掘，禁止擅自打桩或顶进作业，禁止排放、倾倒腐蚀性液体或气体，禁止爆破的管理工作；

⑨ 督导综合管廊紧急事故应变处理,负责组织综合管廊防灾演习;

⑩ 负责已完成的综合管廊资料的信息化与信息共享管理工作。

5.3.3 管理费用构成及收费机制

综合管廊的管理费用囊括了综合管廊本体、管廊内附属设施设备、管廊内管线设施以及管廊管理公司等多方面的运营与维护费用。

(1) 综合管廊运营管理公司的日常运作费用。

(2) 综合管廊本体的折旧、维护和监测费用。

(3) 综合管廊内部各附属设施、设备的折旧费、运营费和维护费。

(4) 综合管廊内部各管线的运营、维护费用。

(5) 人工费、政府相关税费和相关运营维护的计提费用。

(6) 新增设备或新纳入管线的安装费用,紧急情况下的处理费用和损失补偿费用等非固定费用。

根据广州大学城、北京中关村西区、青岛高新区等综合管廊项目的测算与实际数据,运营成本为 $200 \sim 500$ 元/(m·年)。

运营管理成本大体可分为管廊自身的运营成本与收容管线的运营成本,由综合管廊的管理公司与各管线单位分担运营管理。其中,各管线单位承担各自管线的运营和维护费用,包括管线自身的安装、运营、维护费用、折旧费用等,不计入综合管廊管理公司的运营管理成本内,也不参与管理费用的构成与定价。

5.3.3.1 管理费用的构成与定价因素

综合管廊的先期建设成本较高,管廊公司的日常运营维护也存在固定成本,如果综合管廊不收取管理费用,完全由政府财政出资补贴,既存在效率低下的隐患,也由于给政府财政带来沉重的包袱而不可持续。为了有利于吸引社会资本参与管廊建设和运营管理并且减轻政府财政压力,需要引入市场化原则,由相关政府部门联同综合管廊的管理公司与管线单位进行协商,制定综合管廊管理费用的收取办法与平摊模式。根据国家发改委和住建部在2015年发布的《城市地下综合管廊实行有偿使用制度的指导意见》,城市综合管廊项目收取的管理费用主要包括入廊费和日常维护费。

1) 入廊费

入廊费主要用于弥补管廊建设成本,入廊费的确定应主要参考综合管廊主体工程及附属设施的建设投资,但是不包括各管线单位敷设安装管线的费用。入廊费的定价可参考以下因素。

(1) 城市地下综合管廊本体及附属设施的合理建设投资。

(2) 城市地下综合管廊本体及附属设施建设投资合理回报,原则上参考金融机构长期贷款利率确定(政府财政资金投入形成的资产不计算投资回报)。

(3) 各入廊管线占用管廊空间的比例。

(4) 各管线在不进入管廊情况下的单独敷设成本(含道路占用挖掘费,不含管材购置费及安装费用,下同)。

(5) 管廊设计寿命周期内,各管线在不进入管廊情况下所需的重复单独敷设成本。

（6）管廊设计寿命周期内，各入廊管线与不进入管廊的情况相比，因管线破损率以及水、热、气等漏损率降低而节省的管线维护和生产经营成本。

（7）其他影响因素。

2）日常维护费

综合管廊的日常维护费可以细分为日常维护管理费和重大工程检修费两个部分，主要用于弥补管廊日常维护、管理支出，其费用制定应参考综合管廊主体与附属设施工程的日常维护及运营管理实际所需开销，但是不包括管线单位对管线的维修及更换费用。日常维护费的定价可参考以下因素。

（1）城市地下综合管廊本体及附属设施运行、维护、更新改造等正常成本。

（2）城市地下综合管廊运营单位正常管理支出。

（3）城市地下综合管廊运营单位合理经营利润，原则上参考当地市政公用行业平均利润率确定。

（4）各入廊管线占用管廊空间的比例。

（5）各入廊管线对管廊附属设施的使用强度。

（6）其他影响因素。

5.3.3.2 管理费用的收费方式[7]

1）入廊费

入廊费可采用两种模式，即一次性买断式和租用式：对于有实力的管线单位可以一次性买断足够的管位空间以备今后扩容的需要；对于今后扩容倾向不强或经济实力不足的管线单位可根据当前的管位空间大小按一定年限支付租用费。但是采用租用式的管线单位，如果今后有扩容需求，可能会因管位空间的稀缺性而支付更多的租用费才能取得扩容空间。

2）日常维护费

日常维护费用是即期发生的，因此适合采用即期收费的方式，根据一定时期内的运营维护费用，于期末统一收取，类似于建筑的物业管理费。

5.3.3.3 管理费用的分摊方式

综合管廊管理费用的分摊主体主要为政府部门和相关管线单位[8]。

（1）政府部门：综合管廊能够极大地改善城市环境，杜绝道路重复开挖的现象，减少管线埋设给城市生活带来的影响，使社会公众直接享受其效益。政府部门作为社会公众的代表，根据"受益者"付费的原则，应该分摊综合管廊的管理费用，在一定程度上减轻管线单位的经济压力，使综合管廊能长期可持续地发展。

（2）相关管线单位：管线单位是综合管廊的使用者，利用管廊空间埋设管线并进行运营维护，从而节省了直埋敷设管线和二次开挖道路的施工成本，大幅降低了维护难度，提高了管线材料的使用寿命，方便未来管线容量的扩展。综合管廊为管线单位提供了一种更加高效、安全的服务，节省了施工和维护成本，根据"使用者"付费的原则，管线单位应该分摊一定的管理费用。需要注意的是，管线单位的分摊费用不应超过直埋敷设管线的成本以及管线单位的经济承担能力，否则将会大大影响管线单位的入驻意愿，使综合管廊无法实现预期的效果。考虑到各管线单位的财务负担能力不同，可依实际状况调整管线单位的费用摊付年限,选定适当的利率逐年摊付其负担金额或由政府机关适当补助。

综合管廊管理费用的分摊方式既要体现统一标准的公平性要求,又要反映不同类型管线、不同区域之间的差异性要求;既要提高综合管廊的经济效益,又要充分发挥综合管廊的社会综合效益;既要考虑综合管廊管理者和管线单位的利益诉求,又要保障社会公众的公共利益。因此,应采用合适的费用分摊办法,兼顾企业和政府的利益,通过费用分摊办法合理准确地把握调控力度。综合管廊管理费用的分摊方式如图5-17所示,具体的分摊比例原则如下。

1) 入廊费的分摊方式[9]

(1) 政府部门与管线单位进行协商,根据受益程度的大小确定政府部门的入廊费分摊比例。

(2) 各管线单位通过协商确定剩余入廊费用的分摊方式,一般采取直埋成本比例法进行分摊:该分摊方式根据管线直埋敷设所需成本比例进行分摊,假设某综合管廊仅纳入供水、电力电缆和通信线缆,其每公里管线的直埋敷设成本比例为供水:电力:通信=1:3:2,那么上述3种管线单位的分摊比例为1/6:1/2:1/3。在实际操作中,为了保证公平性和数据的准确性,综合管廊的运营管理部门可委托专业机构或根据国家标准测算确定管廊所在区域各纳入管线的直埋敷设成本比例,并以此为依据制定各管线单位的入廊费分摊标准。

2) 日常维护费的分摊方式[9-10]

(1) 重大工程检修费由政府部门和各管线单位共同分摊,其分摊比例与入廊费的分摊比例相同。

(2) 日常维护管理费:此部分费用仅由各管线单位分摊,分摊比例依据各管线所占空间比例、管线单位进出管廊的时间和次数、传统铺设管线的挖掘频率等多因素综合确定。

① 各管线所占空间比例:即空间比例法,先将纳入的各类管线在管廊中所占的空间计算出来,公共空间按之前计算的各类管线所占空间比例分摊,两者相加后得到完整的管线所占空间比例。

② 管线单位进出管廊的时间和次数:各类管线维护人员进入管廊进行维护检修时会产生额外的通风、照明等费用,此外各类管线的检查频率与发生故障的概率不同,因此,将各类管线维护人员进出综合管廊的频率作为附属设备费或维护管理费的分摊因素,可以体现费用分摊的公平性,有助于综合管廊公共设施的维护。

③ 传统铺设管线的挖掘频率:减少道路重复开挖是综合管廊的主要效益之一,因此可直接根据传统直埋铺设管线的挖掘频率作为分摊因素,考虑管线单位的日常维护费用的分摊比例。

根据日常维护管理费的特性,采用此方法确定分摊比例能够切实保证公平性。假设仅采用空间比例法进行分摊,对于自来水公司而言,其管道管径大因此分摊费用较高,但是自来水公司的经济效益远不如其他诸如电力、通信公司,面对高昂的分摊费用,对于是否入驻管廊势必产生犹豫。因此采用多因素综合的分摊方法可以避免由于单因素的分摊方式而造成管线单位利益的损失,造成不愿入驻管廊的现象。

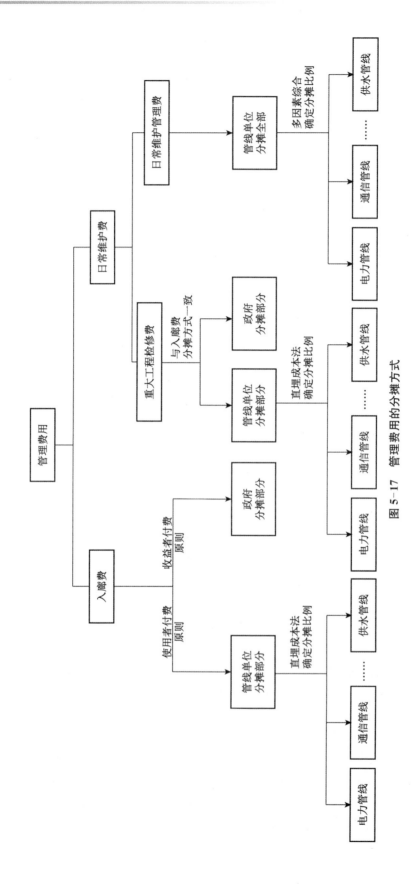

图 5-17 管理费用的分摊方式

5.3.3.4 管理费用分摊案例

1) 英、法等欧洲国家

在英国、法国等欧洲国家,综合管廊被视为政府提供的公共产品。由于政府财力、物力雄厚,综合管廊的建设费用完全由政府承担,以出租的形式提供给管线单位实现投资的部分回收。出租价格没有统一规定,每年由市议会讨论并表决确定当年的出租价格,并根据实际情况逐年调整变动。

这种分摊模式与欧洲国家的道路、桥梁等其他公共基础设施的管理费用分摊模式类似,体现了英、法等欧洲国家对于公共产品的定价思路,充分发挥民主表决机制来决定公共产品的价格。此外,英、法等国在法律法规中明确规定,一旦建设综合管廊,管线单位必须通过综合管廊埋设管线,不得采用直埋法敷设,确保了这种收费模式的可行性,保障了综合管廊的使用率。

2) 新加坡[3]

综合管廊由新加坡政府投资建设,新加坡 CPG FM 公司提供运营与管理服务,管线单位仅向该公司缴纳相应的运营维护费用。运营维护费用按月收取,分为固定费用和特例费用两个部分,每月的固定运维费用根据管线单位所占综合管廊空间的大小,在每月平摊费用的基础上进行微调,特例运维费用会根据管线单位的使用情况而定。

3) 日本

由于综合管廊的建设经费由管线单位与政府共同出资,因此管理费用中不存在入廊费一项,仅收取维护及修缮费用,且仍采取道路管理者与各管线单位共同维护管理的模式。综合管廊结构本体由道路管理者(交通运输省下属的专职部门)负责,而管线的维护由各管线单位负责:

① 综合管廊的本体维护及修缮费用:由各管线单位根据建设费用分摊的比例进行分摊。

② 综合管廊附属设备的维修、改建等工程费用:道路管理者与各管线单位平均分摊。

③ 综合管廊本体的巡检等费用:由各管线单位与道路管理者共同平均分摊。

④ 综合管廊日常维护的办公费用:由道路管理者与各管线单位按一定的比例分摊。

⑤ 综合管廊日常运营的电费:由道路管理者与各管线单位平均分摊。

4) 中国台湾地区

由于管线单位需承担部分管廊的建设费用,因此管理费用中仅包含日常维护费。在综合管廊完工后 3 个月内,提取总工程经费的 5%,成立管理及维护经费专用账户,专款专用。综合管廊的维护费用由管线单位于建设完工后的第二年平均分摊管理维护费用的 1/3,主管部门协调各管线事业机关依照使用时间或次数等比例分摊另外的 2/3。其中,管理费用不包括主管机关编制内的人事费用。

5) 广州大学城综合管廊

广州大学城综合管廊全长约 17.4 km,2003 年动工,2004 年建成并投入使用,项目总投资 4.46 亿元,是中国大陆最早实行管理收费的管廊,由广州大学城投资公司对综合管廊进行运营管理,并对入驻管线单位收取入廊费和日常维护费:

(1) 入廊费:费用标准参照管线直埋成本的原则确定,按照实际管线铺设长度,对管线单位一次性收取。

（2）日常维护费：费用标准参照实际运营成本，根据各类管线设计截面空间比例进行分摊，逐年收取。

2005年2月23日广州市物价局发布大学城综合管廊收费标准（表5-1）。

表5-1　　　　　　　　　广州大学城综合管廊收费标准

管　　线	空间截面比例/%	入廊费	日常维护费/(万元·年$^{-1}$)
饮水净水水管(直径600 mm)	12.7	562.28 元/m	31.98
杂用水水管(直径400 mm)	10.58	419.65 元/m	26.64
供热水水管(直径600 mm)	15.87	1 394.09 元/m	39.96
供电电缆	35.45	102.70 元/(孔·m)	89.27
通讯管线	25.4	59.01 元/(孔·m)	63.96

注：现行入驻综合管廊的通信管线每根光缆日常维护费用收费标准为12.79万元/年。

目前，广州大学城综合管廊每年收取的日常维护费约250万元，用于支付物业公司日常维护、管理的人工费用和电费、排污费等各类费用，基本实现了"运营管理收支平衡"。但随着运行年限的增加，维护成本及人工费用增加，日常维护费将不足，建设投资资金也面临无法收回的问题。

6）上海世博园区综合管廊

世博园区综合管廊总长约6.4 km，2007年建成运营，建设总造价约2.1亿元。2007年7月27日，上海市建设交通委、市政局、世博局发布了《中国2010年上海世博会园区管线综合管沟管理办法》，明确综合管廊行政管理部门为上海市市政局。

世博会筹备和召开期间，世博园区综合管廊的管理工作由上海世博局负责协调，委托专业机构进行运营管理；世博会闭幕后，上海市市政工程管理机构通过招标的方式，择优选取维护管理单位进行日常维护管理。

（1）建设费用分摊：建设费用由政府确定的投资建设单位负责筹措，各管线单位需分担部分建设费用，分担费用原则上不超过原管线直接敷设的成本。

（2）管理费用分摊：管理费用包括日常巡查、大中修等维护费用、管理及必要人员的开支等费用。大中修等维护费用由政府承担，其他管理费用由管线单位按照入廊管线分摊。管理费用的指导价格，由上海市市政局会同上海市物价管理部门制定。

7）厦门市综合管廊

2011年1月22日，发布《厦门市城市综合管廊管理办法》，明确厦门市综合管廊采用有偿使用制度，综合管廊由厦门市政管廊投资管理有限公司统一规划、统一建设、统一管理。

2013年12月10日，厦门市物价局发布《关于暂定城市综合管廊使用费和维护费收费标准的通知》，明确了具体的入廊费和日常管理费的分摊标准。

（1）入廊费：以"保本微利"为原则，入廊费收费标准参照各管线直埋成本确定，对进驻管线单位一次性收取入廊费。入廊费以厦门市市政工程设计院测算的各类管线使用费直埋成本为基数,加上市政公用事业成本费用利润率平均值 2.6%,拟定各管线入廊费的试行标准。

（2）日常维护费:根据各类管线设计截面空间比例,由各管线单位合理分摊,收费标准以各类管线单位综合管廊维护费定价成本为基数,加上市政公用事业成本费用利润率平均值 2.6%,拟定日常维护费的试行标准。

2016 年 6 月 29 日,厦门市发改委发布《厦门市城市地下综合管廊有偿使用收费标准》,取代已有的收费标准,作为入廊管线单位缴费的指导价格。

5.3.4　信息化管理方法

综合管廊的运营管理除了涉及管廊本身的管理公司外,还必须与入驻管线的市政单位以及城市消防、安全等部门实时联动。由于综合管廊的附属设施来自于不同的供应商,管理单位对接的部门众多且对接接口的数据格式和要求又不尽相同,容易造成数据接口复杂,不同部门间形成"信息孤岛",继而导致综合管廊的管理水平和管理质量较差。为了保证综合管廊的高效率管理,切实保障城市基础设施的正常运行,必须采用信息化管理方式[11-12]。

（1）以综合管廊安全运营为核心,将综合管廊内的监控和报警系统、消防安全系统、电气、通风、排水以及综合管廊物业管理系统等通过物联网、建筑信息模型（Building Information Model，BIM）、地理信息系统（Geographic Information System，GIS）、云计算等技术进行整合,构建统一的综合管廊集成智能化运营管理系统。

（2）以 GIS 和 BIM 技术为支撑,构建满足综合管廊日常维护、内部导航、路线规划以及应急管理等需求的相关定位技术,达到三维可视化管理要求。

（3）以综合管廊运营维护管理需求为导向,以 BIM 技术为基础,建立行政管理体系,对管廊建设及维修档案、入廊管线信息、运维人员档案、运维车辆等进行综合管理,并提供查询、统计和分析服务。

（4）以数据库技术为基础,建立综合管廊设施设备模型数据库,结合综合管廊本体、附属设施以及各入廊管线的专业监测数据,采用数据挖掘技术,对综合管廊运行状态进行综合分析和评判,为运维管理的各项业务提供可靠的数据决策支持,实现综合管廊运营管理过程中的信息感知、储存、分析和判断,达到智能化运营管理。

综合管廊的运营管理是一项综合程度较高的系统性工作,智能化的运营管理系统由综合监控系统和数据分析、评估系统组成,如图 5-18 所示。这种信息化的管理模式整合了物联网、BIM、GIS、云计算、数据库等技术,将综合管廊内的环境与设备监控系统、消防系统、安全防范系统、通信系统以及综合管廊物业管理系统等进行整合,构建统一的信息数据平台。在数据库技术的基础上,结合综合管廊本体、附属设施以及各入廊管线的专业监测数据,将数据进行分层整理,对综合管廊运行状态进行综合分析和评判,为运营管理的各项业务提供可靠的数据决策支持,实现综合管廊运营管理过程中的信息感知、储存、分析、判断,达到智能化运营管理,能够提升管廊系统的管理效率和服务水平,推进"智慧城市"的建设,对实现城市管网智慧化管理、保障地下空间有序开发来说具有极其重要的意义[13]。

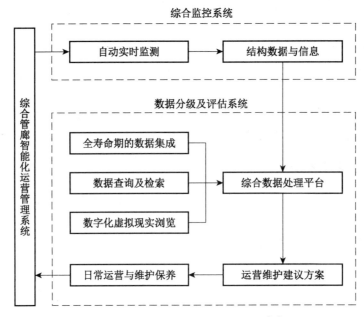

图 5-18 智能化运营管理系统结构[13]

图片来源:田强,王建,郑立宁等《城市地下综合管廊智能化运营管理技术研究》

5.3.4.1 综合管廊信息管理系统基本情况

城市综合管廊宜利用先进的传感器技术、控制技术、计算机技术、BIM 技术及 GIS 技术等将多个独立的系统集成为单一系统,形成统一的系统结构、软件平台,实现统一的人机交互界面,实现管廊信息互通、资源共享。

综合管廊的信息化管理系统主要包括管廊综合监控子系统、入廊管线管理子系统、运维管理子系统、应急管理子系统、行政办公管理子系统及后台管理子系统六个应用模块。管理系统以物联网技术为基础,分为感知层、网络层、信息资源层、业务应用层和门户层,对综合管廊运营过程中的数据进行采集、传输、存储、分析和应用,如图 5-19 所示[11]。

(1)感知层利用安装于现场的各种传感器实现对综合管廊运行状态、入廊作业人员位置等信息的实时采集。

(2)网络层利用无线传输和有线传输技术实现对综合管廊现场信息的可靠传递。

(3)信息资源层采用数据库技术实现综合管廊运行数据的统一存储和管理。

(4)业务应用层整合 BIM 技术、GIS 技术以及云计算,对现场信息及综合管廊其他信息进行分析、判断,为综合管廊的安全运营提供决策支持。

(5)门户层为综合管廊运营管理单位、政府职能机构、入廊管线单位及城市市民提供统一的用户访问界面。

5.3.4.2 系统硬件架构

物联网是指通过信息传感设备,按照约定的协议,把任何物品与互联网连接起来,进行信息交换和通信,以实现智能化识别、定位、跟踪、监控和管理的一种网络。物联网是在互联网基础上延伸和扩展的网络,可以在物品之间、物品与人之间、人与现实环境之间实现高效的信息交互。综合管廊信息管理系统即利用物联网技术实现对综合管廊内设备的实时

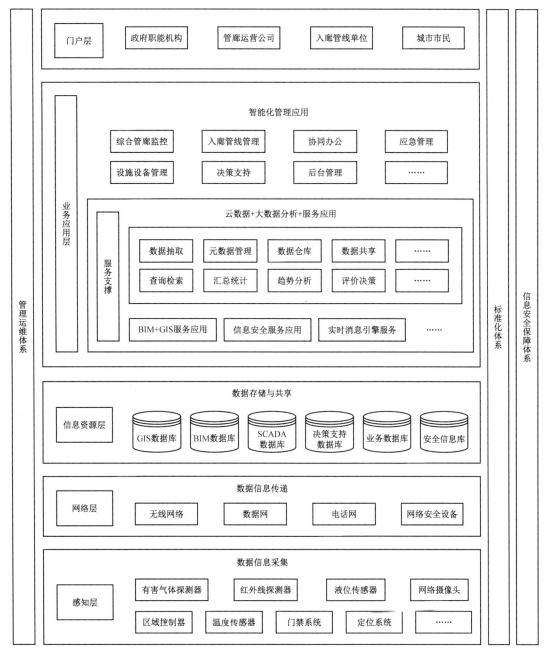

图 5-19 系统总体架构[11]

图片来源:郑立宁,王建,罗春燕等《城市综合管廊运营管理系统构建》

监控,再通过标准化的技术,将综合管廊运营过程中的数据发送至云端,进行数据的实时储存。云平台利用虚拟化的技术将各种不同类型的计算资源抽象成服务的形式,给综合管廊监控系统提供高安全性、高可靠性、低成本的数据存储服务。基于云平台的综合管廊硬件架构如图 5-20 所示。

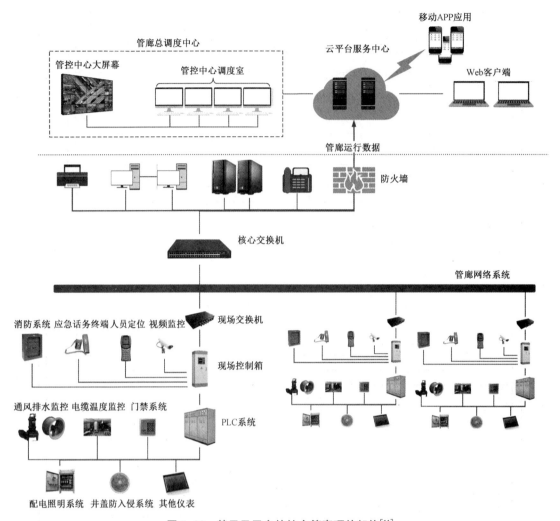

图 5-20　基于云平台的综合管廊硬件架构[11]

图片来源:郑立宁,王建,罗春燕等《城市综合管廊运营管理系统构建》(作者有修改)

系统硬件架构分为三层,包括现场区域控制器层、网络层和监控中心层[11]。

(1)现场区域控制层由综合管廊内的各附属设施监控器、探测器、检测仪表、远程 IO 模块(Remote IO Modules)、综合继电保护器、电量监测仪和区域内控制器(可编程逻辑控制器 Programmable Logic Controller,PLC)等现场设备组成。

(2)网络层一般可以采用双链路星型多环网架构,分为接入层和核心层,根据综合管廊各路段的走向及特点,将接入层交换机按路段分为若干个子网,组成千兆光纤子环网。监控中心设两台核心层交换机,一用一备,用光纤互联组成核心环网。光纤子环网通过双链路接入核心环网,为整个工程搭建起一个安全、快速、可靠的数据、通讯信道。

(3)监控中心层分为各地分监控中心和总监控中心,其中分监控中心设置数据采集与监视控制系统服务器(Supervisory Control & Data Acquisition,SCADA),用于综合管廊现场数据的采集和向云端进行数据推送,总监控中心基于云平台构建,实现各区域内综合管廊数据的集中处理及应用服务。

5.3.4.2 系统软件架构

系统软件架构一般分为支撑层、数据层、应用层及系统展现层(图5-21)[11]。

(1)支撑层通过通讯协议获取综合管廊监测监控实时数据,经处理后写入监测监控实时数据库和历史数据库。此外支撑层还需要通过数据接口获取GIS,BIM等软件提供的综合管廊基础数据,通过消息队列向上层应用推送。

(2)数据层主要包括BIM数据库、GIS数据库、SCADA系统数据库及入廊管线数据库等,实现了综合管廊运行全生命周期内数据的统一存储、分析、判断,并向应用层提供决策支持。

(3)应用层包括综合管廊运维管理体系、入廊管线管理体系、综合管廊应急抢险体系和行政能效体系,为综合管廊运营综合管理平台提供监控与预警、联动控制、运维、应急抢险和行政管理全方位的应用功能。

(4)系统展现层为包括Web应用端和桌面应用端,向用户提供更加直观、易用的界面,并且能简化用户的使用并节省时间。

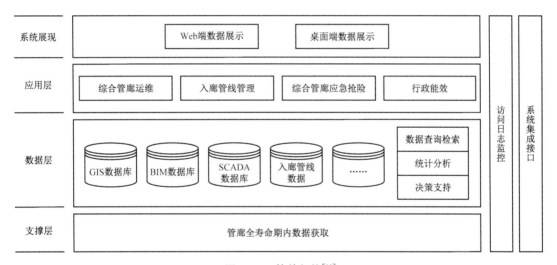

图5-21 软件架构[11]

图片来源:郑立宁,王建,罗春燕等《城市综合管廊运营管理系统构建》

5.4 相关法律法规体系建设

5.4.1 法律法规体系概述

综合管廊的建设起源于法国,最初由排水系统演化而来,没有进行专项立法。在全球范围内,仅有日本和中国台湾地区设立了综合管廊专项立法,这一举措有效推动了综合管廊的规范建设与发展。日本和中国台湾的成功经验表明,只有通过完善的立法,才能顺利推进城市综合管廊的建设,提高综合管廊的使用效率与设计水平,真正达到规划设计的目的。

综合管廊的法律法规体系主要分为国家层面和地方层面,每个层面又可以细分为政策立法和技术立法两个方面。国家层面的法律法规,其内容主要包括综合管廊的规划设计与工程技术标准、施工技术规范、运营管理条例、安全保护与防灾设计条例、建设经费与管理经费分摊办法等涉及综合管廊规划和建设的各项重大事务的原则;地方层面的规章制度,其内容应该包括综合管廊的管理维护办法,使用或占用管理办法,设备维护管理办法,管廊内布设、拆除管线或进行其他重大维修的管理办法,安全防护措施和建设基金管理办法等具体事务的管理程序[14]。

5.4.2 国内外法律法规体系现状

5.4.2.1 日本共同沟法律法规体系

日本的综合管廊法律法规是日本地下空间法律法规体系中的一部分,通过民事法的规定、地下空间综合立法、专项立法以及相应的配套和辅助法律,日本形成了一套完善的地下空间法律体系,以下主要罗列与综合管廊有关的法律法规[14]。

1)基本民事法

1966 年,日本国会通过了《民法典》和《不动产登记法》的修正案,明确了"地下,地上,空中"的"空间权",并对空间权的等级作出了规定,为大规模的地下空间开发利用提供了民事法律基础。

2)综合法律

2001 年,日本政府颁布《大深度地下公共使用特别措施法》和《大深度地下公共使用特别措施法施行令》,为城市大深度地下空间的开发利用明确了管理原则和程序并规范了其规划、建设和使用,确立了日本地下空间开发利用的管理体制:国土交通厅负责地下空间公共开发利用基本方针起草,提交内阁会议通过,并由国土交通大臣公布;都道府县知事负责辖区内地下空间开发利用相关事宜,各地组织大深度地下使用协议会。《大深度地下公共使用特别措施法》的核心内容就是将城市地表 50 m 以下的地下空间无偿作为国家和城市发展的公共事业使用空间,通过对因公共利益事业而为大深度地下使用的要件、程序制定特别措施,促进大深度地下空间的正确合理使用。

3)综合管廊专项立法

综合管廊的专项立法主要包括政策立法和技术立法两个方面。

(1)政策立法

1963 年 4 月,日本政府颁布了《关于建设共同沟的特别措施法》,同年 10 月又颁布《关于建设共同沟的特别措施法的施行令》和《关于建设共同沟的特别措施法的施行规则》。在此之后的 24 年里对于上述法律陆续进行了 5 次修改和完善,明确了必须建设综合管廊的城市道路范围、建设主体、编制规划、管理程序、综合管廊使用申请、许可、使用权的继承转让与处分管理内容和程序以及综合管廊投融资和运营维护、监督管理的费用分摊办法等,并将综合管廊视为道路附属设施的一部分,其主管部门为国土交通省下辖的专门管理机构负责。此外,针对综合电缆沟的建设,日本政府出台了《电缆沟(CCBOX)推进法》,其主要内容与《关于建设共同沟的特别措施法》类似。

(2)技术立法

1963 年 4 月颁布了《共同沟设计指针》,通过国家层面的技术标准,统一了综合管廊的技术标准和规范,明确了综合管廊各系统的设计要求、施工方法、检查验收和材料设备的使用。

专项立法中明确了综合管廊是道路的附属性设施,在《道路法》中也进一步规定了道路地下空间资源的占用以及道路挖掘等方面的内容,规范了道路地下空间的开发利用,为综合管廊的建设提供了法律保障。

4)配套或辅助法律

为了推动民间资本参与综合管廊的建设,缓解政府的资金压力,日本政府颁布了《促进民间参与都市开发投资紧急措施》,增加了综合管廊建设资金的来源,推动了综合管廊的快速发展。

总体而言,日本综合管廊的建设践行了"立法先行"的原则,由国会、政府(国土交通省)和社会专家三方共同参与相关法律法规与管理体制的研究和制定,将综合管廊纳入日本地下空间开发利用的法律体系的一部分,在推进综合管廊的建设同时也推进了地下空间开发利用的法制化发展。日本地下空间和综合管廊相关法律法规的颁布历程与主要意义如表 5-2 所示。

表 5-2 日本地下空间及综合管廊相关法律梳理简表

法律名称	颁布时间	主要意义
《关于建设共同沟的特别措施法》	1963—1987 年(共 5 次修改)	明确综合管廊建设范围、建设主体、编制规划、管理程序、使用申请、许可、使用权的继承转让与处分管理内容和程序、投融资和运营维护、监督管理的费用分摊办法等
《关于建设共同沟的特别措施法的施行令》		
《关于建设共同沟的特别措施法的施行规则》		
《共同沟设计指针》	1963 年	明确综合管廊的技术标准和设计规范
《道路法》	1964 年	规定道路地下空间资源的占用以及道路挖掘等方面的内容
《民法典》	1966 年	明确了"地下、地上、空中"的"空间权"
《不动产登记法》		
《电缆沟(CCBOX)推进法》	1995 年	类似《关于建设共同沟的特别措施法》
《大深度地下公共使用特别措施法》	2001 年	明确大深度地下空间的管理原则、管理程序、规划体系、建设和使用
《大深度地下公共使用特别措施法施行令》		

5.4.2.2 我国台湾地区共同管道法律法规体系

我国台湾地区的地下空间开发模式主要有三种:综合管廊、大众捷运系统和民防工程。我国台湾地区没有形成类似日本的地下空间综合管廊法律体系,而是分别对上述三种地下空间利用模式进行专项立法,由不同部门分散管理。此外类似日本的民事法规定,我国台湾地区《民法典》和《土地法》中也涉及了"空间权"的概念,并对地下空间的权属问题作了规定,为综合管廊的建设作出了明确的民事基本法规定[15]。

我国台湾地区参照日本共同沟的相关法律法规体系,对综合管廊出台了一系列管理办法和实施细则,形成了从全地区到各县市各个层级,内容包含工程设计制度、建设与管理经费制度、管理制度等完善的法律法规体系,大力推进了城市综合管廊在台湾地区的发展,减少了道路开挖次数,保护有限的道路地下空间资源。

1) 台湾地区相关规定(表5-3)

表5-3 台湾地区相关规定[15]

法律名称	颁布时间	条目	主要内容
《共同管道法》	2000年6月14日	34条	总则、规划与建设、管理与使用、经费与负担、罚则
《共同管道法施行细则》	2001年12月28日	14条	对公告、检讨书、实施计划、申请、贷款申请、档案保管等的要求
《共同管道建设及管理经费分摊办法》	2001年12月19日	6条	建立管理及维护经费专户、经费分摊方式案管理的内容要求
《共同管道建设基金收支保管及运用办法》	2001年4月15日	12条	共同管道建设基金的收支、保管及运用,会计与审计制度等
《共同管道系统使用土地上空或地下之使用程序使用范围界线划分登记征收及补偿审核办法》	2002年5月1日	9条	对公告、边界、经费补偿、申请书等的要求
《共同管道工程设计标准》	2003年5月9日	18条	术语定义、调查资料、管道位置、线型、间距、内部尺寸、覆土厚度、结构设计、防水、接缝、特殊部设施、排水、盖板、安全、配套设施等要求

来源:王江波,戴慎志,苟爱萍《我国台湾地区共同管道规划建设法律制度研究》。

《共同管道法》是我国台湾地区综合管廊法律法规体系的母法,它授权相关部门制定并出台其施行细则、建设基金及运用办法、工程设计标准等法律法规,对综合管廊的规划编制、设计指标、管理机制、建设与管理经费的分摊、投资方式等作出了明确的说明。

(1) 管线强制纳入机制:除了主管部门允许的管线之外,其他管线必须纳入综合管廊;主管机关制订综合管廊实施计划时,应同时划定禁止挖掘道路的范围,确保综合管廊的有效利用,消除道路的随意开挖现象。

(2) 土地权利人的补偿机制:综合管廊如果因为工程所需,可以穿越公有或私有土地的上方、下方或附着于建(构)筑物,但应选择损失最少的方法并协商补偿事宜。

(3) 综合管廊的主管部门:各级主管部门设置专门的机构负责,各管线事业机关(构)需设置专责的单位配合主管部门办理。

(4) 主管部门与各管线事业机关的协商机制:综合管廊的主管部门与各管线事业机关会商制定辖区内的综合管廊,由主管部门协调并制定实施计划并实施建设。

（5）建设基金制度：为了保障综合管廊的建设管理资金，根据《共同管道建设基金收支保管及运用办法》，相关部门设立综合管廊建设基金，基金收入来源包括由政府预算拨款、各管线事业机关提供的专款、基金的孳息收入、贷款利息收入、捐赠收入和其他有关收入等。此外，各级地方政府也可以设立综合管廊建设基金，成立基金管理委员会，并制定委员会的设置要点、作业要点等相关规定。建设基金以贷款的形式为综合管廊的建设提供资金，贷款的利息由基金管理委员会决定。为了鼓励政府机关、各单位将资金提供给建设基金，我国台湾地区还推出了贷款优惠政策，当贷款额在其所提供资金范围内时可以享受免息优惠。

（6）建设与使用费分摊标准：可参见5.2.2节。

（7）运营管理制度：综合管廊由各主管机关管理，必要时可委托投资兴建者或专业机构代为管理。综合管廊中的公共设施及附属设施由各专业机关管理，并定期巡检。

除了以上6部相关规定之外，为了推动民间资本参与公共设施的建设，我国台湾地区于2001年颁布了《促进民间参与公共建设法》。明确规定了民间资本参与公共设施项目（包括综合管廊）的建设、运营和管理的方式，为民间资本在公共设施建设期间提供较为优惠的税收政策，并为民间资本在公共设施建设、运营期间因为自然灾害而受到重大损失时提供特殊的基金或贷款支持。

2）我国台湾地区各县市层面的法规与条例（表5-4）

表5-4　　　　　　　　　　　我国台湾地区各县市层面法规简表[15]

地区	法规	颁布时间	条目	主要内容
台北市	《台北市市区道路缆线管路设置管理办法（修正版）》	2004年3月5日	15条	目的、主管机关、用词定义、设置许可、使用契约、使用期限、接续设施、缆线之敷设、更新、维护、使用等管理事项
	《台北市共同管道基金收支保管及运用自治条例》	2005年6月7日	11条	台北市共同管道基金的收支、保管及运用
高雄市	《高雄市共同管道管理基金委员会设置要点》	2004年10月21日	7条	委员会的人员构成、任期、会议周期、决议、费用等
	《高雄市共同管道管理办法》	2005年7月21日	25条	主管机关、使用许可、使用费、保证金、光线布设、拆除、修缮、作业许可、人员编组与职责、标识牌、意外事故、安全巡检计划等
桃源县	《桃园县宽带共同管道管理办法》	2008年4月11日	10条	用词定义、管理机构、使用契约、使用费标准、履约保证金、建设经费与权利义务等
	《桃园县共同管道管理办法总说明》	2008年4月11日	4条	背景、依据、目的、管理维护权责划分、管理维护经费、使用费、保证金的缴纳与退还、使用申请、施工计划书、进入许可、作业规定、处罚等

（续表）

地区	法规	颁布时间	条目	主要内容
台中市	《台中市共同管道基金收支保管及运用办法（草案）》	2009年7月21日	9条	立法目的、特别收入基金的资金来源、用途、专户存储、审计等事宜
南投县	《南投县共同管道管理基金收支保管及运用办法》	2009年5月8日	14条	管理基金的收支、保管及运用，管理委员会的人员构成、任务、会议模式等

来源：王江波，戴慎志，苟爱萍《我国台湾地区共同管道规划建设法律制度研究》。

2003年之后，随着我国台湾地区全地区综合管廊法律法规体系的建立，各县市也开始逐步颁布相应的综合管廊法规与条例并设置相应的管理机构与管理模式[16]。

以台北市为例，1991年，台北市政府为了推动综合管廊工程的建设，在工务局新建工程处成立共同管道科，编制28人，共设规划股、设计股和管理股，分别掌管综合管廊系统的规划、公告、单行法规制定，管廊设计、预算、基金编制管制、协调综合管廊系统实施计划，综合管廊管理维护及收取入廊管线使用费用等事宜。台北市工务局新建工程的行政体系如图5-22所示。

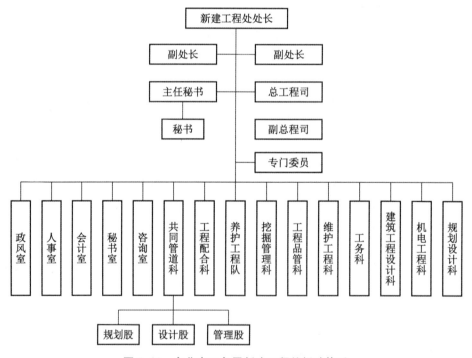

图5-22 台北市工务局新建工程处行政体系

1992年，成立台北市综合管廊建设基金，由工务局负责管理，并设立公共建设管线基金管理委员会，制定了《公共建设管线基金收支保管及运用办法》。1997年，台北市成立了共同管道管理维护中心，对综合管廊进行统一的管理、监控和维护。2004年3月出台了《台北市市区道路缆线管路设置管理办法（修正案）》，2006年5月颁布了《台北市共同管道维护管理办法》,同年 6 月颁布并施行《台北市共同管道基金收支保管及运用自治条例》,12 月颁布了《台北市共同管道基金管理委员会作业要点》[17]。

总体而言,根据全台湾地区的综合管廊母法《共同管道法》以及相应的法规,我国台湾地区的各县市制定并修正了综合管廊地方规章制度,不断细化综合管廊法规。从全台湾地区到各县市完善的法律法规体系,结合较为成熟的运营管理经验,使台湾地区的综合管廊工程发展迅速。

5.4.2.3　我国大陆地区综合管廊法律法规现状

目前,我国大陆地区针对地下空间开发利用没有统一的管理机构,针对地下空间的权属问题也缺乏明确的规定,同样也没有类似《关于建设共同沟的特别措施法》或《共同管道法》这样完善的综合管廊法律法规。国家层面上虽然已出台综合管廊的规划编制指引与工程设计标准,但是仍然缺乏其他直接针对综合管廊的法规,已有的条文和规定分散在不同的法律法规中,整体显得比较零散,不成体系。

各地综合管廊在建设时主要在现有法律、法规框架内进行,也针对各地区的实际情况发布了一些管理办法与建设标准。根据日本和台湾地区的综合管廊建设经验,只有拥有完善的法律法规体系,明确综合管廊的建设资金来源以及管廊的所有权、管理权和使用权,才能真正推动综合管廊在我国的发展。

1）国家层面的法律和行政法规[18]

目前,已出台的涉及地下空间权属的相关法律法规主要有《中华人民共和国宪法》《中华人民共和国城市房地产管理法》《中华人民共和国人民防空法》《中华人民共和国物权法》以及 2001 年由住建部修改并实施的《城市地下空间开发利用管理规定》。

其中,对城市地下空间所有权和使用权进行具体表述的法律法规主要有:①《中华人民共和国物权法》第 135 条:"建设用地使用权人依法对国家所有的土地享有占有、使用和收益的权利,有权利用该土地建造建筑物、构筑物及其附属设施。"第 136 条:"建设用地使用权可以在土地的地表、地上或者地下分别设立。新设立的建设用地使用权,不得损害已设立的用益物权。"②住建部发布的《城市地下空间开发利用管理规定》第 25 条规定:"地下工程应本着'谁投资、谁所有、谁受益、谁维护'的原则,允许建设单位对其投资开发建设的地下工程自营或者依法进行转让、租赁。"

针对包括综合管廊在内的地下空间规划的规定,主要有《城乡规划法》第 33 条的规定:"城市地下空间的开发和利用,应当与经济和技术发展水平相适应,遵循统筹安排、综合开发、合理利用的原则,充分考虑防灾减灾、人民防空和通信等需要,并符合城市规划,履行规划审批手续。"这里明确规定了城市地下空间开发的原则和要求。

此外,针对综合管廊的规划、设计和投资等方面,国务院各部委也发布了相应的规范标准和规章制度,比如《关于城市地下综合管廊实行有偿使用制度的指导意见》《城市综合管廊工程技术规范》(GB 50838—2015)、《城市综合管廊工程规划编制指引》《城市综合管廊工程投资估算指标》《城市综合管廊国家建筑标准设计体系》《城市地下综合管廊建设专项债券发行指引》等。

2）地方层面的法规和管理条例[19]

各地为了推进包括综合管廊在内的城市地下空间的开发利用,制定了一系列的使用办法和管理条例,特别是在北京、上海、广州、深圳等对地下空间的开发利用十分迫切的城市,出台了诸如《北京市人民防空工程和普通地下室安全使用管理办法》《上海市地下空间规划建设条例》《上海市城市地下空间建设用地审批和房地产登记规定》《广州市地下空间开发利用管理办法》《深圳市地下空间使用条例》等管理条例与办法,在管理制度上也创新性地设立了地下空间管理联席会议制度(例如上海市)以及地下空间综合管理办公室(例如沈阳市)。

近年来针对综合管廊的管理以及建设,各地也逐步进行了专项法令规范的研究和制定,出台了一系列的地方性法规和技术标准,比如《江苏省综合管沟建设指南》《福建省综合管沟建设指南》《辽宁省综合管廊建设技术导则》《太原市城市综合管廊管理办法》《厦门市城市综合管廊管理办法》《苏州工业园区市政综合管廊运维管理办法》《沈阳市城市地下综合管廊投资建设管理办法(试行)》《中国 2010 年上海世博会园区管线综合管廊管理办法》《上海世博会园区综合管沟工程建设标准》等。

地方层面法规和建设条例的出台加快了城市综合管廊的推进与发展,也为国家层面综合管廊法律法规的编制提供了可供参考的案例与经验,能够在一定程度上解决国家层面法律法规缺失所带来的问题,逐步推动地下综合管廊的建设与发展走上法治轨道。

5.4.3　国内外法律法规体系的比较与建议

相较于日本和我国台湾地区,我国大陆地区的综合管廊建设起步较晚,法律法规体系建设滞后,在地下空间的使用权和所有权、建设资金来源、管理部门和管理方式的确定等方面都存在着法律上的空白。

1) 缺乏有关地下空间开发权属的法律说明[18]

综合管廊是城市地下空间开发利用的一部分,在日本和我国台湾地区,综合管廊的法律法规体系是其地下空间法律体系的一部分。然而,我国现行的法律法规(比如《物权法》)虽然规定了"土地属于国家所有",但是没有明确土地所有权是否包括土地的上下及土地上下的范围,这使得"地下空间属于国家所有"从概念到实质都缺乏充分依据。此外,虽然提及了地下空间的使用权,但是至于如何设立地下空间的使用权没有更进一步的表述,增加了地方政府处理地下空间权属问题的难度。

2) 尚无地下空间资源的观念[5]

地下空间属于城市可开发资源,且具有极强的不可逆性。但是如今地下空间没有作为社会公共资源进行统一调配,也没有通过市场的调节作用进行合理利用,法律法规中缺少对于地下空间资源保护的有关条文或规定。因此,管线单位只要通过规划部门的确认就可以无偿获得道路地下空间资源,之后通过行业垄断的形式向用户进行成本的不合理转嫁,并获取高额利润,造成道路下方管线的混乱以及管线单位入廊意愿低下。

3) 缺乏针对综合管廊的专项立法

现有法律法规对于综合管廊管线入廊没有强制性的要求。虽然 2015 年发布的《国务院办公厅关于推进城市地下综合管廊建设的指导意见》中提及了"已建管廊地区,管线必须入廊",但是该文件仅仅是指导意见,是重要的参考依据而没有行政强制力。此外,管廊建设资金的来源、管理费用的分摊等都仅以政府主导的行政手段来执行,其力度必将大打折扣,难以达到预期的效果。针对国家层面法律法规的不完善,各地虽然相继出台了针对综合管廊的建设与管理条例,但规章制度的适用对象具有针对性,各地规章制度对综合管廊的设计、建设、管理和使用等规定有不同的表述且较为分散,难以进行推广使用。因此,出台统一的综合管廊专项法律,强制管线入驻综合管廊,切实提高综合管廊的利用率和外部效益,对于规范和推进我国大陆地区的综合管廊建设具有极其重要的作用。

4)已有的工程规划编制指引还需优化[18]

2016 年,住建部发布《城市地下综合管廊工程规划编制指引》,是现今我国大陆地区唯一针对综合管廊工程规划的官方指引,该指引中第 16 条要求:"根据入廊管线种类及规模、建设方式、预留空间等,确定管廊分舱、断面形式及控制尺寸。"第 23 条要求:"测算规划期内的管廊建设资金规模。"严格上来讲,这些要求属于工程设计的范畴,工程规划尚无法达到这样的深度。因此,需要考虑进一步的研究与分析,优化工程规划指引中的编制内容和要求。

根据我国综合管廊的发展现状,在未来法律法规的建设中应该着力于建设以下几个方面:

(1)通过立法,确立地下空间的所有权主体(地下空间所有权应归国家所有,保证公共利益及国家利益不受伤害)和已转让土地使用权的土地地下空间的权属,明确地下空间开发利用的主管机构和管理权限,确立地下空间有偿使用机制,改变现今地下空间"无偿划拨"造成管线单位长期以来采用低成本直埋敷设的惰性思维,推动管线入廊,最终形成基本民事法、综合法律、专项法律和配套辅助法律相结合的法律体系,将地下空间开发利用纳入法制化轨道[14]。

(2)针对综合管廊进行专项立法,确立完善的综合管廊法律法规,在国家层面的法律上明确综合管廊的所有权、规划权、建设权、管理权、经营权和使用权,确定综合管廊的管理部门,规定建设经费与管理经费分摊办法,成立综合管廊建设基金。

(3)在各地方,根据国家层面的综合管廊法律法规制定统一的综合管廊管理规章,其内容应该包括综合管廊的管理维护办法,使用或占用管理办法,设备维护管理办法,管廊内布设、拆除管线或进行其他重大维修的管理办法,安全防护措施,建设基金管理办法等具体事务的管理程序[15]。

(4)针对民间资本参与公共基础设施建设进行立法,一方面为公共基础设施建设提供新的资金来源,另一方面通过立法规范了相关的行为,保护了民间资本的利益,有利于实现双赢的局面。

参考文献

[1] 谭忠盛,陈雪莹,王秀英,等.城市地下综合管廊建设管理模式及关键技术[J].隧道建设,2016(10):1177-1189.

[2] 宋定.PPP 模式下公共管廊运营管理研究[D].北京:北京建筑大学,2014:11-14.

[3] 李春梅.全生命周期管理:地下综合管廊的新加坡模式[J].中国勘察设计,2016(3):72-75.

[4] 宋定,赵世强.我国共同沟现有投融资模式比较与分析[J].价值工程,2014(4):93-94.

［5］孙云章.城市地下管线综合管廊项目建设中的决策支持研究［D］.上海：上海交通大学,2008：64-65.

［6］于笑飞.青岛高新区综合管廊维护运营管理模式研究［D］.青岛：中国海洋大学,2013：38-49.

［7］陈寿标.共同沟投资模式与费用分摊研究［D］.上海：同济大学,2006：67-75.

［8］崔启明,张宏,韦翔.城市综合管廊收费定价模式探讨［J］.建筑经济,2016(9)：11-15.

［9］王建.城市地下市政综合管廊建设费分摊探讨［J］.上海建设科技,2008(4)：66-67.

［10］邱端阳,唐圣钧,叶彬.综合管廊效益评估与费用分摊标准研究［J］.有色冶金设计与研究,2016(2)：45-47.

［11］郑立宁,王建,罗春燕,等.城市综合管廊运营管理系统构建［J］.建筑经济,2016(10)：92-98.

［12］朱雪明.世博园区综合管廊监控系统的设计［J］.现代建筑电气,2011(2)：21-24.

［13］田强,王建,郑立宁,等.城市地下综合管廊智能化运营管理技术研究［J］.技术与市场,2015,22(12)：27-28.

［14］刘春彦.日本地下空间开发利用管理法制研究［J］.民防苑,2006(S1)：118-121.

［15］王江波,戴慎志,苟爱萍.我国台湾地区共同管道规划建设法律制度研究［J］.国际城市规划,2011(1)：87-94.

［16］刘春彦,束昱,李艳杰.台湾地区地下空间开发利用管理体制、机制和法制研究［J］.民防苑,2006(S1)：122-124.

［17］吕昆全,贾坚.台北市共同沟建设现状及若干问题分析［J］.地下工程与隧道,1998(4)：8-14.

［18］宋志宏,梁舰,冯海忠.PPP模式在城市综合管廊工程中的应用［M］.北京：知识产权出版社,2017.

［19］徐生钰,朱宪辰.中国城市地下空间立法现状研究［J］.中国土地科学,2012(9)：54-59.

6 综合管廊项目的市场化运作与创新投融资模式

6.1 综合管廊的基本经济属性[1-4]

6.1.1 投资量大、生命周期长

综合管廊的生命周期很长,根据国际经验,其使用寿命通常可以达到 50~75 年,结构寿命长达 100 年,建设周期为 3~5 年,远远超过普通直埋敷设管线的使用期限。此外,由于综合管廊是一种人工构建的地下结构,其投资成本包括综合管廊本体结构的土建、设备设施成本以及运营管理中所需要的水、电、人工维修和设备更新等费用,根据国内已有的综合管廊项目情况,初期建设成本为 5 万~10 万元/m,运营维护成本为 200~500 元/(m·年)。

6.1.2 自然垄断性

根据美国经济学教授丹尼尔·F·史普博(Daniel F. Spulber)在其著作《管制与市场》中的定义,"自然垄断性"是指"面对一定规模的市场需求,与两家或更多的企业相比,某单个企业能够以更低的成本供应市场。自然垄断起因于规模经济或多样产品的生产经济。"由此可见,综合管廊也具有自然垄断性的属性,这是由其本身的一些特点决定的。

(1) 综合管廊项目具有大量的沉淀成本:综合管廊的投资规模大,投资不具有可分性(即项目资金无法分时段投入,必须整体投入),投资项目具有耐用性、专用性和非流动性的特点。综合管廊项目一旦实施,其资产不易出售或转作他用,因而形成大量的沉淀成本,而变动成本的比重相对较小,从而在客观上形成了市场进入障碍,加强了自然垄断性和规模经济性。

(2) 综合管廊项目具有规模经济性:在现有的需求水平上,随着服务供应量的增加,综合管廊项目的边际成本会递减,提供服务的平均成本也会随着服务供应量的增加而下降,即具有规模经济性。

6.1.3 外部性

外部性是指个人、家庭、企业或其他经济主体的行为对他人产生的利益或成本影响,分为正外部性和负外部性。综合管廊项目具有明显的正外部性,其直接使用者——管线单位不是直接获益者,而社会大众是综合管廊项目的真正直接受益者。社会大众不用为综合管廊付出额外的费用,但是可以享受到综合管廊建成后带来的城市环境改善、道路交通通畅、城市土地增值等好处,这使得综合管廊具有较强的正向外部性。

6.1.4 准公共物品属性

社会产品或服务根据其生产是否有垄断性、消费是否具有排他性及效用是内部效益还是外部效益这三个方面的特点,把社会生产的消费品分为三大类别:公共物品、准公共物品和私人物品。

(1)公共物品:一般由政府供应、政府投资,有时也可以采用市场化的运作模式,由政府购买私人单位提供的服务,然后再供应给社会,比如敞开式公路、国防设施等。公共物品在生产上具有垄断性,消费上具有非排他性及非竞争性,效益上具有很大的外部性。

(2)私人物品:一般由私人提供,进行市场化运作并且直接向消费者收取使用费用,比如服装、食品等。私人物品具有生产经营的竞争性、消费的可分割性、排他性及效益的内部化。

(3)准公共物品:一般由政府提供或政府资助市场提供,进行市场化运作时采用收费与政府支持相结合的方式,比如学校、医院、收费的高速公路和其他基础设施等。准公共物品具有一定的垄断性,可以单独消费,因此在消费上具有一定的排他性。它的效益分为两部分,一部分是内部效益,一部分是外部效益,但是由于其效益的外部性,内部效益不足以使私人单位获得预期的收益。

综合管廊属于市政基础设施,如果视作公共物品,完全由政府投资,则可能因为过大的前期投资与沉淀成本,加重政府财政压力,在融资困难的情况下影响其发展;如果视作私人物品,则会直接影响市政基础设施的收费价格,不能保证综合管廊的服务质量。因此综合管廊应该视为介于公共物品和私人物品之间的准公共物品,在项目融资和后期经营管理时可以引入私人资本和私人单位,但是政府仍然保持对综合管廊建设和管理的宏观掌控,并在一定程度上对私人单位给予补贴。

6.1.5 准经营性属性

在考虑资金时间价值的基础上,按照项目未来可以产生的现金流入量现值之和与现金流出量现值之和的比值来判断项目的可经营性,将项目分为经营性项目、准经营性项目与非经营性项目。

(1)经营性项目:项目现金流入量现值之和大于或等于现金流出量现值之和,表明项目可以在后期经营中收回先期投资并获得预期收益,一般由私人投资完成,政府仅进行行政监管。

(2)非经营性项目:项目在未来无法获得收益,只能由政府财政投资并提供给社会大众使用,具有完全的公益性质。

(3)准经营性项目:项目现金流入量的现值之和小于项目现金流出量之和。虽然准经营性项目具有比较明确的受益对象,可以向其收取一定的费用,但是收费价格的制定不能单纯以建设和运营时投入的财力物力作为计价标准,必须考虑一定的公益性质,由政府提供指导价。准经营性项目具有一定的经营性或财务效益,但是投资者难以收回投资成本或难以达到预期收益。当由民间资本投资此类项目时,政府需要提供扶持或补贴以维持其未来的现金流平衡。

对于综合管廊而言,在管廊建成运营后可以对入廊管线单位收取一定的费用,对投资者而言有资金流入量,并具有潜在的利润。但是,由于综合管廊附带的公益性质,对管线单位收取的费用并非用于盈利,至多能达到收支平衡的状态,在市场运作的情况下可能会形成资金缺口,需要代表社会大众的政府来进行适当的补贴以维持其运营,因此是准经营性的属性。

从准经营性的角度来看,不能将综合管廊仅视为用于容纳市政管线的地下隧道结构和附属设施,应将管廊结构本体、附属设施、管线工程视为完整的建设项目,从工程的全寿命期的角度分析综合管廊项目的经济属性,选择适合的项目建设与运营管理方式,将其正向外部效益发挥到最大。

6.2　综合管廊的主体分析[1-3]

6.2.1　综合管廊项目的发起人——政府部门

综合管廊是准公共物品,具有准经营性的属性,它的前期投资巨大,直接经济效益相对较低,且具有较大的外部效益,私人投资者很难在这种情况下发起综合管廊项目。政府部门出于改善城市环境、提升城市建设水平的目的,在充分考虑城市的发展水平,财政能力和综合效益的基础上,采取正确方法发起综合管廊项目的建设。此外,作为城市生命线工程,综合管廊在城市防灾、战争防护方面具有极强的意义,也必须由政府部门作为项目发起者,对综合管廊项目进行全盘的掌控。

6.2.2　综合管廊项目的使用者——管线单位

综合管廊将传统直埋于道路下方的各类市政管线集中容纳于同一地下空间内,因此其直接使用者就是各管线单位。各管线单位利用综合管廊提供的空间埋设管线并进行运营维护,省去了直埋敷设的成本,降低了维护难度,提高了管线材料的使用寿命,也易于未来扩展容量,为用户提供了更为高效、安全的市政服务。

由于我国尚未出台涉及综合管廊的法律法规,没有强制规定管线入廊,也没有针对综合管廊入廊收费的规定,对于各管线单位而言,将管线纳入综合管廊需要缴纳一系列的管理费用,在近期内增加了成本,但是市政服务的收费价格却不能进行调整,将部分成本转嫁给消费者,这就大大降低了管线入廊或共同投资综合管廊的意愿。

6.2.3　综合管廊项目的受益者——社会大众

综合管廊项目具有较强的社会效益,因此社会大众是综合管廊项目的最终受益者,而且这种效益对于综合管廊项目本身而言是一种外部效益,难以进行量化,更难以直接向社会大众收取费用。与此同时,社会大众作为纳税人是政府财政收入的主要来源,城市建设资金最终也是由社会大众来支付,社会大众也是综合管廊建设资金的最终提供者。

6.2.4 综合管廊项目的投资参与者——民间资本

虽然综合管廊具有较强的社会效益,但是高昂的前期投资成为制约其发展的重要因素。政府的财政实力不足以完成综合管廊项目的投资,必须寻求第三方投资人参与到综合管廊的建设中来,类似于我国城市轨道交通领域中采用的社会资本和政府合作的模式,由政府发起项目并作为信用担保,引入民间资本并确定合适的投融资模式,既保证综合管廊项目本身的公益性质不会改变,也通过政府的行政手段保证民间资本的收益,形成良好的合作共赢机制。

6.3 综合管廊项目的投融资理论及现状

6.3.1 项目投融资的基本概念

项目投资是指投资者为了获得经济效益,而将一定的资金投入到某个特定项目的经济行为。项目投资必须有一定的资金作为基础,同时它具有目的性,是为了获得预期的经济效益。正是因为投资必须有资金资源,从而由投资活动引出了融资的概念。

项目融资是指投资者为了投资特定的项目,通过一定的渠道、采用一定的方式、在一定的条件下筹措一定量资金的一种经济行为。投资者在融资前设立一个项目公司,以该项目公司而不是投资者本身作为借款主体进行融资。银行等资金提供者在考虑安排贷款时,主要以该项目公司的未来现金流量作为主要还款来源,并且以项目公司本身的资产作为贷款的主要保障,以项目导向、有限追索、风险共担、信用结构多样、非公司负债性融资、融资成本高为主要特点的一种现代融资模式。

1)项目导向

项目融资以项目本身的现金流量和资产作为融资安排的基础,而不是项目投资者或发起人的资信为基础。由于是项目导向,银行贷款的期限和每年的还款计划,可以按照项目本身的现金流量计划来安排,所以项目融资可以获得更高的贷款额度,贷款期限可以做到比一般的商业贷款期限长,例如上海现有的高速公路项目融资贷款期限已经达到15年左右。

2)有限追索

在传统公司融资方式下,公司将对项目的全部贷款承担全部的还款责任,如果项目投资失败,公司将以自身的综合财务效益归还贷款,即传统的公司融资是完全追索型的。而在项目融资的情况下,在项目建设阶段,投资者承担项目公司的资本金出资义务,并在一定程度上承担项目的完工责任,在此阶段,贷款银行通常会要求投资者或者发起人承担全部或者大部分的风险,保证项目正常投入营运;而项目一旦建成投入生产或营运,达到预先设定的某些指标后,贷款银行对于投资者的追索要求,将自动调整到局限于项目自身资产及项目的现金流量,即有限追索型。

3)风险共担

在传统公司融资情况下,项目的投资风险主要由投资者本身承担。而在项目融资下,项目的投资风险由项目每一个环节,包括项目设计、投资、安排、建设、运营等阶段的参与者共同分担。在这种情况下,投资人、贷款银行以及与项目存在关系的参与者就能够对项目可能产生的风险进行合理的分担,项目融资才能够实现有限追索。对项目而言,要想获得成功,不需要让一方单独承担全部的风险、责任和贷款等。

4) 信用结构多样

项目融资的成功离不开多元灵活的贷款信用结构,在项目的各个方面,可以有不同的信用支持。在项目招商设计阶段,可以与设计者签订合同,保证工程技术的精准。在工程建设阶段,为了规避风险,可以与工程承包商签订合同确保工期和施工成本。在项目招商时,开发商可以和零售商签订合同,要求他们长期入驻。上述各阶段所签订的合同都对项目融资提供了坚实的保障,不仅能够减少对贷款方的资产信用依赖程度,也能够提高债务的承受能力。

5) 非公司负债性融资

非公司负债性融资是指在融资中,投资者不需要在公司资产负债表中体现项目债务。项目融资可以通过对投资结构、融资结构进行设计后,将贷款改头换面,转化成非公司负债性融资。由于项目融资的风险被所有利益参与人分担,贷款方的追索权只能受限于项目的现金流量和公司自有资产,而投资者不用承担全部的风险和债务,于是就为将融资设计成非公司负债性融资提供了良好的条件。

6) 融资成本高

相对于传统融资方式,项目融资所需的组织时间较长且筹资成本较高。虽然这一特性使得项目融资的使用范围受到限制,但是在实际应用中,融资成本可以利用税务优势得到最大程度的降低,综合收益率及偿债能力也将因此得到提高。

投资决定了融资,项目投资者的背景、财务状况,投资项目的预期经济效益和风险水平等情况,决定了融资的结构与条件等。同时,融资又制约着投资,如果没有与顺利的融资过程相配合,投资者有再好的设想,也无法实施项目的投资活动。项目投资和项目融资是一个整体的过程,项目的投资离不开资金的融资,融资的目的是为了进行项目投资。因此习惯上将投资和融资合并起来,称之为"项目投融资"。

项目融资关注项目本身的经济强度,项目未来的收益,而不是投资者的资产、资信和财务状况。它与产业的结合更为紧密,更符合产业与资本相结合的发展趋势。对于资源开发项目、大型制造业项目和大型城市基础设施项目而言,它们的产品单一、项目资金流量容易测算且控制,因此适用于项目融资模式。总体而言,项目融资具有以下优点。

(1) 项目投资者可以利用项目融资的方式发起超过其筹资能力的大型项目,比如城市基础设施项目。项目融资由于其自身的现金流量和有限追索的特性,能够将投资者的投资金额和投资风险控制在一定的范围内,使大型项目的投资成为可能。

(2) 政府可以通过项目融资的方式建设现金流量稳定的基础设施项目,即政府不以直接投资者和直接借款人的身份,而为投资者(项目公司)和直接借款人提供专营特许权等优惠条件,由投资者(项目公司)以政府的特许权为基础而产生的未来现金流量抵押给银行,来达到融资的目的。

(3) 项目融资通过投资结构的安排,将项目发起人的公司负债和其他风险因素隔离在项目以外,避免由于项目发起人本身的经营风险影响到项目现金流量,将项目以外的风险与项目本身分离。

相对于优点而言,项目融资同样也存在着不可回避的缺点,主要表现为:

(1)项目融资是一个复杂的系统工程,牵涉到项目的投资者、项目业主、政府、项目的承包商、贷款方、项目产品的用户、保险公司等不同的关系人,同时又涉及许多经济和金融因素以及政府的支持政策等因素。项目融资对于利益各方,特别是投资者(发起人)的综合素质和能力要求较高,且利益各方之间的谈判费时又费力,程序复杂。

(2)项目融资的基础是以项目的资产和现金流量作抵押,因此银行的融资风险相对加大,导致银行融资成本增加。此外,投资者和项目公司需承担额外的成本费用,如融资顾问费用、律师费用、保险顾问费用等,也进一步增加了融资成本。

6.3.2 综合管廊项目投融资现状

目前,我国综合管廊项目的建设模式主要有四种,即5.2节中所述的"政府或国有企业全权负责模式""政府与专业管线单位联合负责模式""政府和民间资本组建股份制公司模式"和"特许经营权模式"。

由于综合管廊项目基本经济属性与其重要的战略价值,为了保证政府对于管廊的所有权与掌控力,在综合管廊的发展初期以"政府或国有企业全权负责模式"为主,由政府全资进行建设,管线单位免费租用管廊空间。

此后,随着各地政府及管线单位逐步接受综合管廊的敷设管线模式和理念,出现了"政府与专业管线单位联合负责模式",综合管廊项目的投融资仍以政府主导为基础,由管线单位作为投融资主体,双方共同合作出资建设。

近年来,随着高速公路、城市轨道交通等城市其他公共基础设施的市场化投融资模式的成熟,部分地区的综合管廊项目开始试行"政府和民间资本组建股份制公司模式"和"特许经营权模式"的模式,产生了市场化的运作模式与多元的筹资理念。

虽然综合管廊项目的重要性已经被越来越多的地方政府和专业人士所接受,各地方也积极规划兴建综合管廊项目,但是从总体上看,以政府为主导控制投资活动全过程的计划型体制没有得到根本性的转变,综合管廊项目投融资机制也存在着不少深层次的矛盾,没有实现良性运转。总结起来,以综合管廊项目为代表的我国城市基础设施投融资方面存在的主要问题有以下几个方面。

(1)投资总量不足。

(2)在城市基础设施的供给方面,没有按照不同性质的基础设施,形成政府投资和社会投资的合理分工,投资主体单一,缺乏竞争。

(3)我国城市建设规模的增长,主要还是采用政府动员财政性资源来应对市场需求的模式来实现的,融资渠道狭窄。

(4)政府投资基础设施工程缺乏科学和严格的管理机制,审批程序复杂,资金效率不高,市场对资源配置的作用还没有得到充分发挥。

随着综合管廊建设需求的加大,单纯依靠政府财政出资或者政府与管线单位联合出资的投融资模式已经无法满足综合管廊项目庞大的资金需求。各地政府作为城市基础设施建设的投资主体,应体现政府的主导地位和引导作用,其主要职责不再是进行行政主导的投融资,而是通过宏观调控,利用市场机制引导基础设施的投融资,引入市场化的运作模式,引入社会资本,发挥市场机制在基础设施建设中的资源配置作用,鼓励和吸引社会资本进入综合管廊建设和服务市场,以改革综合管廊的投融资体制作为解决问题的突破口。

6.3.3　综合管廊项目投融资的市场化运作[5]

综合管廊作为现代化、集约化、高效化的城市基础设施,是国民经济和社会发展的重要组成部分,其投融资体制的市场化改革是一个必然的趋势。以综合管廊项目为例的城市基础设施投融资行为要在市场利益激励、市场风险约束以及政府主导和行政监管下进行,才能形成一个良好的运作机制。

6.3.3.1　项目的市场化运作过程

综合管廊项目的市场化运作过程分为政府过程和市场过程,如图 6-1 所示市场化运作的全过程示意图。以下将详细剖析市场化运作过程中每一个步骤及其重要性。

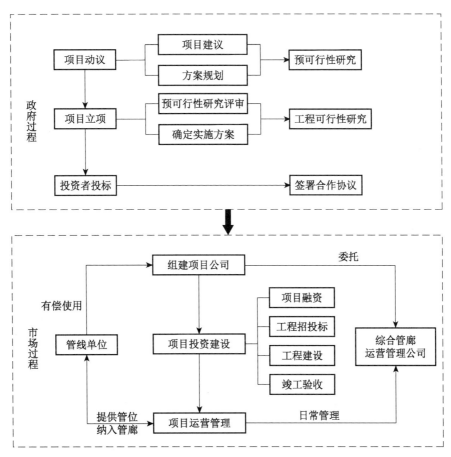

图 6-1　综合管廊项目的市场化运作过程[5]

图片来源:陈寿标《共同沟投资模式与费用分摊研究》

1)项目建议及其必要性分析

综合管廊项目是城市发展过程中的内在需求,由于其投资巨大,是城市生命线工程,因此必须经过充分的论证与分析。项目建议是项目运作的第一步,也是不可或缺的重要步骤,应该根据城市经济发展状况、市政管线建设现状与发展趋势进行调查分析,根据城市规划讨论综合管廊的兴建时机,把握诸如城市更新计划、新区建设等重要的建设机遇。

2) 项目方案规划及投资估算

综合管廊受制于城市经济发展状况,无法在短时间内构建一个完善的综合管廊网络,因此需要对规划建设区域进行分析,根据道路交通及埋设管线的情况,初步制定规划建设路段与其建设时序,分析综合管廊网络规模及投资规模。项目方案规划应该从城市市政管线建设的现实需求与预测需求出发,可以委托有实力的专业机构或是通过公开招标的方式征集合理的规划方案,并根据方案的效益与成本分析,作出决策。

3) 提出"预可行性研究报告"

"预可行性研究报告"根据上述两步提出,是项目建议的主要成果,一般作为决策依据与项目投融资及项目设计等进一步运作的指南。

4) 确定实施方案

提交"预可行性研究报告"之后,决策机构应集合相关部门及专家组对研究报告进行评审与论证,并根据成本与效益分析作出决策,选择一种规划方案作为项目实施方案,在此基础上对确定的实施方案进一步进行工程可行性研究。

工程可行性研究除了进一步论证项目实施的必要性与可行性之外,还应根据实施方案对综合管廊进行初步设计并进行工程预算,最终形成"工程可行性研究报告",进一步深化实施方案,提请决策机构讨论并进行项目立项。

5) 项目立项

项目立项是指决策机构对项目以文件形式同意建设的批复,也就是项目的决策成果。项目立项在前期反复论证的基础上进行,由不同政府部门参与论证,主要包括市府主管部门、计委、建委、规委、土地局、物价局、财政局、税务局等,在市政府的统一协调下,将工程总体规模,相关经济、技术指标作为项目投资建设的控制标准并确保项目进一步运作。

6) 投资者招标

投资者招标是项目运作过程的重要一步,能否成功吸引投资者参与项目投资直接关系到项目的投资建设与今后的运营管理。由于综合管廊项目的建设资金大、营利能力低,筹集建设资金是首要问题,应鼓励各方资金参与投资综合管廊项目。可以考虑聘请专业的中介机构与咨询公司对项目投融资结构进行设计,通过合理的项目结构设计与灵活的体制安排吸引资金投资综合管廊项目。

7) 合同谈判

通过投资者招标选择最适合的投资候选人,政府部门与中标候选人进行合同谈判,进一步确定投资细节并以合同形式予以生效。合同中应明确各方投资者的权利与义务关系,并确定资金联合方式,各方出资比例及建设期、运营期的资金投入与回收方式等其他相关细节。由于合同文件是项目投资建设的主要约束文件,直接关系到参与各方的利益及项目的成败,因此,整个操作过程应符合相关法律法规与国际惯例。

8) 组建投资方联合体(项目公司)

通过投资者招标及签署合资协议,即可按协议规定组建投资方联合体,通常以项目公司的形式作为下一阶段项目运作的主体。至此,项目运作由政府过程过渡到市场过程,项目公司应按照市场规则进行融资、工程招投标等运作。

由于综合管廊是城市生命线工程,在市场运作的过程中,政府从前期运作主体的地位退至监管的地位,并在相关政策上对项目公司予以支持,以促使其顺利融资及其他相关运作,既保证项目市场化运作的高效率,又确保项目实现既定目标,发挥社会效益。

9)项目融资

项目公司在组建完成后即可通过各种渠道进行融资,包括银行信贷、国际贷款、发行债券或股票等。由于综合管廊的初期建设成本较高,为了分散风险,项目公司通过融资以减少自有资金投入比例,因此,安排合理的融资结构可以增强项目效益。

10)项目建设与工程验收

通过对项目资金结构的设计与安排,进行有效的现金流管理与风险控制,项目应立即着手建设,降低资金成本。在项目建设过程中,应对工程设计方、施工承包商等进行公开招标,以增强项目的透明度并确保项目建设的安全高效,保证工程质量。在建设过程中,工程的完工保证与质量保证对整个项目的运作至关重要,因此,应通过严格的法定程序以控制风险,并定期定时进行检查,组织专家及专业咨询机构进行全过程管理与监控,确保工程顺利完工并通过工程验收。

11)项目交付运营

项目完工并通过验收后,即可交付运营。综合管廊的运营模式与项目结构有较大关系,通常应强调项目的市场化运营模式,以委托专业的物业管理公司进行管理与运营,政府部门及投资方对其进行监控与管理,以确保综合管廊的安全高效运营,发挥工程效益。

6.3.3.2　项目市场化运作的难点

1)综合管廊项目涉及的市场主体复杂

近年来,随着综合管廊逐渐在我国普及,政府部门及管线单位逐步认识到其重要的发展意义。由于综合管廊投融资的市场化运作刚刚开始,其中所涉及的不同市场主体对于其认知程度不同,难以达成共识,这也成为市场化运作中的一大难点问题。

(1)政府部门

政府部门是综合管廊项目的发起人,也直接决定着综合管廊项目是否可以成功启动并建设。近年来,综合管廊对于城市发展的重要意义逐步体现,各地政府部门开始关注这一现代化、集约化的城市基础设施,也极大程度地促进了社会各界、市场各方对综合管廊的兴趣与认识。由于综合管廊的建设成本高昂,市场化运作牵涉各方,因此决策者必须对项目有深入和全面的认识,推动并规范综合管廊项目的市场化运作。

(2)管线单位

管线单位是综合管廊的使用者,其购买综合管廊服务的意愿以及愿意支付的价格直接决定综合管廊项目的现金流量。在项目融资中,管线单位作为项目服务的购买者,如果能取得长期使用的购买合同,将会大大提高项目融资的成功率。然而现阶段,国内的管线单位仍然着眼于短期利益,无法认识到综合管廊建成后对于管线敷设和维护成本的降低、管线服务质量的提高以及未来管线容量增长的长期效益,在没有法律法规明确规定的情况下入廊意愿较低,也不愿意支付入廊费用。

（3）银行等金融系统

贷款银行在考虑项目融资时，最关心的是项目自身产生的现金流量能否支付贷款的本息。因此，项目的完工保证、工程质量、建设与运营成本控制、稳定的现金流量都是银行考察的重点要素。而目前，银行等金融系统对综合管廊的认识有限，缺乏相关的历史数据，对银行而言，不确定性较大，风险较大，其贷款意愿较小，需要较为艰难的沟通与谈判，以及相关方面的配合与支持。

（4）各类企业主体

大型国有企业、房地产开发企业、商业企业等企业由于可能获得综合管廊项目的外部收益，因此愿意作为投资者参与项目融资。例如房地产开发商可能会支持开发区域的综合管廊建设以增强其地产项目的吸引力；拟建综合管廊的道路沿线商业企业可能会支持综合管廊的建设以减少道路开挖对客流量的影响等。对于此类企业主体，应重视与其良好的沟通，使其充分认识到综合管廊项目对其今后经营效益增长的影响，使得综合管廊的外部收益转化为现实的融资优势条件。

（5）工程建设公司

综合管廊项目的建设工期长，建设投入大，对于工程建设公司而言，是非常具有吸引力的大型市政工程。为了取得项目的工程建设承包权，工程建设公司会参与项目的融资，增强其在项目工程招标中的优势，或者直接以工程承包权作为其参与融资的回报。这种融资方法目前在各类市政工程中都有出现，例如上海建工集团就参与了上海许多大型市政工程的投融资以帮助其获得项目的建设承包权。

（6）运营管理公司

综合管廊的运营管理一般是委托给专业的运营管理公司进行，且委托时间一般较长。对于运营管理公司而言，参与综合管廊项目的投融资更有利于其取得运营维护权，并获得长期的投资收益。目前，国内还没有专业从事于综合管廊运营管理的公司，因此选取潜在的对象加以培育并鼓励其参与综合管廊的项目融资也是扩展综合管廊融资渠道的方法。

（7）设备商与材料商

综合管廊使用的设备和材料种类多、数量大、质量要求严格，选取可信任的供应商是非常重要的步骤，如果能结合项目融资进行设备与材料的供应谈判，不仅可以扩展融资渠道，也可以保证质量与时间，以及承担设备后续维护，例如，通过延期付款方式取得间接贷款，承诺更长期限的设备维护期限等。

（8）专业咨询公司

综合管廊项目的市场化运作涉及多专业、多领域的问题，对于投资者而言，限于专业领域的限制，需要各类专业的咨询公司帮助其决策与运作，咨询的类型大体包括投融资咨询、工程咨询、法律咨询、保险咨询等。综合管廊的市场化运作需要参与者既懂技术，又懂财务，还要有法律、工程承包及经济合同等方面的知识，而国内此类的综合型人才不足，也没有专业从事综合管廊相关问题的咨询公司，应积极培养综合管廊市场化运作的专业人才。

（9）保险公司

综合管廊在建设与运营期间都会潜藏许多风险，不论对于投资者还是贷款银行都对项目的风险非常关心。因此,项目的保险方案设计是控制风险的重要手段,同时也需要有保险公司愿意介入综合管廊项目。

2)难以形成稳定的现金流量预期

现金流量是项目融资的重要基础,也是银行贷款的决策基础。综合管廊项目的现金流量主要来源于管线单位所支付的管理费用。然而,管线单位愿意支付的价格存在较大的不确定性,现阶段又缺乏相应的法制约束,因此投资者难以对项目的现金流量作出稳定的预期以进行投资决策。对此,政府部门应发挥作用,促进多方面的协调与合作,并作出一定的承诺以促进投融资的顺利进展,甚至通过承诺现金流量补贴以吸引投资者。

3)尚未形成健全的运行机制与法律法规[6]

综合管廊项目的市场化运作需要多方的合作与配合,对于政府部门和参与项目的社会资本而言,如何进行融资,如何防控风险,如何进行监管都需要一套完善的法律法规和成熟的市场运行机制来保证。

(1)健全相关法律法规

综合管廊的市场化运作需要涉及多方面的法律法规问题,应规范管理和健全法规,进一步完善市场准入、金融税收、资格审批、综合管廊特许经营等方面的规定,营造公平竞争的投资环境。

(2)项目论证评估制度

综合管廊项目的投资额巨大,而市场又处于时刻的变化之中。因此,理性的论证有助于项目科学与合理的实施:可以聘请专业的咨询公司提供评估意见或进行专家论证,必要时也可以采用听证会的方式接纳来自社会各方的意见,经过权力机关的批准,形成一套完善的项目论证评估制度,以提高综合管廊项目的效率。

(3)价格与收费机制

在项目融资中,如果项目公司能取得管线单位长期使用的购买合同,将会大大提高项目融资的成功率。然而现阶段,由于各管线单位既有利益的分配问题,使用综合管廊的意愿往往不高,愿意支付的价格也较低。由于综合管廊产品的特殊性,其收费定价不能简单地按照成本定价模式进行,需要各方利益代表人的参与、协商和谈判,在中介机构评估、专家组评审的基础上,通过听证程序最终制定合理的价格。由于综合管廊的特许期较长,管廊的使用价格会发生一定的变化。因此,政府的价格担保以及有关价格调整的约束条款对保证项目的正常运营、避免纠纷具有十分重要的意义。

(4)投资收益机制和监管机制

在综合管廊项目的建设资金方面,政府应积极协调银行或金融机构给予项目公司以满意的贷款额,在企业融资和税收上给予优惠。政府要采取措施保证项目最低收益的实现,例如在开发初期企业难以获得效益的情况下,政府可采取划拨道路两边一定的土地供投资企业开发,给予投资企业适当的经营管理年限,以保证其在经营管理期间收回投资并获得一定收益。政府收回综合管廊经营管理权时,可对综合管廊的管理运营设备给予适当的补偿,以鼓励投资企业提高管理运营水平,确保设备功能完好和运营安全。在项目实施过程中,政府要加强对项目的监管,提高管理水平,保证综合管廊项目切实提高并改善城市市政服务水平与城市道路环境。

（5）风险分担机制

综合管廊项目的风险主要包括：工程风险、环境风险、运营安全风险、财务风险等。政府部门和参与项目的投资者需共同和各自承担一定的风险，且政府部门应加强风险管理，提供某些保证和承诺，减少风险给项目投资者带来的损失。

（6）公众参与机制

综合管廊市场化运作中，应向社会公众公开项目的基本方案、招投标、特许经营人、合同的变更和终止等重大事项，对于特许经营权的授予、特许经营服务价格的制定、特许经营合同的单方变更或终止等事项，应当举行公开听证，以保证综合管廊项目的公众参与性与运作中的公开透明。

（7）政府诚信与协议约束机制

综合管廊市场化运作的重要内容就是合同关系，合同双方能否按照合同规定履行各自的责任，将直接影响项目的顺利完成。政府能否履行合同规定，执行公平、合理的政策，会对项目的成功实施产生重要的影响。因此，为了保证项目市场化运作的顺利运行，政府部门应该着力维护自身的诚信形象，尊重契约精神，通过合同约束自身与投资人的行为，保证良性的互动与发展。

6.4 综合管廊项目的投融资方式创新

6.4.1 政府和社会资本合作（PPP）模式

6.4.1.1 PPP模式的基本概念

政府和社会资本合作模式即通常所说的PPP模式，它是指政府为增强公共产品和服务供给能力、提高供给效率，通过特许经营、购买服务、股权合作等方式，与社会资本建立的利益共享、风险分担及长期合作关系。针对综合管廊项目的PPP模式而言，运营期内政府授予项目公司特许经营权，项目公司在特许经营期内向管线单位收取租赁费用，并由政府每年根据项目的实际运营情况进行核定并通过财政补贴、股本投入、优惠贷款和其他优惠政策的形式，给予项目公司可行性缺口补助。综合管廊PPP项目的融资结构如图6-2所示[6]。

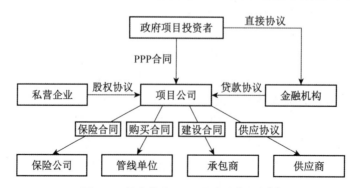

图6-2 综合管廊PPP项目融资结构[6]

图片来源：沈荣《城市综合管沟投融资模式研究》（作者有修改）

政府部门利用其身份和职能权利发挥协调作用,以此支持项目及监督项目的实施;社会资本主要作为项目的执行者,在执行过程中要发挥其专业技能和效率优势,在执行中接受政府部门和社会公众的监督。在 PPP 模式下,政府和社会资本之间相互监督与制约,是一种平等的合作关系,两者在合作过程中相互学习、借鉴,制造出更好的产品服务社会公众。

PPP 模式主要适用于政府负有提供责任又适宜市场化运作的公共服务、基础设施类项目,例如燃气、供电、给水、供热、污水及垃圾处理等市政设施,公路、铁路、机场、城市轨道交通等交通设施,医疗、旅游、教育培训、健康养老等公共服务项目,以及水利、资源环境和生态保护等项目[7]。综合管廊项目具有一定的现金流和潜在的利润,但是由于项目的公益性,现金流比较小甚至无法实现项目自身的收支平衡,因此也适用于 PPP 模式。对于此类的基础设施项目,政府部门为了社会效益以及维持项目的运转,一方面通过利用自己的职能权利制定政策为私营部门在项目运营中扫清障碍,另一方面通过给予必要资金补偿及贴息来支持项目的运转。

开展政府和社会资本合作,有利于创新投融资机制,拓宽社会资本投资渠道,增强经济增长内生动力;有利于推动各类资本相互融合、优势互补,促进投资主体多元化,发展混合所有制经济;有利于理顺政府与市场关系,加快政府职能转变,充分发挥市场配置资源的决定性作用。

根据 2014 年 11 月财政部印发的《政府和社会资本合作模式操作指南》以及相关 PPP 操作经验,采用 PPP 模式的项目运作方式一般有委托运营(O&M)、管理合同(MC)、建设—运营—移交(BOT)、建设—拥有—运营(BOO)、转让—运营—移交(TOT)和改建—运营—移交(ROT)、建设—租赁—移交(BLT)等 7 种,其中建设—运营—移交(BOT)、建设—拥有—运营(BOO)、转让—运营—移交(TOT)、建设—租赁—移交模式(BLT)等几种模式可以适用于综合管廊项目[8]。

(1) 委托运营(Operations & Maintenance, O&M)是指政府将存量公共资产的运营维护职责委托给社会资本或项目公司,社会资本或项目公司不负责用户服务的政府和社会资本合作项目运作方式。政府保留资产所有权,只向社会资本或项目公司支付委托运营费,合同期限一般不超过 8 年。委托运营模式不包含融资性质,适用于存量项目。

(2) 管理合同(Management Contract, MC)是指政府将存量公共资产的运营、维护及用户服务职责授权给社会资本或项目公司的项目运作方式。政府保留资产所有权,只向社会资本或项目公司支付管理费。管理合同通常作为转让—运营—移交的过渡方式,合同期限一般不超过 3 年。管理合同模式不包含融资性质,适用于存量项目。

(3) 改建—运营—移交(Rehabilitate-Operate-Transfer, ROT)是指政府在 TOT 模式的基础上,增加改扩建内容的项目运作方式。合同期限一般为 20～30 年,适用于存量项目。

(4) 建设—运营—移交(Build-Operate-Transfer, BOT)是指由社会资本或项目公司承担新建项目设计、融资、建造、运营、维护和用户服务职责,合同期满后项目资产及相关权利等移交给政府的项目运作方式,合同期限一般为 20～30 年,多适用于新建项目(图 6-3)。PPP 概念下的 BOT 模式在私人资本组合的项目公司中加入了政府股东,在政府相对投入较少的情况下与私人资本共同投资、建设、运营项目,提高了政府对于项目的参与程度,防止出现项目公司的垄断经营或产生超额利润,在对项目监管的同时,实现公私双赢。

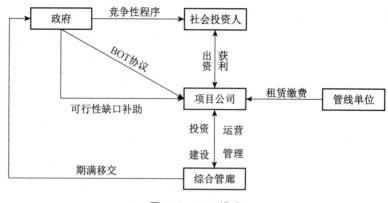

图 6-3　BOT 模式

（5）建设—拥有—运营（Build-Own-Operate，BOO）由 BOT 模式演变而来，二者的区别主要是 BOO 模式下社会资本或项目公司拥有项目所有权，但必须在合同中注明保证公益性的约束条款，一般不涉及项目期满移交，多适用于新建项目。

（6）转让—运营—移交（Transfer-Operate Transfer，TOT）是指政府将存量资产的所有权有偿转让给社会资本或项目公司，并由其负责运营、维护和用户服务，转让合同的期限一般为 20～30 年，在合同期满后投资人需将资产所有权归还政府（图 6-4）。与 BOT 模式相比，TOT 模式不需要由社会资本方建设基础设施，只需在经营期内转让政府的经营权，但是需要保证政府对基础设施的控制权，适用于关系到国计民生的基础设施要害部门。

图 6-4　TOT 模式[6]

图片来源：沈荣《城市综合管沟投融资模式研究》

（7）建设—租赁—移交（Build-Lease-Transfer，BLT）是指由社会资本或项目公司承担新建项目设计、融资和建造，建成后由项目公司租赁于政府或其指定实体，由政府负责经营和管理，政府向项目公司支付租赁费用，类似于政府购买服务的性质。租赁期满后，项目公司将综合管廊移交给政府或政府的指定机构（图 6-5）。

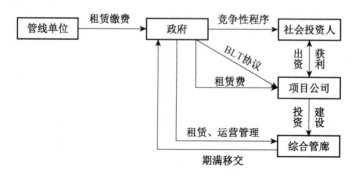

图 6-5　BLT 模式

6.4.1.2　PPP 模式的基本特性

PPP 模式作为一种公共产品供给的新模式，是政府和国家部门提出建设项目后，通过招标方式与私人企业或民营部门确定合作关系。这些私人企业对项目进行设计、融资、建设、运营和维护,即以契约约束的机制,使私人部门参与到公共服务的供给过程中去。私人部门向公众收取费用以补偿成本,获得利润,而政府部门则根据项目运营效果,对企业适当提供货币补贴。这种模式的主要特点有[9-10]以下几点。

(1)实现公共产品的生产者和服务者的职能分离

在传统模式下,政府集公共设施服务的生产者和提供者于一体。虽然政府部门的本职工作就是向社会公众提供公共设施和服务,但是政府部门可以选择采取何种方式提供。因此,在PPP模式下,政府摆脱了生产者的身份,成为公共设施与服务的采购者,不再需要直接参与公共设施的投资、建设和管理,集中精力担当好"宏观政策的制定者"和"具体方案的裁判员"的角色,将公共设施与服务的生产完全交由私人企业进行。PPP模式没有改变公共服务的性质,只是实现了公共部门与私人企业的分工,改变了公共设施和服务的生产者,即由私人企业代替公共部门进行生产,公共服务的提供主体仍然是政府部门。

(2)实现了政府部门与私人企业的优势互补

政府部门的固有优势是能够制定相应的政策,在综合管廊项目开展时提供足够的支持;其劣势则是政府的财政资金无法满足综合管廊项目高昂的建设费用,管理效率较低的问题也成为其桎梏之一。私人企业的优势是具有充足的资金与成熟的融资方案,企业具有先进的管理经验与高效的生产模式。

PPP模式可以充分发挥政府部门和私人企业的优势。政府可以借助私人资本及经验提高自身提供社会服务的效率;通过公开招标的方式,便于发挥社会资金投融资的积极性,使有实力的多元化经济实体愿意投资参与综合管廊项目的建设,拓宽了建设融资渠道,实现财政性资金的放大效应和倍增效应。私人企业通过与政府的合作可以得到自己预期的经济效益以及获得改善企业形象和政企关系等隐形收益。

(3)采用代理运行机制

PPP模式实行全面代理制,在公共服务项目运作过程中广泛运用各种委托—代理关系,这种委托—代理关系及相关各方所拥有的权利、所应该承担的责任与义务等在投标书和合同中都加以明确地规定,受法律的约束和保护。

(4)政府部门与私人企业风险共担

综合管廊项目的投资巨大,涉及面较广,因此也带来了诸多方面的项目风险(图6-6)。按照风险分配优化、风险收益对等和风险可控等原则,综合考虑政府风险管理能力、项目回报机制和市场风险管理能力等要素,应在政府和社会资本间合理分配项目风险。原则上,项目设计、建造、财务和运营维护等商业风险由社会资本承担,法律、政策和管廊的最低需求等风险由政府承担,不可抗力等风险由政府和社会资本合理共担。

(5)政府和社会资本合作的具体操作模式具有多样性

PPP模式的基本定义中仅给出了"公私合营"的总体框架,在不同的国家及具体的项目上,其运行模式可以灵活设计。

① 世界银行的分类:综合考虑资产所有权、经营权、投资关系、商业风险和合同期限等,将广义PPP模式分为服务外包(Service Contract)、管理外包(Management Contract)、租赁(Lease)、特许经营(Concession)、BOT/BOO和剥离(Divestiture)等6种模式。

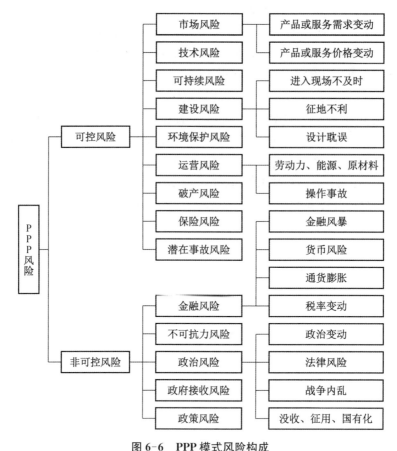

图 6-6 PPP 模式风险构成

图片来源：佛山市城市地下管线综合管廊专项规划

② 欧盟委员会的分类：按照投资关系，将 PPP 模式分为传统承包、一体化开发和经营、合伙开发三大类。传统承包类是指政府投资，私人部门只承担项目中的某一个模块（如建设或者经营）；一体化开发类是指公共项目的设计、建造、经营和维护等一系列职能均由私人部门负责，有时也需要私人部门参与一定程度的投资；合伙开发类通常需要私人部门负责项目的大部分甚至全部投资，且合同期间资产归私人拥有。

③ 中国财政部的分类：包括委托运营（O&M）、管理合同（MC）、建设—运营—移交（BOT）、建设—拥有—运营（BOO）、转让—运营—移交（TOT）和改建—运营—移交（ROT）等 6 种。

综合管廊项目采用 PPP 模式还具有以下优势：

① 加快项目的执行速度，降低整体成本：在 PPP 模式下，私人企业需承担项目的设计、施工、建造及后期运营维护等责任，因此政府选择合作伙伴时一般采用招标的方式进行。引入竞争模式，可以帮助政府部门挑选出最优的合作伙伴，在项目运行阶段，通过合适的激励机制可以使私人企业把自己先进的管理经验及优良的技术应用到合作的项目中去，这样可以提高项目的效率，加快项目整体的执行速度，与此同时降低项目整体成本。

② 提升市政服务质量：PPP 模式引入了竞争机制，私人企业只有创新方法，提高管理技术，使自身拥有足够的竞争力才可以取得 PPP 项目的契约，在此基础上可以提高市政服务

的运行质量、提高运行效率。

③提升公共管理质量:在 PPP 模式下,政府部门的人员从公共产品的生产者变成管理者,通过从日常业务的管理到公共服务的规划与绩效检测,政府部门可以更好地监督私人部门,继而提升公共管理的质量。

当然,PPP 模式除了众多优势之外,还存在着一些缺点,需要在实际项目操作中予以避免:①PPP 模式在项目准备阶段需要制定完善的合同条款,增加了政府与私人企业的工作量;②虽然政府对 PPP 项目仍有一定的掌控权,但是在实际经营中,私人资本成立的项目公司对项目的经营和管理具有较大的控制权,可能会导致垄断经营的行为出现;③作为一种新兴的模式,法律法规的缺失可能导致政府腐败现象的产生。

6.4.1.3   PPP 模式的操作流程

根据 2014 年 11 月,我国财政部印发的《政府和社会资本合作模式操作指南》,综合管廊项目 PPP 模式的运作流程主要包括项目识别、项目准备、项目采购、项目执行和项目移交5 个部分(图 6-7)[8]。

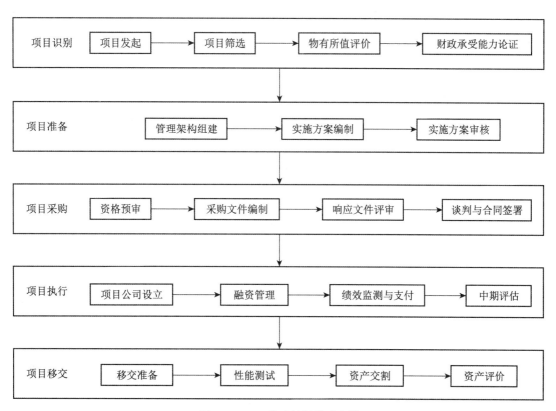

图 6-7   PPP 模式的操作流程[8]

图片来源:中华人民共和国财政部《政府和社会资本合作模式操作指南(试行)》

1)项目识别

综合管廊项目一般由政府部门发起,财政部门会同行业管理部门对于综合管廊项目进行评估和筛选,从定性和定量两方面开展物有所值评价工作。定性评价重点关注项目采用PPP 模式与采用政府传统采购模式相比能否增加供给、优化风险分配、提高运营效率、促进创新和公平竞争等;定量评价主要通过对拟采用 PPP 模式的项目全生命周期内政府支出成本现值与公共部门比较值进行比较,计算项目的物有所值量值,判断 PPP 模式是否降低项目全生命周期成本。为确保财政中长期的可持续性,财政部门应根据项目全生命周期内的财政支出、政府债务等因素,对部分政府付费或政府补贴的项目,开展财政承受能力论证,通过物有所值评价和财政承受能力论证的项目,即可进行项目准备。

2) 项目准备

为了保证综合管廊项目 PPP 模式的顺利运行,各地政府部门应制定专门的协调机制,主要负责项目评审、组织协调和检查督导等工作,以实现简化审批流程、提高工作效率的目的。

有关职能部门或事业单位可作为项目实施机构,负责项目准备、采购、监管和移交等工作。项目实施机构应组织编制项目实施方案,包括项目概况、风险分配基本框架、项目运作方式、交易结构、合同体系、监管架构和采购方式。其中,综合管廊项目 PPP 模式的运作方式根据收费定价机制、项目投资收益水平、风险分配基本框架、融资需求、改扩建需求和期满处置等因素决定,一般可以选择建设—运营—移交(BOT 模式)、建设—拥有—运营(BOO模式)、转让—运营—移交(TOT 模式)等模式。

之后由财政部门对项目实施方案进行物有所值和财政承受能力验证,通过验证后则由项目实施机构报政府审核。

3) 项目采购

综合管廊项目 PPP 模式的项目采购方式包括公开招标、竞争性谈判、邀请招标、竞争性磋商和单一来源等方式,项目实施机构应根据项目采购需求特点,依法选择适当采购方式。

项目实施机构根据项目需要准备资格预审文件,发布资格预审公告,邀请社会资本和与其合作的金融机构参与资格预审,验证项目能否获得社会资本响应和实现充分竞争,并将资格预审的评审报告提交财政部门。项目有 3 家以上社会资本通过资格预审的,项目实施机构则继续开展采购文件准备工作。根据采购方式的不同,项目实施机构应选择最优的社会资本,与其签订 PPP 项目合同。

4) 项目执行

通过竞标取得综合管廊项目的社会资本设立项目公司,政府部门可指定相关机构依法参股项目公司。项目融资由社会资本或项目公司负责,开展融资方案设计、机构接洽、合同签订和融资交割等工作。财政部门及项目的实施机构需要对项目公司进行监督和管理,定期监测项目产出绩效指标,编制季报和年报,并报财政部门备案。

5) 项目移交

在合约期满后,按照 PPP 项目合同,由项目实施机构或政府指定的其他机构成立项目移交工作组,并代表政府收回综合管廊项目。项目移交工作组按照合同中明确约定的移交形式、补偿方式、移交内容和移交标准进行移交工作。项目移交完成后,财政部门应组织有关部门对项目产出、成本效益、监管成效、可持续性、PPP 模式应用等进行绩效评价,并按相关规定公开评价结果。

6.4.1.4 综合管廊项目 PPP 模式典型案例

甘肃省白银市综合管廊试点项目规划长度 26.25 km(白银市综合管廊规划总长

61.1 km),设立 2 座控制中心(图 6-8)。试点项目的综合管廊位于白银市主城区北环路、银山路、振兴大道、诚信大道、北京路以及银西新区的迎宾大道及南环西路下方,项目总投资 22.38亿元,服务面积 40 km²,受益人口达 35 万人。2015 年 4 月,白银市入选我国第一批城市综合管廊试点城市名单,中央财政给予专项资金补助,一定三年,每年 3 亿元。与此同时,该项目获得省级财政补助 2 亿元,市级财政补助 1 亿元,合计省市财政补助为 3 亿元。

图 6-8　白银市综合管廊项目规划示意图
图片来源:白银城区地下综合管廊试点项目总体方案

白银市综合管廊试点项目以"政府主导,社会参与;多元投资,专业建设;风险共担,互利共赢;诚信合作,公开透明"为实施原则,采用政府主导下的市场化融资(PPP)模式,项目运作方式采用 BOT 的方式(图 6-9),由白银市政府与中国一冶集团有限公司和山东华达建

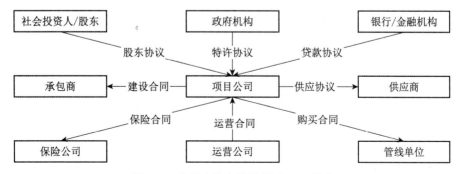

图 6-9　白银市综合管廊项目 BOT 模式
图片来源:白银城区地下综合管廊试点项目总体方案

设工程有限公司签订 PPP 合同并成立项目公司,负责综合管廊的建设和运营,项目特许经营期限为 30 年(其中包括建设期 2 年,试运营期 1 年)。

1)投资结构

试点项目总建设投资共 22.38 亿元,并由 3 个部分构成(表 6-1)。

(1)综合管廊示范项目财政补贴投资 12 亿元(包括中央财政补助 9 亿元,省市级财政补助 3 亿元),占项目总投资的 53.6%,该部分补贴分年到位,按要求和工程进度拨付。

(2)社会资本权益性投资(股权投资)5 亿元,由社会投资人一次性现金投入并成立项目公司,占项目总投资 22.3%以上。

(3)项目公司负债投资 5.38 亿元,以补充建设资金缺口,占项目总投资的 24.1%。该项负债由项目公司承担,但由社会资本和项目公司负责落实融资任务。

表 6-1 白银市综合管廊(试点项目)投资结构表

项目	中央财政专项补助	省市财政补助	股权融资	债务融资	小计
额度/亿元	9.00	3.00	5.00	5.38	22.38
占比	53.6%		22.3%	24.1%	100%

2)融资结构

项目安排融资金额共 10.38 亿元,占总投资的 46.4%。

(1)股权融资 5 亿元:以认购项目公司股权的方式从社会资本方吸收进来的资金。

(2)债务融资 5.38 亿元:项目公司以其资产或未来收益做担保,向金融机构融入的资金部分。融资方式主要包括向国家开发银行及其他商业银行申请银行贷款;向国家发改委申请发行项目收益债,并在银行间市场公开发行债券;在项目建成并产生稳定现金流后,向中国证监会备案发行资产支持证券,即实行资产证券化,募集资金可以用来置换到期债务。

3)投资回报机制

根据本项目的公益特点和市场一般的收益水平,对本项目社会资本方的投资回报做如下的安排。

(1)控制投资回报收益率,根据市场一般收益水平,确定内部收益率≤8%。

(2)政府方股东的出资不参与投资回报收益计算。

(3)使用者付费收入:项目公司可以获得初期进廊费和以后年度管廊租赁使用费用,使用费用会随市场价格定期调整。

(4)可行性缺口补助:市政府以当年收取的市政基础建设配套费和财政预算资金对项目公司收入缺口进行弹性补贴。

(5)工程建设收益补偿:鉴于项目的公益性和收入有限,为保障投资者收益,本项目确定社会投资主体须是施工建设单位或与施工建设单位组成的联合体,以保证投资主体能以获得建设施工部分利润的方式弥补项目公司较低的收益。

6.4.2 发行综合管廊相关债券

为了加大债券融资对于综合管廊项目的支持力度,2015 年 3 月,国家发改委发布《城市地下综合管廊建设专项债券发行指引》(以下简称《指引》),以鼓励各类企业发行企业债券、项目收益债券、可续期债券等专项债券,募集资金用于城市综合管廊的建设。《指引》中明确"在偿债保障措施较为完善的基础上,企业申请发行城市地下综合管廊建设专项债券,可适当放宽企业债券现行审核政策及部分准入条件",且"募集资金占综合管廊建设项目总投资比例放宽至不超过70%,发债企业可根据项目建设和资金回流特点,灵活设计专项债券的期限、还本付息时间安排以及发行安排"[11]。

企业专项债券是为筹集资金建设某项具体工程而发行的债券。相比于传统的企业债券,企业专项债券的特点在于用综合管廊项目收益本身作为债券兑付保障,无须政府财政兜底;项目公司资金封闭运行,成立资金专户,由监管银行监督专户资金使用情况,实现全封闭运作管理;设计风险隔离机制,成立项目公司,政府不直接介入项目的建设、运营与还款,实现了项目本身与政府债务的风险隔离;采用使用者付费机制,由管线单位交纳适当的入廊费和维护费,实现了项目收支平衡并具有一定盈利性,确保债券可以按时还本付息。

与此同时,为了缓解各地方政府在投资综合管廊项目中产生的资金压力,2015年4月,财政部印发《地方政府专项债券发行管理暂行办法》的通知,明确各省、自治区、直辖市政府(含经省级政府批准自办债券发行的计划单列市政府)可以针对有一定收益的公益性项目而发行专项债券。地方政府专项债券的偿债资金来源于政府性基金或专项收入,专项债券由各地按照市场化原则自发自还,遵循公开、公平、公正的原则,纳入政府性基金预算,主要是为公益性项目建设筹集资金。专项债券的期限为1年、2年、3年、5年、7年和10年,由各地综合考虑项目建设、运营、回收周期和债券市场状况等合理确定[12]。

目前,我国第一笔城市综合管廊建设专项债券是陕西省西咸新区沣西新城综合管廊(一期)项目收益专项债券[9]。沣西新城综合管廊(一期)项目全长约138 km,总投资9亿元,于2013年开工,预计于2018年完工。该项目的企业专项债券发行人为西咸新区鸿通管廊投资有限公司,陕西省西咸新区沣西新城开发建设(集团)有限公司提供差额补偿和保证担保,募集规模不超过5亿元,发行期限为10年,采用固定利率形式,所有募集资金采用封闭运作,专项用于管廊项目建设,还款来源为管廊租赁费和维护费。该项目按照"融资统一规划、债贷统一授信、动态长效监控、全程风险管理"的模式采取"债贷组合"的方式,由银行为企业制定系统性融资规划,根据项目建设融资需求,将企业债券和贷款统一纳入银行综合授信管理体系,对企业和项目债务融资实施全程管理。企业专项债券的发行有效解决了该综合管廊一期项目的建设资金短缺问题,实现了由银行、信托贷款等间接融资向直接融资的转变,大大拓展了综合管廊项目的融资渠道,降低了项目公司和政府的建设资金压力,促进了综合管廊项目市场化运作的发展。

6.4.3 设立综合管廊产业投资基金

产业投资基金是指一种对未上市企业进行股权投资和提供经营管理服务的利益共享、风险共担的集合投资制度,即通过向多数投资者发行基金份额设立基金公司,由基金公司自任基金管理人或另行委托基金管理人管理基金资产,委托基金托管人托管基金资产,从事创业投资、企业重组投资和基础设施投资等实业投资[13]。

产业投资基金作为投资基金的一个种类,具有"集合投资,专家管理,分散风险,运作规范"的特点,其着眼点不在于投资对象当前的盈亏,而在于其未来发展和资产增值,以便可以获得更大的利润回报,比较适用于城市轨道交通、综合管廊、保障性住房、战略性新兴产业和先进制造业等领域,在国外的基础设施建设方面已广为使用且取得了良好效果。2015年9月,中冶集团和中国邮政储蓄银行共同成立"中国城市综合管廊产业基金",该基金是我国大陆地区首个成立的综合管廊产业基金,基金规模达1 000亿元,对于推动综合管廊的建设,创新投融资模式具有重要意义。

2016年,国家发改委印发《政府出资产业投资基金管理暂行办法》,提出了由政府出资的产业投资基金及其管理的相应规定,建议综合运用参股基金、联合投资、融资担保、政府出资适当让利等多种方式,充分发挥基金在贯彻产业政策、引导民间投资、稳定经济增长等方面的作用,也为综合管廊项目的投融资打开了新的渠道[14]。

1)基金的相关主体

政府出资产业投资基金采用市场化运作、专业化管理,政府出资人不参与基金日常管理事务。为了保证基金的合理使用,基金管理人应满足一定的要求,基金托管人应选择在中国境内设立的商业银行。国家发改委和地方部门对基金业务活动进行事中事后管理,负责推动行业信用体系建设,定期发布行业发展报告,保证产业投资基金的持续健康发展。

政府出资产业投资基金主要投资于非基本公共服务领域、基础设施领域、住房保障领域、生态环境领域、区域发展领域、创业创新领域、战略性新兴产业和先进制造业领域。由于综合管廊项目属于基础设施领域中的一部分,因此也应属于产业投资基金的投资范围。

2)基金的资金来源

政府向产业投资基金出资,可以采取全部由政府出资、与社会资本共同出资或向符合条件的已有产业投资基金投资等形式。

(1)政府出资部分的资金来源包括财政预算内投资、中央和地方各类专项建设基金及其他财政性资金。

(2)社会投资人应具备一定的风险识别和承受能力。社会资金部分采取私募方式募集,即以非公开的形式向法人和自然人发出邀请以募集资金,有利于社会资本与基金管理人之间建立信任,减轻基金运作压力,从而有利于基金实施长期投资战略,实现资金的安全和收益。

3)基金的组织形式

基金的组织形式可采用公司制、合伙制和契约制。基金闲置资金只能投资银行存款、国债、地方政府债、政策性金融债和政府支持债券等安全性和流动性较好的固定收益类资产。

4)基金的投资期限

在《政府出资产业投资基金管理暂行办法》中没有明确指出基金的投资期限,但是从综合管廊项目的情况看,可考虑采用8~10年为期限,如有特殊情况,经申请批准后可延长至15年。

我国台湾地区是采用综合管廊产业投资基金的融资模式最为成功的地区,根据我国台湾地区《共同管道法》的规定"筹措共同管道建设及管理所需经费由台湾地区主管机关依照管线事业机构的申请,通过共同管道建设基金予以贷款解决"。1991年7月,台北市政府联合台电集团和台湾中华电信,成立 25 亿元(总额度 50 亿元新台币)的综合管廊基金,用以推动台北市的综合管廊工程的建设及维护管理。1992 年 7 月,台湾地区相关部门筹措设置了 25 亿元(总额度 100 亿元新台币)的综合管廊基金,以供各级政府及管线机构在建设综合管廊及缆线地下化工程时贷款并循环运用。将综合管廊建设基金作为融资渠道,台湾地区建设了诸如台北市东西向快速道路(市民大道)综合管廊工程、高速铁路新竹站特定区综合管廊工程、高雄市楠梓都市重划区和民族路综合管廊工程,为综合管廊在台湾地区的快速发展奠定了资金基础[9]。

参考文献

[1] 邱玉婷. 我国城市共同沟项目的投融资分析[D]. 上海:同济大学,2008:18-25.

[2] 宋定. PPP 模式下公共管廊运营管理研究[D]. 北京:北京建筑大学,2014:11-14.

[3] 张秋玲. 公共管廊 PPP 投融资模式研究[D]. 北京:北京建筑工程学院,2012:7-9,19-20.

[4] 王恒栋. 综合管廊工程理论与实践[M]. 北京:中国建筑工业出版社,2013.

[5] 陈寿标. 共同沟投资模式与费用分摊研究[D]. 上海:同济大学,2006:57-63.

[6] 沈荣. 城市综合管沟投融资模式研究[J]. 建筑经济,2008(S2):33-36.

[7] 中华人民共和国国家发展和改革委员会. 国家发展改革委关于开展政府和社会资本合作的指导意见(发改投资[2014]2724 号)[Z]. 北京:中华人民共和国国家发展和改革委员会,2014.

[8] 中华人民共和国财政部. 政府和社会资本合作模式操作指南(试行)[Z]. 北京:中华人民共和国财政部,2014.

[9] 王建波,赵佳,覃英豪. 城市地下综合管廊投融资体制[J]. 土木工程与管理学报,2016(4):8-11, 28.

[10] 宋志宏,梁舰,冯海忠. PPP 模式在城市综合管廊工程中的应用[M]. 北京:知识产权出版社,2017.

[11] 中华人民共和国国家发展计划委员会. 印发城市地下综合管廊建设专项债券发行指引[Z]. 北京:中华人民共和国国家发展计划委员会,2015.

[12] 中华人民共和国财政部. 地方政府专项债券发行管理暂行办法[Z]. 北京:中华人民共和国财政部,2015.

[13] 王灏. 城市轨道交通投融资模式研究[M]. 北京:中国建筑工业出版社,2010.

[14] 中华人民共和国国家发展计划委员会. 政府出资产业投资基金管理暂行办法[Z]. 北京:中华人民共和国国家发展计划委员会,2016.

7 综合管廊发展新趋势

7.1 构建完善的城市地下空间信息平台

包括综合管廊在内的城市地下空间开发主要包含规划、设计、施工和运行维护管理等过程,而这些过程离不开已有城市地下空间信息的支撑。城市地下空间信息主要包括地层信息、地质信息、地下管线信息和地下构筑物信息。其中,地层作为地下空间所依附的主要介质,其数据是城市地下空间信息系统的基础框架;地质数据可以为城市应急管理提供预警信息,城市地面或地下空间的开发选址和城市资源的利用与分布提供依据,是城市可持续发展的保障;地下管线信息数据以及综合管廊的开发建设与城市"生命线"的安全息息相关;地下构筑物数据是城市地下空间信息中最重要的组成部分,也是构建信息平台最主要的动因[1]。

目前,我国大部分城市的地下空间信息化建设刚刚起步,现有的工作主要集中在各相关部门和单位对地层、地下管线、地下水等方面数据的调研和采集,在地下构筑物信息化方面的研究工作基本上还处于空白,也没有将已有城市地下空间信息作为一个整体加以规划建设。

为了保证综合管廊以及其他城市地下空间的有序、健康、可持续的开发,政府部门应制定城市地下空间数据的格式标准,使城市国土资源、规划部门、市政部门、城建档案部门以及管线权属单位已有的基于GIS系统的专题数据实现交互和共享操作,消除由于不同行政部门管理和数据记录方式而导致的"信息孤岛"现象,为信息消费者和提供者提供一个共享平台,使信息消费者可快捷搜索、查询、访问和下载其所需信息,信息提供者可通过共享平台发布其管理的地下空间信息(图7-1)。

"上海市地下空间信息基础平台"(图7-2)于2013年10月启动建设,该信息平台的建设总目标是以上海市中心城区(外环线为界)为主要实施范围,建立以地下管线、地下构筑物(以交通类基础设施为主)、地质地层等为主要对象,基于上海市城市统一坐标系与地面空间信息紧密结合的地下空间信息基础数据库和共享应用平台,为上海城市地下空间开发利用和安全运行提供信息保障和支撑。截至2016年7月,该信息平台在数据建设方面,已普查及整合全市中心城区各类地下管线数据2.6万多千米,完成了地下交通类基础设施及部分其他地下构筑物的资料收集、三维建模等数据建设,并更新了全部地质钻孔数据和地质成果图;在信息化建设方面,完成了平台软硬件和安全运行环境建设,成功开发建成"地下管线建设管理应用"和"地下工程交叉施工风险管理应用"两个示范应用系统[2]。

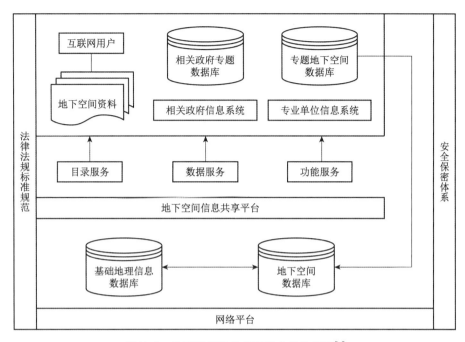

图 7-1   地下空间信息共享平台总体框架[1]

图片来源:江贻芳,王勇《城市地下空间信息化建设探讨》

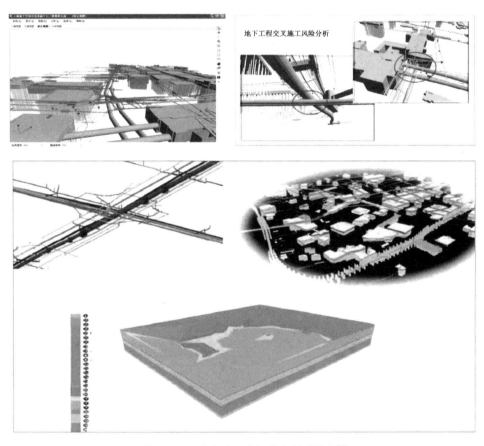

图 7-2   上海市地下空间信息基础平台[2]

图片来源:陈桂龙《以智慧城市理念实施上海城市管理》

近年来,我国在交通、市政、水利、能源、矿山、国防、民房等基础设施建设领域取得了大规模、高速度的发展。随着"互联网+"、云计算、大数据等信息技术迅猛发展,单一数字化技术无法满足工程全寿命数据监测、海量数据处理分析、工程云分析服务等需求,基础设施建设行业面临着由"传统管理方法"升级转型为"信息管理"的巨大压力。面对着"一带一路"建设所带来的基础设施建设及互联互通的迫切需求,为了快速打造我国具有自主知识产权的基础设施智慧服务系统平台,2017年5月24日,"中国智慧基础设施联盟暨全球智慧基础设施研究中心"在同济大学成立,该联盟由同济大学牵头,集结了包括上海申通地铁、上海建工集团、上海隧道股份、美国加州大学伯克利分校、ESRI公司等在内的141家国内外基础设施建设领域的企业、高校、科研院所及个人。全球第一个自主研发的开源基础设施全寿命信息集成共享平台(iS3平台)于当天同时发布,该平台能够实时、高效、完整地整合工程中的信息流,基于统一数据标准,融合图形数据和工程数据,并借助先进、高效、准确的数据采集技术和强大、快速、稳定的数据处理核心,实现工程管理上的分析、应用和决策一体化功能,进而推进工程大数据的共享和挖掘,最终确保工程信息流全寿命周期下的完整畅通,将有力推动我国传统基础设施建设领域向"互联网+"时代全面转型,推进城市管理"智慧化"进程。

城市地下空间信息具有多源性、多样性、离散性和时空性等特点,构建完善的统一信息平台,就是充分利用已建成的各类地下空间信息系统,整合其数据资源,实时录入、更新地下空间信息,为城市规划、建设和管理的信息消费者提供完整、准确和实时的地下空间信息,提高城市的管理能力和决策效率,建设可持续化发展的城市地下空间。

7.2 在综合管廊建设中采用 BIM 技术

BIM技术是建筑信息模型技术,它以三维数字成像技术为基础,贯穿工程项目建设全寿命期内的各个阶段,服务于工程项目的可视化、工程分析、冲突分析、规范标准检查、工程造价、竣工验收、预算编制等,从而显著提高工程建设效率,大量减少风险[3]。BIM模型能够充分表达出建筑的几何数据与构造信息,适用于在微观层面解决相应的建设与管理问题。相较于传统二维图纸设计的方式,BIM模型的三维可视化设计大大提升了设计精度,也大大方便了设计方和业主间的交流(图7-3、图7-4)。根据美国斯坦福大学集成设施工

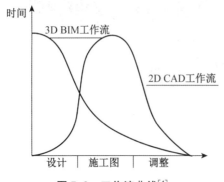

图 7-3　工作流曲线[4]

图片来源:李建成《BIM 概述》

图 7-4　运用 BIM 技术建立模型

图片来源:姜天凌,李芳芳,苏杰等《BIM 在市政综合管廊设计中的应用》

程中心(CIFE)基于 32 个应用 BIM 技术的大型项目数据,采用 BIM 技术可以消除 40% 投资预算外的变更,使造价估算的时间减少 80% 且估算误差控制在 3% 内,项目平均工期缩短 7%[4]。

对于综合管廊项目而言,其规划、设计、施工和运维阶段均可采用 BIM 技术实现,包括综合管廊规划场地分析、建筑策划、方案论证、可视化设计、协同设计、管线综合、施工进度模拟、施工组织模拟、数字化建造、物料跟踪、施工现场配合、竣工模拟交付、维护计划、资产管理、灾害应急模拟等。

(1)规划阶段:建立综合管廊监控中心和综合管廊全专业 BIM 模型,利用 BIM 技术虚拟策划,按照建筑、结构、机电专业划分,通过工作集与链接模型的方式,将 BIM 模型进行协同管理。

(2)设计阶段:运用 BIM 技术对设计方案进行模拟仿真,对参数化视图实时渲染,提前模拟设计效果,对 BIM 模型进行各种类型管线排布、走向、变舱节点、连接节点等复杂部分进行设计优化。为了防止管线、机电设备和建设设施间的冲突,采用 BIM 模型的碰撞检查和净高检查功能,寻找设计疏漏,并自动生成图纸,减少绘图错误导致的施工问题。利用 BIM 技术的三维可视化的特性,生成综合管廊虚拟漫游,使决策者和政府部门可以直观地了解综合管廊的整体情况与建设效果,使设计方与投资方之间的交流更加方便和直接,如图 7-5—图 7-8 所示。

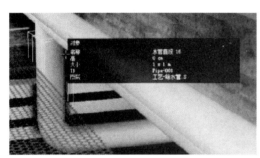
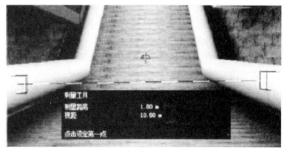

图 7-5　碰撞检查和净高检查功能

图片来源:姜天凌,李芳芳,苏杰等《BIM 在市政综合管廊设计中的应用》

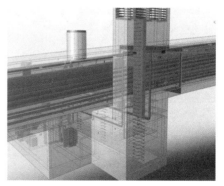

图 7-6　综合管廊虚拟漫游　　　　图 7-7　特殊段节点设计

(3)施工阶段:利用 BIM 模型进行施工过程的模拟,预演现场施工作业,针对工序搭接、资源利用、物料运输规划、机械配置等环节进行整体优化。通过 BIM 模型施工进度模拟,优化了基坑支护、土方开挖、结构施工、机电管道安装的进度安排及工序安排,平衡工程进度与施工成本。

（4）运维阶段:运营维护阶段采用 BIM 模型与 GIS 系统的双重配合,构建统一的综合管廊信息管理平台,完成日常的维护和管理工作(图 7-8)。

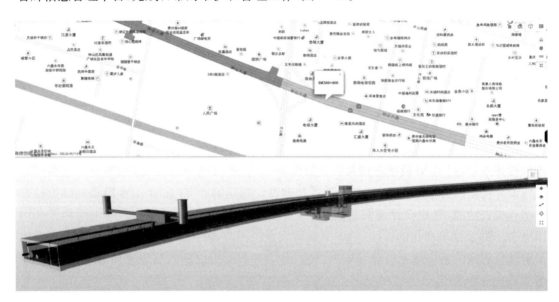

图 7-8　基于 BIM 与 GIS 的综合管廊信息管理平台

珠海横琴新区综合管廊项目是国内首个采用 BIM 技术设计的综合管廊工程。横琴新区综合管廊项目于 2013 年建成,全长 33.4 km,服务面积约 120 km²,总体呈"日"字形分布(图 7-9),管廊断面有单舱、双舱和三舱,纳入电力、通讯、供冷、给水、中水、垃圾真空运输管

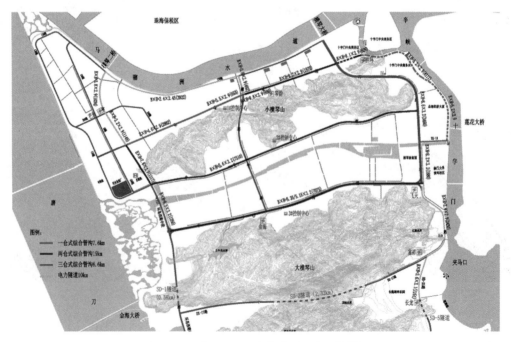

图 7-9　横琴新区综合管廊规划布局图[5]

图片来源:谢非《建造信息化城市生命线——横琴市政综合管廊 BIM 技术应用》

道等管线。由于采用 BIM 技术,使综合管廊项目整体效益提升约 5%,节约工期约 3 个月,为我国未来综合管廊项目采用 BIM 技术做出了成功典范[5]。

7.3 综合管廊与城市地下空间的结合设计

为了避免综合管廊的建设与原有的地下道路、地铁、地下街等设施产生矛盾和冲突,降低其建设成本,减少分别多次施工对邻近建(构)筑物及周围环境的影响,一般考虑将综合管廊与其他城市地下空间项目结合设计与建设,既节约地下空间资源,又具有良好的经济、社会和环境效益[6]。

1)结合地铁或地下道路设施建设综合管廊

地铁与地下道路设施的隧道断面较大,对于穿越城市中心区的线路而言,与综合管廊的合建可以充分利用结构空间,省去综合管廊独立围护结构的费用,减少总投资,达到建设成本低、社会干扰小的效果,比如南京下关综合管廊(图 7-10)和郑东新区 CBD 副中心综合管廊(图 7-11)。对于地下道路设施和综合管廊而言,它们均需要考虑隧道内部的采光、通风和人员出入口,二者结合设计可以使这些设施布局更加集中有序,集约化利用地下空间,减少通风口、人员出入口等对于地面景观和环境的破坏。

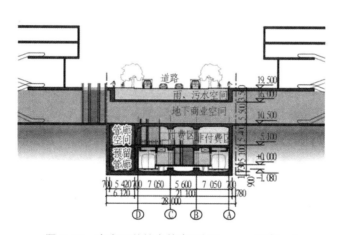

图 7-10 南京下关综合管廊(单位:mm 标高:m)

图片来源:谭忠盛、陈雪莹、王秀英等《城市地下综合管廊建设管理模式及关键技术》

2)结合地下综合体建设综合管廊

随着经济发展与城市建设用地的紧缺,城市地下空间的开发利用将走向功能复合化与综合化,充分利用地下空间,构建三维立体的城市。随着地铁建设的日益加快,以商业或大型综合交通枢纽为中心的地下综合体建设迅速发展,综合管廊的建设可以结合地下综合体一体化设计(图 7-12)。例如北京中关村西区(图 7-13),其地下空间开发主要为 3 层,整体布局为扇形环状:地下 1 层为环形道路系统,与周边建筑地下车库相连通;地下 2 层为地下街与支线综合管廊;地下 3 层为干线综合管廊。将综合管廊与地下空间的开发利用统筹规划,不仅避免了分期建设时可能出现的各种矛盾,还能大幅降低综合管廊的投资建设成本。

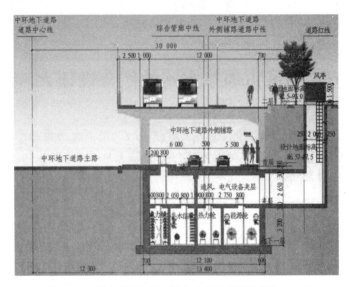

图 7-11　郑东新区 CBD 副中心综合管廊(单位:mm)

图片来源:谭忠盛,陈雪莹,王秀英等《城市地下综合管廊建设管理模式及关键技术》

图 7-12　通州运河核心区综合管廊

图片来源:谭忠盛,陈雪莹,王秀英等《城市地下综合管廊建设管理模式及关键技术》

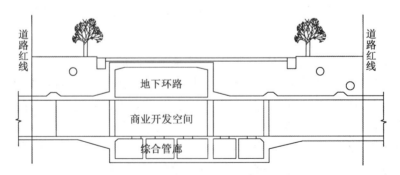

图 7-13　北京中关村西区综合管廊

图片来源:谭忠盛,陈雪莹,王秀英等《城市地下综合管廊建设管理模式及关键技术》

3) 结合人防工程建设综合管廊

由于综合管廊的密闭性较好,可以考虑适当加强综合管廊的埋深与建设防护标准,使其与人防工程结合建设。类似的案例多见于北欧的综合管廊,例如瑞典斯德哥尔摩综合管廊,在设计时充分考虑战时需要,管廊断面直径达 8 m,位于城市地下逾 20 m 的坚硬基岩中,在战时可作为民防工程使用。同样,浙江省金华市金义都市新区综合管廊在规划时考虑了人防需求,加强了综合管廊的结构防护标准,在紧急情况下能成为临时应急疏散通道。综合管廊和其他地下通道构成了一个大型地下人防网络,构建了较为完善的地下综合防灾系统(图 7-14、图 7-15)。

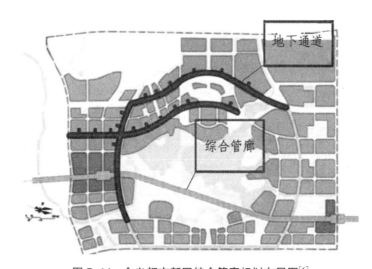

图 7-14 金义都市新区综合管廊规划布局图[6]

图片来源:谭忠盛,陈雪莹,王秀英等《城市地下综合管廊建设管理模式及关键技术》

图 7-15 金义都市新区综合管廊与人防工程同构[6]

图片来源:谭忠盛,陈雪莹,王秀英等《城市地下综合管廊建设管理模式及关键技术》

7.4　综合管廊与海绵城市的结合设计

　　海绵城市是指城市能够像海绵一样,在适应环境变化和应对自然灾害等方面具有良好的"弹性",通过统筹低影响开发雨水系统、城市雨水管渠系统和超标雨水径流排放系统达到下雨时吸水、蓄水、渗水、净水,需要时将蓄存的水"释放"并加以利用的目标。其中,超标雨水径流排放系统是用来应对超过雨水管渠系统设计标准的雨水径流,一般通过综合选择自然水体、多功能调蓄水体、行泄通道、调蓄池、深层隧道等自然途径或人工设施进行构建。

　　综合管廊与海绵城市的结合设计,主要是利用建设综合管廊的契机,更新地下浅层的市政排水系统,修建现代化的超标雨水径流排放系统,比如担负一定蓄水功能的雨水调蓄池和人工排水通道(图7-16)。将综合管廊与地下排水通道或者雨水调蓄设施共同设计,既能够满足综合管廊的功能需要,又能够大幅提升城市核心区域的排水防洪标准,减少城市"内涝"的产生[7]。

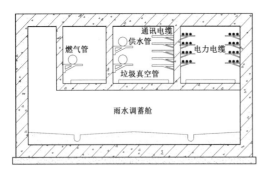 

图7-16　具有雨水调蓄舱的综合管廊[7]

图片来源:白海龙《城市综合管廊发展趋势研究》

参考文献

[1] 江贻芳,王勇. 城市地下空间信息化建设探讨[J]. 河南理工大学学报(自然科学版),2006(5):377-382.

[2] 陈桂龙. 以智慧城市理念实施上海城市管理[J]. 中国建设信息,2014(18):56-59.

[3] 姜天凌,李芳芳,苏杰. BIM在市政综合管廊设计中的应用[J]. 中国给水排水,2015,31(12):65-67.

[4] 李建成. BIM概述[J]. 时代建筑,2013(2):10-15.

[5] 谢非. 建造信息化城市生命线——横琴市政综合管廊BIM技术应用[J]. 安装,2015(11):25-26.

[6] 谭忠盛,陈雪莹,王秀英,等. 城市地下综合管廊建设管理模式及关键技术[J]. 隧道建设,2016(10):1177-1189.

[7] 白海龙. 城市综合管廊发展趋势研究[J]. 中国市政工程,2015(6):78-81.